江苏省高等学校重点教材（编号：2021-2-112）

固体物理概论

沈以赴　冯晓梅　编

科 学 出 版 社
北　京

内 容 简 介

本书是在为材料科学与工程大类专业讲授“固体物理概论”课程讲义基础上修改、编写而成的。首先从倒易空间及倒易点阵入手，结合晶体衍射帮助读者建立起波矢空间的概念；在此基础上系统地介绍了晶格振动的色散关系、声子的概念以及如何利用爱因斯坦和德拜理论模型讨论晶体的热学性质；紧密结合电子论的发展历程，从易于理解的经典自由电子模型到量子自由电子模型，再到周期势场作用下的固体能带理论及电导理论，对固体的导电性进行由浅入深的分析，最后依据这些理论对金属、半导体和绝缘体等固体的导电性形成统一的理论解释。

本书可作为材料科学与工程、新能源材料与器件、电子信息等相关专业的本科生教材，也可作为相关专业的工科研究生学习材料物理、了解功能材料器件原理等拓展内容的参考书。

图书在版编目（CIP）数据

固体物理概论 / 沈以赴，冯晓梅编. —北京：科学出版社，2024.9

江苏省高等学校重点教材

ISBN 978-7-03-078425-4

Ⅰ. ①固…　Ⅱ. ①沈…　②冯…　Ⅲ. ①固体物理学-高等学校-教材　Ⅳ. ①O48

中国国家版本馆 CIP 数据核字（2024）第 082258 号

责任编辑：许　蕾　曾佳佳　郑欣虹 / 责任校对：郝璐璐
责任印制：赵　博 / 封面设计：许　瑞

科学出版社出版
北京东黄城根北街 16 号
邮政编码：100717
http://www.sciencep.com
北京富资园科技发展有限公司印刷
科学出版社发行　各地新华书店经销
*
2024 年 9 月第　一　版　开本：787×1092　1/16
2025 年 1 月第二次印刷　印张：12 3/4
字数：300 000

定价：89.00 元

（如有印装质量问题，我社负责调换）

前　言

随着“新工科”建设的发展，很多学校已将固体物理课程纳入本科专业的核心课程，特别是材料科学与工程、新能源材料与器件、光电信息科学与工程、智能科学与技术、航空航天工程、核技术、微电子科学与技术、机械设计制造及自动化等相关专业。这些工科专业的学生，相对于物理类专业学生而言，量子力学、统计物理等知识相对薄弱，而且对固体物理知识点的需求也显然与纯物理专业学生大有不同。为适应“新工科”专业建设需求，编者在总结长期以来的教学研究和实践的基础上编写了《固体物理概论》。通过内容优化和调整，删减掉经典固体物理中一些晦涩难懂的知识点以及和材料科学基础重复的内容，侧重于固体物理基本概念及基础理论的介绍，以尽可能简单易懂的方式表达清楚固体物理学所涉及的基本知识框架，使学生在数理基础相对薄弱的情况下亦能获得更多的固体物理相关知识，同时培养他们的创新思维能力，这对于“新工科”背景下学生创新能力的提升具有十分重要的意义。

本教材由正空间结合傅里叶变换引入倒易空间（第 1 章），以绝热近似将晶体中离子实运动（第 2 章）和自由电子运动（第 3 章）分解开来，分别研究其运动规律，然后再合并在一起，研究晶体中电子运动的固体能带理论（第 4 章），最后讨论外加场下晶体中电子的运动规律及能量状态（第 5 章）。逻辑上层层递推，更加清晰简洁，更加适合工科专业学生的知识结构和认知特点。对涉及的量子力学内容即时给出解释说明，并对一些重要结论给出详细的推导过程。本教材每章都给出了一定数量的习题，有利于读者自主学习和深入理解课程的核心内容。

本教材编写过程中，一方面紧随固体物理学的发展脉搏，在介绍相关科学家创新思想、理论探索和实验研究的同时，延伸引出他们的生平、事迹等，以培养学生的科学精神；另一方面结合我国物理学家对固体物理学的贡献，介绍他们的爱国情怀和国际合作精神，培养学生奋力突围、破解“卡脖子”难题的勇气和能力。编者力争将晦涩、难懂的固体物理教材建设成为一本有温度、有情怀的理工科专业基础理论教材。

受编者学识水平所限，加之成书仓促，书中难免有不足之处，诚请专家和读者批评指正，以便修订时进一步完善。

编　者
2023 年 12 月 20 日
于南京航空航天大学

目　　录

第 1 章　倒易空间与晶体衍射

在晶体学中，晶体原子排列的真实空间（正空间）点阵，称为正点阵。在晶体 X 射线[①]衍射中，衍射斑点对应着与正点阵相关的另一个虚拟点阵，这个虚拟的空间点阵就是本章要介绍的倒易点阵（reciprocal lattice），对应的空间也称为倒易空间。这样，我们不仅能够借助倒易空间的概念来分析 X 射线的衍射斑点或图谱，从而获得正空间晶体中原子的排列规律，更重要的是，还能够借助这个概念来深入理解周期结构中波的传播问题，如晶格与粒子（如光子、电子等）之间的相互作用等。因此，倒易点阵的概念在晶体结构和固体物理学中都十分重要。

1.1　倒 易 点 阵

1.1.1　倒易点阵与傅里叶变换

晶体中原子的周期排列决定了晶体中的一切都是周期性的。晶体的周期性就是指坐标 $\boldsymbol{r}$ 在平移一个正格矢 $\boldsymbol{R}_l$ 后，晶体的任何物理性质均具有晶格的平移对称性。例如，静电势能 $U(\boldsymbol{r})$、电子密度分布函数 $n(\boldsymbol{r})$及物理性质等都是坐标 $\boldsymbol{r}$ 的周期性函数。以电子密度分布函数 $n(\boldsymbol{r})$为例：

$$n(\boldsymbol{r}) = n(\boldsymbol{r} + \boldsymbol{R}_l) = n(\boldsymbol{r} + l_1\boldsymbol{a}_1 + l_2\boldsymbol{a}_2 + l_3\boldsymbol{a}_3) \tag{1.1}$$

式中，$\boldsymbol{a}_1, \boldsymbol{a}_2, \boldsymbol{a}_3$ 为正空间布拉维格子原胞基矢；$\boldsymbol{R}_l$ 为正点阵中的格矢，代表正空间的平移矢量。

当 X 射线通过晶体时，在照相底片上形成了有规则的衍射斑点群，这反映了晶体中原子排列的周期性和对称性。为了研究晶体中原子的排列规律，即晶体结构，人们由衍射斑点出发虚构了一套有别于真实点阵的抽象点阵，称之为倒易点阵。利用晶体正点阵和倒易点阵之间满足傅里叶变换，可由倒易点阵中衍射斑点的排列规律倒推出正空间晶体中原子的排列规律。倒易点阵概念的引入，极大地简化了 X 射线衍射图谱的解析和计算工作，是衍射理论的基础。

按照傅里叶变换，任意一个周期函数都可以用余弦函数和正弦函数构成的无穷级数来表示。下面我们以周期为 a 的一维电子密度分布函数 $n(x)$的处理为例，来说明傅里叶变换。首先，将周期函数 $n(x)$展开成含有余弦项和正弦项的傅里叶级数

---

①威廉・康拉德・伦琴（Wilhelm Conrad Röntgen，1845 年 3 月 27 日—1923 年 2 月 10 日），德国物理学家，因发现不寻常的射线（即 X 射线）而获得了 1901 年第一届诺贝尔物理学奖。

人物链接：
科学的圣徒，理想的化身——第一届诺贝尔物理学奖获得者伦琴

$$n(x)=a_0+\sum_{n=1}^{\infty}\left(a_n\cos\frac{2\pi nx}{a}+b_n\sin\frac{2\pi nx}{a}\right) \tag{1.2}$$

式中，n 为正整数；a_0、a_n、b_n 为实常数，称为展开式的傅里叶系数。幅角中的 $2\pi/a$ 保证了 $n(x)$具有周期 a，即 $n(x) = n(x + a)$。图 1.1（a）为电子密度分布函数 $n(x)$在正空间中的示意图。

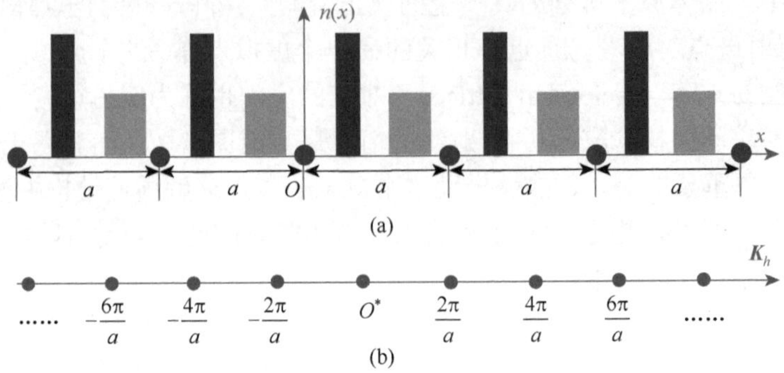

图 1.1 周期为 a 的一维电子密度分布函数 $n(x)$（a）以及与 x 对应的傅里叶变换量（b）

为了计算方便，根据欧拉（Euler）公式，$e^{i\theta}=\cos\theta+i\sin\theta$，可以将式（1.2）表示为复数形式 $n(x)=\sum\limits_{n=-\infty}^{\infty}c_n e^{i2\pi nx/a}$，其中 c_n 为复数。又因为电子密度分布函数为实数，实数的共轭复数是它本身，所以 $n(x) = n^*(x)$，得 $c_n^* = c_{-n}$。$2\pi n/a$ 为傅里叶空间中与 x 对应的傅里叶变换量（n 为任意整数）。正空间坐标以 a 为周期，傅里叶空间以 $2\pi/a$ 为周期，见图 1.1（b）。这样，我们找到了与正空间中 x 对应的虚拟空间矢量 $2\pi n/a$。

将一维情况扩展到三维，可得

$$n(\boldsymbol{r})=\sum_{\boldsymbol{K}_h}c_{\boldsymbol{K}_h}e^{i\boldsymbol{K}_h\cdot\boldsymbol{r}} \tag{1.3}$$

式中，矢量 $\boldsymbol{K}_h$ 为与 $\boldsymbol{r}$ 对应的傅里叶变换量。为了寻求矢量 $\boldsymbol{K}_h$，使之满足 $n(\boldsymbol{r}) = n(\boldsymbol{r} + \boldsymbol{R}_l)$，我们必须先定义一个新的空间，这个新的空间就是上面提到的倒易空间。

设正空间布拉维格子原胞基矢为 $\boldsymbol{a}_1, \boldsymbol{a}_2, \boldsymbol{a}_3$，则 $\Omega = \boldsymbol{a}_1\cdot(\boldsymbol{a}_2\times\boldsymbol{a}_3)$为正格子原胞体积。定义 $\boldsymbol{b}_1, \boldsymbol{b}_2, \boldsymbol{b}_3$ 为倒易点阵原胞基矢，其中

$$\begin{cases}\boldsymbol{b}_1=\dfrac{2\pi(\boldsymbol{a}_2\times\boldsymbol{a}_3)}{\Omega}=\dfrac{2\pi(\boldsymbol{a}_2\times\boldsymbol{a}_3)}{\boldsymbol{a}_1\cdot(\boldsymbol{a}_2\times\boldsymbol{a}_3)}\\[2ex]\boldsymbol{b}_2=\dfrac{2\pi(\boldsymbol{a}_3\times\boldsymbol{a}_1)}{\Omega}=\dfrac{2\pi(\boldsymbol{a}_3\times\boldsymbol{a}_1)}{\boldsymbol{a}_1\cdot(\boldsymbol{a}_2\times\boldsymbol{a}_3)}\\[2ex]\boldsymbol{b}_3=\dfrac{2\pi(\boldsymbol{a}_1\times\boldsymbol{a}_2)}{\Omega}=\dfrac{2\pi(\boldsymbol{a}_1\times\boldsymbol{a}_2)}{\boldsymbol{a}_1\cdot(\boldsymbol{a}_2\times\boldsymbol{a}_3)}\end{cases} \tag{1.4}$$

这样，倒易点阵中格点的位矢（通常称为倒格矢）可以表示为 $\boldsymbol{K}_h = h_1\boldsymbol{b}_1 + h_2\boldsymbol{b}_2 + h_3\boldsymbol{b}_3$，其中 h_1, h_2, h_3 为一组整数。

在定义了倒格矢以后，我们来检验它是否满足 $n(\boldsymbol{r}) = n(\boldsymbol{r} + \boldsymbol{R}_l)$。把 $n(\boldsymbol{r} + \boldsymbol{R}_l)$展开成傅里叶级数，由于

$$\boldsymbol{K}_h \cdot \boldsymbol{R}_l = \left(h_1\boldsymbol{b}_1 + h_2\boldsymbol{b}_2 + h_3\boldsymbol{b}_3\right)\left(l_1\boldsymbol{a}_1 + l_2\boldsymbol{a}_2 + l_3\boldsymbol{a}_3\right) = 2\pi\left(h_1l_1 + h_2l_2 + h_3l_3\right) \tag{1.5}$$

$$\mathrm{e}^{\mathrm{i}\boldsymbol{K}_h \cdot \boldsymbol{R}_l} = 1 \tag{1.6}$$

所以

$$n\left(\boldsymbol{r} + \boldsymbol{R}_l\right) = \sum_{\boldsymbol{K}_h} c_{\boldsymbol{K}_h} \mathrm{e}^{\mathrm{i}\boldsymbol{K}_h \cdot (\boldsymbol{r}+\boldsymbol{R}_l)} = \sum_{\boldsymbol{K}_h} c_{\boldsymbol{K}_h} \mathrm{e}^{\mathrm{i}\boldsymbol{K}_h \cdot \boldsymbol{r}} \mathrm{e}^{\mathrm{i}\boldsymbol{K}_h \cdot \boldsymbol{R}_l} = \sum_{\boldsymbol{K}_h} c_{\boldsymbol{K}_h} \mathrm{e}^{\mathrm{i}\boldsymbol{K}_h \cdot \boldsymbol{r}} = n\left(\boldsymbol{r}\right) \tag{1.7}$$

据此，我们找到了与 $\boldsymbol{r}$ 对应的傅里叶变换量 $\boldsymbol{K}_h$，它同样可以使得正空间电子密度分布函数具有晶格周期性。显然，这就是我们定义的倒易空间的倒格矢，它代表倒易点阵中的格点，因此，倒易空间就是正空间经傅里叶变换得到的虚拟空间。这一结果表明，每个晶体结构都有两个点阵与之联系，一个是正点阵，一个是与之对应的倒易点阵。正点阵中的矢量具有[长度]的量纲，倒易点阵中的矢量具有[长度]$^{-1}$的量纲。

1.1.2　正、倒格子之间的关系

从正格子基矢和倒格子基矢之间的相互关系［式（1.4）］出发，容易证明：

（1）正、倒格子是互易的。即如果选择 $\boldsymbol{b}_1, \boldsymbol{b}_2, \boldsymbol{b}_3$ 为倒易点阵原胞基矢，则倒格子的倒格子是正格子，即

$$\begin{cases} \boldsymbol{a}_1 = \dfrac{2\pi\left(\boldsymbol{b}_2 \times \boldsymbol{b}_3\right)}{\Omega^*} \\ \boldsymbol{a}_2 = \dfrac{2\pi\left(\boldsymbol{b}_3 \times \boldsymbol{b}_1\right)}{\Omega^*} \\ \boldsymbol{a}_3 = \dfrac{2\pi\left(\boldsymbol{b}_1 \times \boldsymbol{b}_2\right)}{\Omega^*} \end{cases} \tag{1.8}$$

式中，$\Omega^* = \boldsymbol{b}_1 \cdot \left(\boldsymbol{b}_2 \times \boldsymbol{b}_3\right)$为倒格子原胞体积。

（2）正、倒格子的基矢之间的关系为

$$\boldsymbol{a}_i \cdot \boldsymbol{b}_j = 2\pi\delta_{ij} = \begin{cases} 2\pi, & i = j \\ 0, & i \neq j \end{cases} \quad i, j = 1,2,3 \tag{1.9}$$

（3）倒格子原胞的体积与正格子原胞的体积除$(2\pi)^3$因子外，互为倒数。即

$$\begin{aligned} \Omega^* = \boldsymbol{b}_1 \cdot \left(\boldsymbol{b}_2 \times \boldsymbol{b}_3\right) &= \frac{(2\pi)^3}{\Omega^3}\left(\boldsymbol{a}_2 \times \boldsymbol{a}_3\right) \cdot \left[\left(\boldsymbol{a}_3 \times \boldsymbol{a}_1\right) \times \left(\boldsymbol{a}_1 \times \boldsymbol{a}_2\right)\right] \\ &= \frac{(2\pi)^3}{\Omega^3}\left(\boldsymbol{a}_2 \times \boldsymbol{a}_3\right) \cdot \boldsymbol{a}_1\Omega = \frac{(2\pi)^3}{\Omega} \end{aligned} \tag{1.10}$$

式（1.10）计算利用到 $A\times(B\times C) = B(A\cdot C)-C(A\cdot B)$。

（4）倒格矢 $\boldsymbol{K}_h = h_1\boldsymbol{b}_1 + h_2\boldsymbol{b}_2 + h_3\boldsymbol{b}_3$ 和正格子中晶面指数为（$h_1h_2h_3$）的晶面族正交。

晶面族（$h_1h_2h_3$）中最靠近原点的晶面 ABC 在基矢 $\boldsymbol{a}_1, \boldsymbol{a}_2, \boldsymbol{a}_3$ 上的截距分别为 $OA = |\boldsymbol{a}_1/h_1|$, $OB = |\boldsymbol{a}_2/h_2|$, $OC = |\boldsymbol{a}_3/h_3|$，如图 1.2 所示。

矢量 $\overrightarrow{CA}=\overrightarrow{OA}-\overrightarrow{OC}=\boldsymbol{a}_1/h_1-\boldsymbol{a}_3/h_3$，$\overrightarrow{CB}=\overrightarrow{OB}-\overrightarrow{OC}=\boldsymbol{a}_2/h_2-\boldsymbol{a}_3/h_3$。则有

$$\boldsymbol{K}_h\cdot\overrightarrow{CA}=\left(h_1\boldsymbol{b}_1+h_2\boldsymbol{b}_2+h_3\boldsymbol{b}_3\right)\cdot\left(\boldsymbol{a}_1/h_1-\boldsymbol{a}_3/h_3\right)=2\pi-2\pi=0$$

$$\boldsymbol{K}_h\cdot\overrightarrow{CB}=\left(h_1\boldsymbol{b}_1+h_2\boldsymbol{b}_2+h_3\boldsymbol{b}_3\right)\cdot\left(\boldsymbol{a}_2/h_2-\boldsymbol{a}_3/h_3\right)=2\pi-2\pi=0$$

所以 $\boldsymbol{K}_h$ 必垂直于 $\overrightarrow{CA}, \overrightarrow{CB}$ 所在的平面 ABC，即与晶面族（$h_1h_2h_3$）正交。

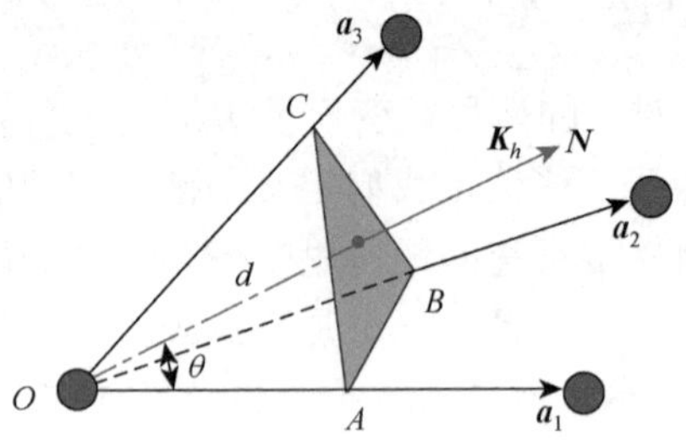

图 1.2　离原点最近的平面在基矢上的截距情况

（5）倒格矢 $\boldsymbol{K}_h$ 的模与晶面族（$h_1h_2h_3$）间距成反比。

图 1.2 中，晶面间距等于晶面 ABC 于任意基轴上的截距在倒格矢方向的投影。以基矢 $\boldsymbol{a}_1$ 上的截距所对应矢量 $\boldsymbol{a}_1/h_1$ 为例，θ 为 $\boldsymbol{a}_1/h_1$ 与 $\boldsymbol{K}_h$ 夹角，d 为晶面族（$h_1h_2h_3$）的面间距。则

$$\frac{\boldsymbol{a}_1}{h_1}\cdot\boldsymbol{K}_h=\left|\frac{\boldsymbol{a}_1}{h_1}\right|\cdot\left|\boldsymbol{K}_h\right|\cos\theta=d\left|\boldsymbol{K}_h\right| \tag{1.11}$$

$$d=\frac{\boldsymbol{a}_1}{h_1}\frac{\boldsymbol{K}_h}{\left|\boldsymbol{K}_h\right|}=\frac{\boldsymbol{a}_1}{h_1}\frac{h_1\boldsymbol{b}_1+h_2\boldsymbol{b}_2+h_3\boldsymbol{b}_3}{\left|\boldsymbol{K}_h\right|}=\frac{2\pi}{\left|\boldsymbol{K}_h\right|} \tag{1.12}$$

对于该晶面族上的任何格点 $\boldsymbol{R}_l=l_1\boldsymbol{a}_1+l_2\boldsymbol{a}_2+l_3\boldsymbol{a}_3$，晶面方程可写为

$$\boldsymbol{R}_l\cdot\frac{\boldsymbol{K}_h}{\left|\boldsymbol{K}_h\right|}=\mu d,\quad \mu=0,\pm1,\pm2,\cdots \tag{1.13}$$

当 $\mu=0$ 时，方程（1.13）描述的是晶面族（$h_1h_2h_3$）中过原点的晶面；当 $|\mu|=1$ 时，描述的是原点两侧最近邻的晶面，依此类推。利用式（1.12），可将晶面方程（1.13）改写为

$$\boldsymbol{R}_l\cdot\boldsymbol{K}_h=2\pi\mu,\quad \mu=0,\pm1,\pm2,\cdots \tag{1.14}$$

这个结果和前面讨论傅里叶变换时用到的式（1.5）相同。表明如果两个矢量满足式（1.14），而其中一个是正格矢，则另一个必为倒格矢。正格矢和倒格矢之间互为傅里叶变换的关系。

通过以上对倒易点阵性质的介绍得知，倒格矢 $\boldsymbol{K}_h$ 对应的倒格点（h_1, h_2, h_3）代表的是正格子中的晶面（$h_1h_2h_3$）。倒格矢 $\boldsymbol{K}_h=h_1\boldsymbol{b}_1+h_2\boldsymbol{b}_2+h_3\boldsymbol{b}_3$ 的方向垂直于正格子中相应的晶面（$h_1h_2h_3$），而倒格矢的长度等于正格子中相应晶面间距倒数的 2π 倍。

图 1.3 示意了正格子空间晶面与倒格子空间节点的对应关系。因为（200）的晶面间距 d_{200} 是 d_{100} 的一半，故（200）对应的倒易矢量长度较（100）大一倍。

$$K_{100}=\frac{2\pi}{d_{100}},\quad K_{200}=\frac{2\pi}{d_{200}} \tag{1.15}$$

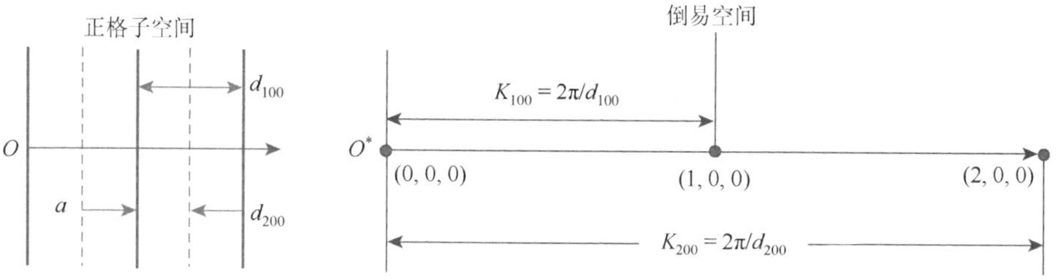

图 1.3　正格子空间晶面与倒格子空间节点的对应关系

1.2　晶面间距、晶面夹角和晶带定理

1.2.1　晶面间距

倒易点阵概念使许多晶体几何学问题的解决变得容易，例如晶面间距、晶面夹角的计算，晶带定理的推导等。

在固体物理学中，可以用初基原胞（primitive cell，以下简称原胞）的概念描述体积最小的周期性单元。我们通常取晶格中一个格点为顶点，以三个不共面方向上的周期为边长所形成的平行六面体为重复单元。原胞的选取方式不是唯一的，但它们的体积都是相等的。原胞选取必须反映晶体结构的周期性，但不一定能反映宏观对称性。同样，如果以一个格点为原点，作原点与其他格点连接的中垂面，由这些中垂面所围成的最小体积也是晶体体积的最小重复单元，称为维格纳-塞茨①原胞（Wigner-Seitz cell，WS 原胞）。显然每个维格纳-塞茨原胞只包含一个格点，也是一种初基原胞。

然而，在晶体学中涉及晶体结构研究时，为了能反映晶体的宏观对称性，所取的原胞不一定是体积最小且格点都在顶角上的初基原胞，也可以是格点不在顶角上，而在底心、面心、体心的非初基原胞，这种非初基原胞在晶体学上通常称为晶体学原胞（以下简称晶胞）。

晶面指数是以原胞基矢 $\boldsymbol{a}_1, \boldsymbol{a}_2, \boldsymbol{a}_3$ 为坐标轴所标识的晶面的指数，用一组互质数 h_1, h_2, h_3 表示，在涉及状态空间（波矢空间）内容时，通常使用晶面指数。

由式（1.12）晶面间距 $d_{h_1h_2h_3}=\dfrac{2\pi}{\left|\boldsymbol{K}_{h_1h_2h_3}\right|}$ 公式可知：

①耶诺·帕尔·维格纳（Jenó Pál Wigner，1902 年 11 月 17 日—1995 年 1 月 1 日），美籍匈牙利理论物理学家，他因对原子核和基本粒子理论的贡献，特别是对基础的对称性原理的发现和应用而获得了 1963 年诺贝尔物理学奖。

弗雷德里克·塞茨（Frederick Seitz，1911 年 7 月 4 日—2008 年 3 月 2 日），著名的科学家、杰出的物理学家。《近代固体理论》的撰写者、初基原胞的发现者。

人物链接：物理学“魔术师”维格纳与他的固体物理学大弟子塞茨

$$d_{h_1h_2h_3}^2 = \frac{2\pi}{\left|\boldsymbol{K}_{h_1h_2h_3}\right|}\cdot\frac{2\pi}{\left|\boldsymbol{K}_{h_1h_2h_3}\right|} = \frac{(2\pi)^2}{\left|(h_1b_1+h_2b_2+h_3b_3)(h_1b_1+h_2b_2+h_3b_3)\right|}$$

$$= \frac{(2\pi)^2}{h_1^2b_1^2+h_2^2b_2^2+h_3^2b_3^2+2h_1h_2b_1b_2+2h_1h_3b_1b_3+2h_2h_3b_2b_3} \tag{1.16}$$

此式为晶面间距的一般表达式，适用于各个晶系。

图 1.4 为简单立方、体心立方和面心立方晶格的原胞选取示意图。由图可见，简单立方的晶胞即为原胞，而体心立方和面心立方晶胞中包括不止一个原胞，即体心立方晶格和面心立方晶格的晶胞都不是最小的周期性单元。

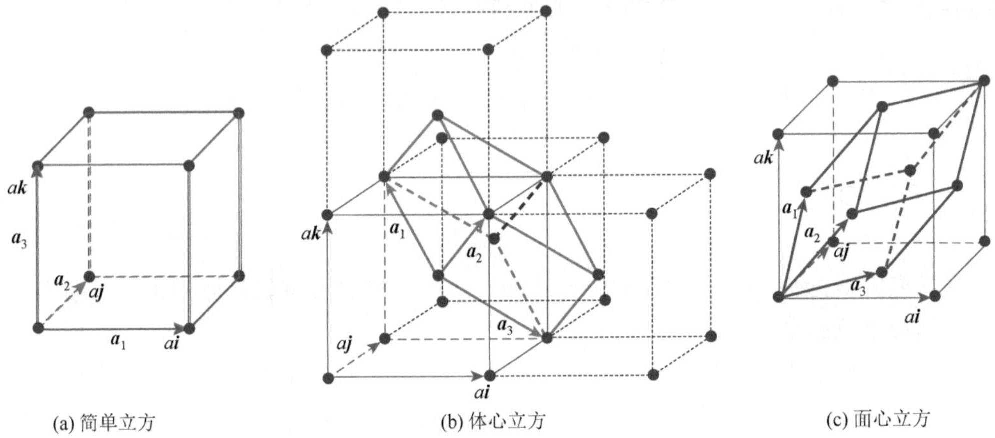

图 1.4　几种立方晶格的晶胞、原胞选取示意图

以晶胞的基矢 $\boldsymbol{a}, \boldsymbol{b}, \boldsymbol{c}$ 为坐标轴所标识的晶面的指数称为米勒指数（Miller index），也是由一组互质数 h, k, l 来表示。然而由于晶胞选择和原胞选择方式不同，米勒指数不简单等同于晶面指数，所以计算晶面间距时较为复杂，下面我们以边长为 a 的立方晶系为例予以说明。

如果以晶胞（即最小的立方单元）作为重复单元，在这种情况下，晶胞的三个基矢可表示为

$$\begin{cases} \boldsymbol{a} = a\boldsymbol{i} \\ \boldsymbol{b} = a\boldsymbol{j} \\ \boldsymbol{c} = a\boldsymbol{k} \end{cases} \tag{1.17}$$

对应的倒格子基矢记为

$$\begin{cases} \boldsymbol{a}^* = \dfrac{2\pi}{a}\boldsymbol{i} \\ \boldsymbol{b}^* = \dfrac{2\pi}{a}\boldsymbol{j} \\ \boldsymbol{c}^* = \dfrac{2\pi}{a}\boldsymbol{k} \end{cases} \tag{1.18}$$

设某一晶面米勒指数记为(hkl)，于是对应的倒格矢可表示为

$$\boldsymbol{K}_{hkl}=h\boldsymbol{a}^*+k\boldsymbol{b}^*+l\boldsymbol{c}^*=\left(h\boldsymbol{i}+k\boldsymbol{j}+l\boldsymbol{k}\right)\cdot\frac{2\pi}{a} \tag{1.19}$$

则由式（1.12）可得米勒指数为(hkl)晶面的晶面间距为

$$d_{hkl}=\frac{2\pi}{\frac{2\pi}{a}\sqrt{h^2+k^2+l^2}}=\frac{a}{\sqrt{h^2+k^2+l^2}} \tag{1.20}$$

此式为立方晶系按照米勒指数计算晶面间距的公式。

如果以初基原胞作为重复单元，设和米勒指数(hkl)同一晶面的晶面指数记为$(h_1h_2h_3)$，则

$$\boldsymbol{K}_{h_1h_2h_3}=h_1\boldsymbol{b}_1+h_2\boldsymbol{b}_2+h_3\boldsymbol{b}_3 \tag{1.21}$$

因为$\boldsymbol{K}_{hkl}$与$\boldsymbol{K}_{h_1h_2h_3}$是描述同一晶面且垂直于该晶面的倒格矢，故有

$$\boldsymbol{K}_{h_1h_2h_3}=m\boldsymbol{K}_{hkl} \tag{1.22}$$

即

$$h_1\boldsymbol{b}_1+h_2\boldsymbol{b}_2+h_3\boldsymbol{b}_3=m\left(h\boldsymbol{a}^*+k\boldsymbol{b}^*+l\boldsymbol{c}^*\right) \tag{1.23}$$

于是晶面指数（$h_1h_2h_3$）晶面间距可表示为

$$d_{h_1h_2h_3}=\frac{2\pi}{\left|\boldsymbol{K}_{h_1h_2h_3}\right|}=\frac{2\pi}{m\left|\boldsymbol{K}_{hkl}\right|}=\frac{a}{m\sqrt{h^2+k^2+l^2}} \tag{1.24}$$

在这种情况下，简单立方晶格、体心立方晶格、面心立方晶格的晶面间距计算又会有什么不同呢？现分别讨论如下。

（1）对于简单立方晶格，最小立方单元就是最小周期性重复单元，即原胞和晶胞一致，体积均为a^3，包含一个基元。正格子原胞基矢为

$$\begin{cases}\boldsymbol{a}_1=a\boldsymbol{i}\\ \boldsymbol{a}_2=a\boldsymbol{j}\\ \boldsymbol{a}_3=a\boldsymbol{k}\end{cases}\quad\text{或}\quad\begin{cases}\boldsymbol{a}_1=a(1,0,0)\\ \boldsymbol{a}_2=a(0,1,0)\\ \boldsymbol{a}_3=a(0,0,1)\end{cases} \tag{1.25}$$

根据式（1.4）可得相应的倒格子原胞基矢为

$$\begin{cases}\boldsymbol{b}_1=\dfrac{2\pi}{a}\boldsymbol{i}\\ \boldsymbol{b}_2=\dfrac{2\pi}{a}\boldsymbol{j}\\ \boldsymbol{b}_3=\dfrac{2\pi}{a}\boldsymbol{k}\end{cases}\quad\text{或}\quad\begin{cases}\boldsymbol{b}_1=\dfrac{2\pi}{a}(1,0,0)\\ \boldsymbol{b}_2=\dfrac{2\pi}{a}(0,1,0)\\ \boldsymbol{b}_3=\dfrac{2\pi}{a}(0,0,1)\end{cases} \tag{1.26}$$

式（1.26）表明简单立方晶格的倒格子仍为简单立方格子。

将式（1.19）、式（1.26）代入式（1.23）得

$$\left(h_1\boldsymbol{i}+h_2\boldsymbol{j}+h_3\boldsymbol{k}\right)\cdot\frac{2\pi}{a}=\left(h\boldsymbol{i}+k\boldsymbol{j}+l\boldsymbol{k}\right)\cdot\frac{2\pi}{a}m \tag{1.27}$$

比较等式两边可得$h_1=mh, h_2=mk, h_3=ml$。因为h_1, h_2, h_3为一组互质数，故$m=1$，使得$h_1=h, h_2=k, h_3=l$。即米勒指数和晶面指数对于简单立方晶格是相同的。此时晶面间距

$$d_{h_1h_2h_3}=\frac{2\pi}{\left|\boldsymbol{K}_{h_1h_2h_3}\right|}=d_{hkl}=\frac{2\pi}{\left|\boldsymbol{K}_{hkl}\right|}=\frac{a}{\sqrt{h^2+k^2+l^2}} \tag{1.28}$$

同式（1.20）保持一致。

（2）对于体心立方晶格，原胞的基矢表示为

$$\begin{cases}\boldsymbol{a}_1=\dfrac{a}{2}(-\boldsymbol{i}+\boldsymbol{j}+\boldsymbol{k})\\ \boldsymbol{a}_2=\dfrac{a}{2}(\boldsymbol{i}-\boldsymbol{j}+\boldsymbol{k})\\ \boldsymbol{a}_3=\dfrac{a}{2}(\boldsymbol{i}+\boldsymbol{j}-\boldsymbol{k})\end{cases} \tag{1.29}$$

原胞的体积为 $\boldsymbol{a}_1\cdot(\boldsymbol{a}_2\times\boldsymbol{a}_3)=a^3/2$，包含 1 个基元。晶胞的体积为 a^3，包含 2 个原胞。体心立方晶格最小立方单元不再是最小的周期性重复单元。碱金属 Li、Na、K、Rb、Cs 以及过渡金属 α-Fe、Cr、Mo、W 等属于体心立方结构。

根据式（1.4）可得相应的倒格子基矢：

$$\begin{cases}\boldsymbol{b}_1=\dfrac{2\pi}{a}(\boldsymbol{j}+\boldsymbol{k})\\ \boldsymbol{b}_2=\dfrac{2\pi}{a}(\boldsymbol{k}+\boldsymbol{i})\\ \boldsymbol{b}_3=\dfrac{2\pi}{a}(\boldsymbol{i}+\boldsymbol{j})\end{cases} \tag{1.30}$$

式（1.30）表明体心立方晶格的倒格子为面心立方格子。

将式（1.30）代入式（1.21）可得

$$\begin{aligned}\boldsymbol{K}_{h_1h_2h_3}&=h_1\boldsymbol{b}_1+h_2\boldsymbol{b}_2+h_3\boldsymbol{b}_3=h_1\cdot\frac{2\pi}{a}(\boldsymbol{j}+\boldsymbol{k})+h_2\cdot\frac{2\pi}{a}(\boldsymbol{k}+\boldsymbol{i})+h_3\cdot\frac{2\pi}{a}(\boldsymbol{i}+\boldsymbol{j})\\&=\frac{2\pi}{a}(h_2+h_3)\boldsymbol{i}+\frac{2\pi}{a}(h_1+h_3)\boldsymbol{j}+\frac{2\pi}{a}(h_1+h_2)\boldsymbol{k}\end{aligned} \tag{1.31}$$

然后将式（1.19）、式（1.31）代入式（1.23）有

$$\begin{cases}h_1=\dfrac{m}{2}(-h+k+l)\\ h_2=\dfrac{m}{2}(h-k+l)\\ h_3=\dfrac{m}{2}(h+k-l)\end{cases} \tag{1.32}$$

根据式（1.32）可以由已知的米勒指数求出体心立方晶格的晶面指数。

当 $h+k+l$ 为偶数时，$(-h+k+l)$，$(h-k+l)$，$(h+k-l)$ 均为偶数，又由于 h_1，h_2，h_3 是一组互质数，故有 $m=1$。当 $(h+k+l)$ 为奇数时，$(-h+k+l)$，$(h-k+l)$，$(h+k-l)$ 均为奇数，此时 $m=2$ 才能使 h_1, h_2, h_3 互质。因此

$$m=\begin{cases}1, & h+k+l=\text{偶数}\\ 2, & h+k+l=\text{奇数}\end{cases} \tag{1.33}$$

因此，对于体心立方晶格，晶面间距由式（1.24）确定，式中 m 由式（1.33）确定。例如，对于体心立方晶格米勒指数（100）面，相应晶面指数（-111），$d_{100} = a/m = a/2$，即（100）面的面间距是 $a/2$ 而不是 a；对于体心立方晶格米勒指数（110）面，相应晶面指数（001），$d_{110} = \sqrt{2}a/2$；而米勒指数（111）面仍为晶面指数（111），$d_{111} = \sqrt{3}a/6$，而不是 $\sqrt{3}a/3$。比较可知，对于体心立方晶格，面间距最大的晶面是米勒指数为（110）的晶面。

（3）对于面心立方晶格，原胞的基矢可表示为

$$\begin{cases} \boldsymbol{a}_1 = \dfrac{a}{2}(\boldsymbol{j}+\boldsymbol{k}) \\ \boldsymbol{a}_2 = \dfrac{a}{2}(\boldsymbol{k}+\boldsymbol{i}) \\ \boldsymbol{a}_3 = \dfrac{a}{2}(\boldsymbol{i}+\boldsymbol{j}) \end{cases} \tag{1.34}$$

原胞的体积为 $\boldsymbol{a}_1\cdot(\boldsymbol{a}_2\times\boldsymbol{a}_3) = a^3/4$，包含 1 个基元。晶胞体积为 a^3，包含 4 个原胞。可见面心立方晶格最小立方单元也不是最小的周期性重复单元。铜族金属 Cu、Ag、Au 及 Pb、Ni、Al 等属于面心立方结构。

根据式（1.4）可得相应的倒格子基矢

$$\begin{cases} \boldsymbol{b}_1 = \dfrac{2\pi}{a}(-\boldsymbol{i}+\boldsymbol{j}+\boldsymbol{k}) \\ \boldsymbol{b}_2 = \dfrac{2\pi}{a}(\boldsymbol{i}-\boldsymbol{j}+\boldsymbol{k}) \\ \boldsymbol{b}_3 = \dfrac{2\pi}{a}(\boldsymbol{i}+\boldsymbol{j}-\boldsymbol{k}) \end{cases} \tag{1.35}$$

式（1.35）表明面心立方晶格的倒格子为体心立方格子。

将式（1.35）代入式（1.21）可得

$$\begin{aligned} \boldsymbol{K}_{h_1h_2h_3} &= h_1\boldsymbol{b}_1 + h_2\boldsymbol{b}_2 + h_3\boldsymbol{b}_3 = h_1\cdot\frac{2\pi}{a}(-\boldsymbol{i}+\boldsymbol{j}+\boldsymbol{k}) + h_2\cdot\frac{2\pi}{a}(\boldsymbol{i}-\boldsymbol{j}+\boldsymbol{k}) + h_3\cdot\frac{2\pi}{a}(\boldsymbol{i}+\boldsymbol{j}-\boldsymbol{k}) \\ &= \frac{2\pi}{a}(-h_1+h_2+h_3)\boldsymbol{i} + \frac{2\pi}{a}(h_1-h_2+h_3)\boldsymbol{j} + \frac{2\pi}{a}(h_1+h_2-h_3)\boldsymbol{k} \end{aligned} \tag{1.36}$$

然后将式（1.19）、式（1.36）代入式（1.23）有

$$\begin{cases} h_1 = \dfrac{m}{2}(k+l) \\ h_2 = \dfrac{m}{2}(h+l) \\ h_3 = \dfrac{m}{2}(h+k) \end{cases} \tag{1.37}$$

由于 h_1, h_2, h_3 是一组互质数，当 h, k, l 全为奇数时，有 $m = 1$。当 h, k, l 不全为奇数时，$m = 2$。因此，

$$m=\begin{cases}1, & h,k,l\text{全为奇数时}\\ 2, & h,k,l\text{不全为奇数时}\end{cases} \tag{1.38}$$

因此，对于面心立方晶格，晶面间距也由式（1.24）确定，式中 m 则由式（1.38）确定。例如，米勒指数（100）面，相应晶面指数（011），$d_{100}=a/m=a/2$，即（100）面的面间距是 $a/2$ 而不是 a；对于面心立方晶格米勒指数（110）面，相应晶面指数（112），$d_{110}=a/\left(m\sqrt{2}\right)=a/\left(2\sqrt{2}\right)=\sqrt{2}a/4$，而不是 $\sqrt{2}a/2$；而米勒指数（111）面仍为晶面指数（111），$d_{111}=\sqrt{3}a/3$。比较可知，对于面心立方晶格，面间距最大的晶面是米勒指数为（111）的晶面。

综上所述，仅当体心立方晶格 $h+k+l=$ 奇数，或面心立方晶格 h, k, l 不全为奇数时，$m=2$，晶面间距为按米勒指数计算间距的一半；此外，$m=1$，晶面间距等同于按米勒指数计算的间距。

对于简单立方晶格，$d_{\max}=d_{100}=a$；对于体心立方晶格，密排面为米勒指数为（110）的面，其面间距 $d_{\max}=d_{110}=\sqrt{2}a/2$；对于面心立方晶格，密排面为米勒指数为（111）的面，其面间距 $d_{\max}=d_{111}=\sqrt{3}a/3$。米勒指数简单的这些晶面族，如{110}, {111}等，原子排列致密，面间距大，以致面与面之间的作用较弱。这样的晶面，由于单位表面能小，容易在晶体生长过程中显露在外表，成为解理面。简单立方晶体最易显露于外表的解理面是（100）面，体心立方晶体最易显露于外表的解理面是（110）面，而面心立方晶体最易显露于外表的解理面就是（111）面。这些解理面上原子密度大，对 X 射线的散射强，因而米勒指数简单的晶面族，在 X 射线衍射中，往往与照片中的浓黑斑点相对应。

1.2.2　晶面夹角

米勒指数为$(h_1k_1l_1)$和$(h_2k_2l_2)$的两晶面夹角可用两晶面的法线夹角来表示，也可用两晶面对应的倒易矢量的夹角来表示，即

$$\begin{aligned}\cos\varphi&=\frac{\boldsymbol{K}_{h_1k_1l_1}\cdot\boldsymbol{K}_{h_2k_2l_2}}{\left|\boldsymbol{K}_{h_1k_1l_1}\right|\cdot\left|\boldsymbol{K}_{h_2k_2l_2}\right|}=\frac{\left(h_1\boldsymbol{a}^*+k_1\boldsymbol{b}^*+l_1\boldsymbol{c}^*\right)\cdot\left(h_2\boldsymbol{a}^*+k_2\boldsymbol{b}^*+l_2\boldsymbol{c}^*\right)}{\left|\boldsymbol{K}_{h_1k_1l_1}\right|\cdot\left|\boldsymbol{K}_{h_2k_2l_2}\right|}\\&=\frac{\left(h_1h_2\boldsymbol{a}^{*2}+k_1k_2\boldsymbol{b}^{*2}+l_1l_2\boldsymbol{c}^{*2}+h_1k_2\boldsymbol{a}^*\boldsymbol{b}^*+h_1l_2\boldsymbol{a}^*\boldsymbol{c}^*+k_1l_2\boldsymbol{b}^*\boldsymbol{c}^*+k_1h_2\boldsymbol{b}^*\boldsymbol{a}^*+l_1h_2\boldsymbol{c}^*\boldsymbol{a}^*+l_1k_2\boldsymbol{c}^*\boldsymbol{b}^*\right)}{\left|\boldsymbol{K}_{h_1k_1l_1}\right|\cdot\left|\boldsymbol{K}_{h_2k_2l_2}\right|}\end{aligned} \tag{1.39}$$

式（1.39）为晶面夹角的一般公式，可适用于各个晶系。

1.2.3　晶带定理

设晶体中某一过正点阵坐标原点的晶向为$[uvw]$，与之平行的所有（hkl）晶面构成一晶带，称为$[uvw]$晶带。$[uvw]$直线称为晶带轴，其矢量坐标表达式为：$\boldsymbol{r}_{uvw}=u\boldsymbol{a}+v\boldsymbol{b}+w\boldsymbol{c}$。由于同一晶带中各晶面的法线与晶带轴垂直，也就是各晶面对应的倒格矢 $\boldsymbol{K}_{hkl}$ 与晶带轴垂直，因此有

$$\boldsymbol{r}_{uvw} \cdot \boldsymbol{K}_{hkl} = (u\boldsymbol{a} + v\boldsymbol{b} + w\boldsymbol{c}) \cdot (h\boldsymbol{a}^* + k\boldsymbol{b}^* + l\boldsymbol{c}^*) = 0 \tag{1.40}$$

得

$$hu + kv + lw = 0 \tag{1.41}$$

式（1.41）称为晶带定理，它表明了晶带轴指数[uvw]与属于该晶带之晶面的米勒指数(hkl)的关系，可用来判断某一晶面是否属于某一晶带。

同一晶带中的各（hkl）晶面都与晶带轴[uvw]平行，因此它们所对应的倒格矢也都处于同一族倒易平面内，如图 1.5 所示。该族倒易平面与[uvw]晶带的各晶面垂直，同时也与晶带轴垂直。过倒易坐标原点 O^*的倒易平面称为零层倒易平面，零层倒易平面的概念是一个在电子衍射分析中的基本概念。

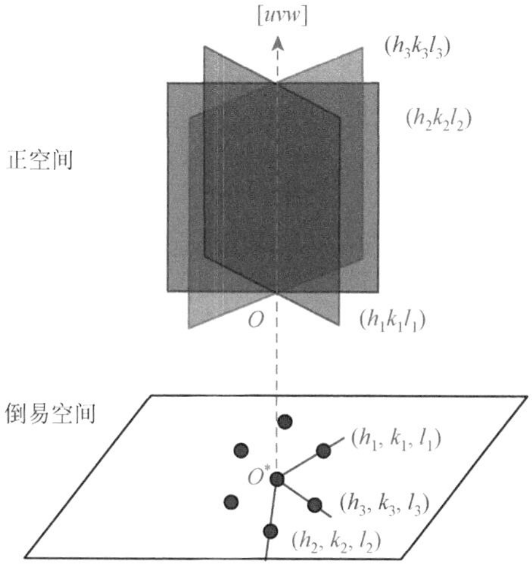

图 1.5　晶带正空间与倒易空间的对应关系

1.3　布 里 渊 区

1.3.1　布里渊区的概念

法国物理学家莱昂·尼古拉·布里渊（Léon Nicolas Brillouin）最早提出，在倒易空间中，选取一个倒格点为原点，作原点和所有倒格点连线的垂直平分面，这些倒格矢的垂直平分面把倒易空间分隔成一系列的区域：其中最靠近原点的一组面所围的闭合区域称为第一布里渊区，又称约化布里渊区（reduced Brillouin zone）；在第一布里渊区之外，由另一组平面所包围的闭合区域叫做第二布里渊区；依此类推，可得第三、四布里渊区等。

下面以二维正方格子为例阐述布里渊区的特点，如图 1.6 所示。

对于二维正方格子，其正格子原胞基矢为

$$\boldsymbol{a}_1 = a\boldsymbol{i}，\boldsymbol{a}_2 = a\boldsymbol{j} \tag{1.42}$$

倒格子原胞基矢为

$$\boldsymbol{b}_1 = \frac{2\pi}{a}\boldsymbol{i}\,,\quad \boldsymbol{b}_2 = \frac{2\pi}{a}\boldsymbol{j} \tag{1.43}$$

倒格子中离原点最近的倒格点有 4 个，相应的倒格矢为$\pm\boldsymbol{b}_1$，$\pm\boldsymbol{b}_2$，它们的垂直平分线的方程式是

$$\boldsymbol{k}_x = \pm\frac{\pi}{a}\,,\quad \boldsymbol{k}_y = \pm\frac{\pi}{a} \tag{1.44}$$

这些垂直平分线围成的区域就是约化布里渊区（第一布里渊区），这个区域是一个正方形，面积为$(2\pi)^2/a^2$。离原点次近邻的 4 个倒格点相应的倒格矢为$\pm(\boldsymbol{b}_1+\boldsymbol{b}_2)$, $\pm(\boldsymbol{b}_1-\boldsymbol{b}_2)$。它们的垂直平分线围成的区域减去第一布里渊区就是第二布里渊区，由 4 个面积相等的等腰直角三角形组成，4 个面积加起来等于第一布里渊区正方形面积。第三布里渊区由 8 个更小的等腰直角三角形组成，8 个三角形面积加起来等于第一布里渊区正方形面积。它由倒格矢$\pm2\boldsymbol{b}_1$，$\pm2\boldsymbol{b}_2$ 的垂直平分线与第一布里渊区边界及第二布里渊区边界相截而成。依此类推，更高的布里渊区可以用类似的方法求得。

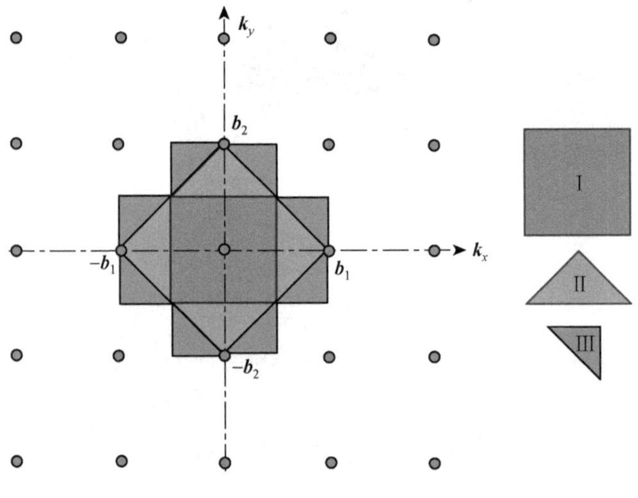

图 1.6　二维正方格子的布里渊区

从上面二维正方格子布里渊区讨论中，我们得知，各布里渊区面积相等，都等于倒易点阵的原胞面积。而且，第二布里渊区和第三布里渊区经过适当平移，和第一布里渊区完全重合，平移矢量为倒格矢或倒格矢的整数倍。这个特点对于三维情况同样成立。这说明倒易空间也具有平移对称性，布里渊区就相当于倒易空间的维格纳-塞茨原胞，因此后面讨论晶格振动以及电子的能量状态时只需要考虑在第一布里渊区的情况即可，其他布里渊区的情况通过平移倒格矢就可以知道。

1.3.2　几种常见晶格的布里渊区

图 1.7～图 1.9 分别为简单立方晶格、体心立方晶格及面心立方晶格的布里渊区构图。

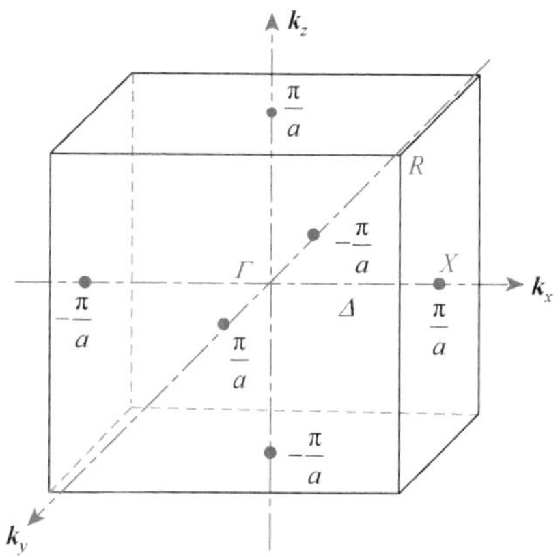

图 1.7　简单立方晶格的约化布里渊区

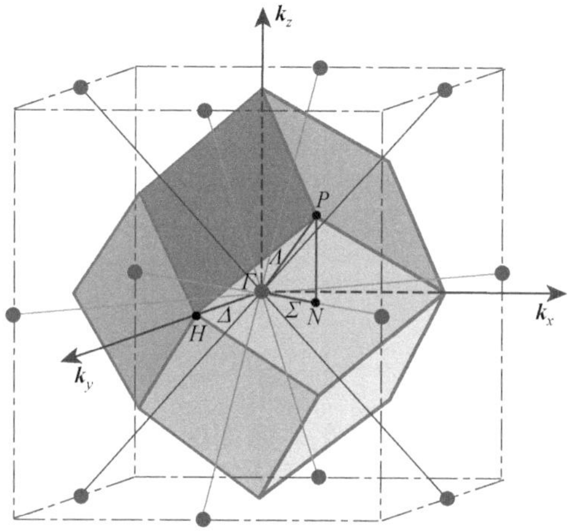

图 1.8　体心立方晶格的约化布里渊区

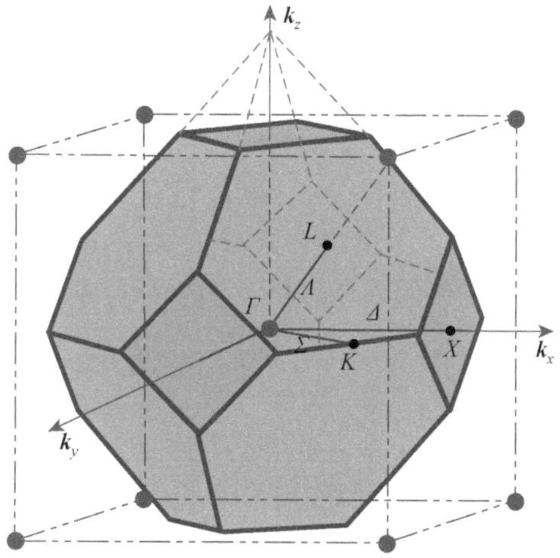

图 1.9　面心立方晶格的约化布里渊区

对于简单立方晶格，正格子原胞基矢和相应的倒格子原胞基矢如式（1.25）和式（1.26）所示。可见，简单立方晶格的倒格子也是简单立方，它的约化布里渊区是边长为 $2\pi/a$ 的立方体，如图 1.7 所示（图中面心上 6 个点不是倒格点，它们代表的是从倒易原点 O^*到最近邻倒格点一半的位置）。第一布里渊区体积即倒格子原胞体积为

$$\Omega^* = \boldsymbol{b}_1 \cdot (\boldsymbol{b}_2 \times \boldsymbol{b}_3) = \frac{(2\pi)^3}{\Omega} = \left(\frac{2\pi}{a}\right)^3 \tag{1.45}$$

对于体心立方晶格，正格子原胞基矢和相应的倒格子原胞基矢如式（1.29）和式（1.30）所示。比较式（1.30）和式（1.34）可知，体心立方晶格的倒格子是面心立方，边长为 $4\pi/a$。离原点最近的 12 个倒格点的坐标分别为

$$\frac{2\pi}{a}(1,1,0),\quad \frac{2\pi}{a}(1,\bar{1},0),\quad \frac{2\pi}{a}(\bar{1},1,0),\quad \frac{2\pi}{a}(\bar{1},\bar{1},0)$$

$$\frac{2\pi}{a}(1,0,1),\quad \frac{2\pi}{a}(1,0,\bar{1}),\quad \frac{2\pi}{a}(\bar{1},0,1),\quad \frac{2\pi}{a}(\bar{1},0,\bar{1})$$

$$\frac{2\pi}{a}(0,1,1)，\frac{2\pi}{a}(0,\bar{1},1)，\frac{2\pi}{a}(0,1,\bar{1})，\frac{2\pi}{a}(0,\bar{1},\bar{1})$$

这 12 个倒格矢的中垂面围成菱形十二面体，如图 1.8 所示，这就是体心立方晶格的第一布里渊区。倒格子原胞中心常用符号 Γ 标记，$(2\pi/a)(0, 1, 0)$处的边界点记为 H，在$(2\pi/a)(1/2, 1/2, 1/2)$处的边界点记为 P，在$(2\pi/a)(1/2, 1/2, 0)$处的边界点记为 N，即菱形面的中心点；沿 Γ 点到 H 点的连线记为 Δ，沿 Γ 到 P 点的连线记为 Λ，沿 Γ 点到 N 点的连线记为 Σ。第一布里渊区体积即倒格子原胞体积为

$$\Omega^* = \frac{(2\pi)^3}{\Omega} = \frac{(2\pi)^3}{\frac{1}{2}a^3} = 2\left(\frac{2\pi}{a}\right)^3 \tag{1.46}$$

对于面心立方晶格，正格子原胞基矢和相应的倒格子原胞基矢如式（1.34）和式（1.35）所示。比较式（1.29）和式（1.35）可知，面心立方晶格的倒格子是体心立方，边长为 $4\pi/a$。离原点最近的 8 个倒格点的坐标分别为

$$\frac{2\pi}{a}(1,1,1)，\frac{2\pi}{a}(1,1,\bar{1})，\frac{2\pi}{a}(1,\bar{1},1)，\frac{2\pi}{a}(\bar{1},1,1)$$

$$\frac{2\pi}{a}(1,\bar{1},\bar{1})，\frac{2\pi}{a}(\bar{1},\bar{1},1)，\frac{2\pi}{a}(\bar{1},1,\bar{1})，\frac{2\pi}{a}(\bar{1},\bar{1},\bar{1})$$

次近邻的 6 个倒格点的坐标分别为

$$\frac{2\pi}{a}(\pm 2,0,0)，\frac{2\pi}{a}(0,\pm 2,0)，\frac{2\pi}{a}(0,0,\pm 2)$$

由这 8 个最近邻倒格点和 6 个次近邻倒格点对应的倒格矢的中垂面围成一个截角八面体，即十四面体，有 8 个正六边形和 6 个正方形。如图 1.9 所示，这就是面心立方晶格的第一布里渊区。

同样，倒格子原胞中心常用符号 Γ 标记，$(2\pi/a)(0, 1, 0)$处的边界点（即四方面的中心）记为 X，在$(2\pi/a)(1/2, 1/2, 1/2)$处的边界点（即六方面的中心）记为 L，在$(2\pi/a)(3/4, 3/4, 0)$处的边界点（六方面与六方面棱的中点）记为 K；沿 Γ 点到 X 点的连线记为 Δ，沿 Γ 到 L 点的连线记为 Λ，沿 Γ 点到 K 点的连线记为 Σ。第一布里渊区体积即倒格子原胞体积为

$$\Omega^* = \frac{(2\pi)^3}{\Omega} == \frac{(2\pi)^3}{\frac{1}{4}a^3} = 4\left(\frac{2\pi}{a}\right)^3 \tag{1.47}$$

1.4 晶体衍射

1.4.1 衍射理论

晶体结构是客观存在的，与晶体结构对应的空间点阵是对晶体内部结构在三维空间周期平移这一客观事实的抽象，有严格的物理意义。由前面的学习我们知道，倒易点阵是晶体点阵的傅里叶变换，和正点阵一一对应，但它不是客观存在的，没有特定的物理

意义，倒易点阵是埃瓦尔德（Ewald）在 1921 年为了形象地解释衍射几何提出的，纯粹为数学模型和工具。但由于倒易点阵和埃瓦尔德反射球的相互关系非常完美地描述了 X 射线和电子在晶体中的衍射现象，故成为研究晶体衍射的有力手段。

晶体的特点是其内部原子的周期性排列，形成不同方向的晶面族。对每个晶面族，其中所有的晶面平行且等距。由于这一特征，人们猜想晶面族或许可以作为波的衍射光栅。倘若如此，当选择适当波长的波入射到晶体上时，就有可能观察到衍射现象。我们已知光栅是由一系列等宽、等距、平行刻线组成的光学元件，光栅条纹间距 d 极小（微米量级），很难测量。当光通过光栅时，在后面投影屏上的衍射像是放大间距的一系列条纹，如图 1.10 所示。

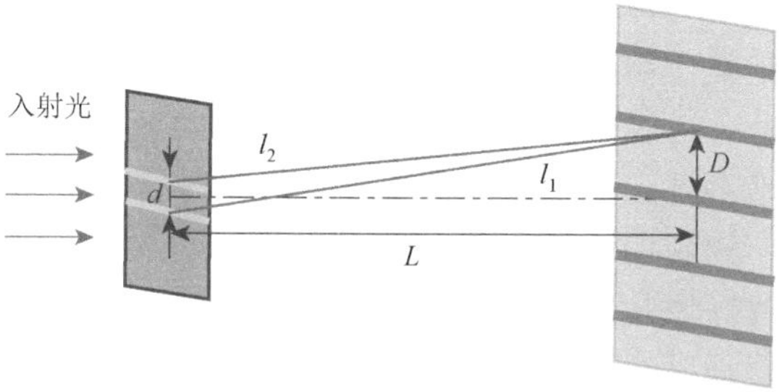

图 1.10　光栅衍射示意图

如果入射波长为 λ，由于两相干光波增强的条件是两光程差 $\Delta l = l_1 - l_2 = \lambda$，根据几何关系近似有 $\Delta l/d = D/L$，由此得到两衍射线条的间距为 $D = (\Delta l/d)L$。由此可见，衍射线条间距 D 与光栅条纹间距 d 成反比，即衍射的物体与其衍射像呈倒易关系。这样难以测量的条纹间距 d 便可通过测量衍射线条间距 D 间接获得。同样的道理，对于晶体中原子的周期性排列，即使使用一般的透射电镜，也难以观察得到。但我们可以通过观测衍射斑点，按照衍射的物体与其衍射像呈倒易关系，获得正点阵的具体信息，这些衍射斑点正是倒易点阵中的一些阵点。由于倒易点阵是可直接观测到的，因此对于衍射现象来说，倒易点阵是比晶体点阵更“真实”的点阵。

1912 年，劳厄[①]（Laue）首先指出晶体可以作为 X 射线的衍射光栅，弗里德里希（Friedrich）和克尼平（Knipping）用 X 射线束照射到固定不动的 $CuSO_4$ 晶体上发现 X 射线衍射，接着用闪锌矿（立方 ZnS）得出明锐的 X 射线衍射图，从而证明了 X 射线的波动性和晶体中原子排列的周期性。后来布拉格父子[②]和其他一些科学家又在此基础上

①马克斯·冯·劳厄（Max von Laue，1879 年 10 月 9 日—1960 年 4 月 24 日），德国物理学家，因发现晶体中的 X 射线衍射现象而获得了 1914 年诺贝尔物理学奖。

人物链接：
说者无意，听者有心——X 射线晶体分析的先驱劳厄

②威廉·亨利·布拉格（William Henry Bragg，1862 年 7 月 2 日—1942 年 3 月 10 日），英国物理学家，现代固体物理学的奠基人之一，因用 X 射线对晶体结构的研究与其儿子共同获得了 1915 年诺贝尔物理学奖。

威廉·劳伦斯·布拉格（William Lawrence Bragg，1890 年 3 月 31 日—1971 年 7 月 1 日），英国物理学家，威廉·亨利·布拉格的儿子，因用 X 射线对晶体结构的研究与其父亲共同获得了 1915 年诺贝尔物理学奖。

人物链接：
同获诺贝尔物理学奖第一对父子——布拉格父子

进一步加以完善，反过来用衍射花样来探索晶体的微观结构，于是 X 射线衍射成为分析晶体结构的常用方法。近代的电子衍射和中子衍射对 X 射线衍射方法更起着有力的补充作用。

由普通物理学知识可知，X 射线是由被高电压 U 加速了的电子打击在“靶极”物质上而产生的一种电磁波。其短波限 λ_0（或频率 ν_0）由加速电压 U 确定：

$$\lambda_0 = \frac{c}{\nu_0} = \frac{hc}{h\nu_0} = \frac{hc}{eU} = \frac{12400}{U} \tag{1.48}$$

式中，c 为光速；普朗克常量 $h \approx 6.63 \times 10^{-34}\,\mathrm{J \cdot s}$；电子电荷 $e \approx 1.60 \times 10^{-19}\,\mathrm{C}$；$\lambda_0$ 及 U 的单位分别为 Å（埃）及 V（伏特）。如 $U = 12400\mathrm{V}$，则 $\lambda_0 = 1$Å。在晶体衍射中，常取 U 为 40kV，则所产生的 $\lambda_0 = 0.31$Å。

X 射线和晶体的相互作用实际上主要是 X 射线和原子中电子的相互作用。因为我们知道，原子核的质量远远大于电子的质量，原子核的散射波强度远远小于电子散射波强度，因而可以忽略不计。电子在入射 X 射线电场矢量的作用下会产生受迫振动，获得加速运动的电子作为新的波源向四周辐射出与入射 X 射线频率相同的电磁波，称为散射波。而散射波就好像是从原子中心发出的，每一个原子中心发出的散射波又好比一个球面波。散射的强度决定于原子中电子的数目和分布，不同的原子具有不同的散射能力。原子在晶体中是周期排列的，所以这些散射球面波之间存在着固定的相位关系。

当 X 射线入射晶体，由于原子间距的数量级约为 $10^{-10}\mathrm{m}$，与 X 射线波长的数量级相同，所以各个原子的散射波之间会在空间产生干涉，结果导致在某些散射方向的球面波相互加强，而在某些方向上相互抵消，从而出现了衍射现象，如图 1.11 所示。除 X 射线外，电子和中子通过晶体也可以产生衍射。

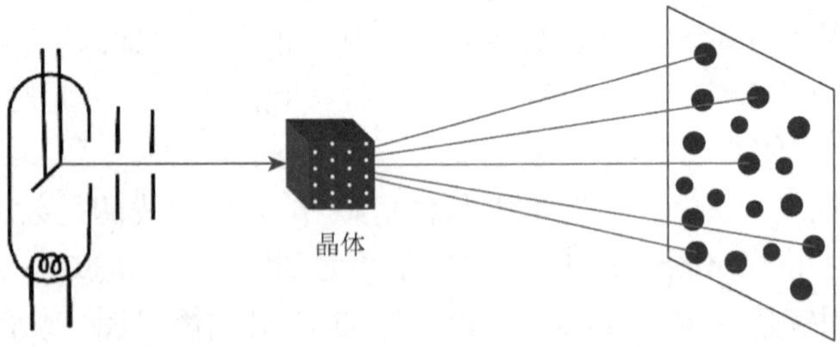

图 1.11　X 射线穿过晶体产生衍射

电子衍射是电子束直接打在晶体上而形成的。按照能量守恒定律，有

$$eU = \frac{1}{2}mv^2 = p^2/2m \tag{1.49}$$

式中，U 为电子的加速电压；eU 则为加速电子获得的能量；$p = mv$ 为电子的动量。根据电子德布罗意波长公式 $\lambda = h/p$ 可得到

$$\lambda = \frac{h}{\sqrt{2meU}} \tag{1.50}$$

设加速电压 $U = 150\text{V}$，电子质量 $m \approx 9.11 \times 10^{-31}\text{kg}$，代入式（1.50）则得到

$$\lambda = \frac{h}{\sqrt{2meU}} \approx \sqrt{\frac{1.5 \times 10^{-18}}{U}} = 1\text{Å} \tag{1.51}$$

可见，150V 即能产生波长为 1Å 的电子波，而在 X 射线的情形下则需约 12kV。电子波和晶格作用，不仅受到电子的散射，并且也受到原子核的散射，所以散射很强，透射力较弱。在实际工作中常用的 50kV 电子束，正入射时，在一般晶体内的透射深度约为 50nm；若有小角度倾斜，则只能穿透 5nm 垂直距离。所以，电子束衍射主要用在观察薄膜结构上。

中子衍射是中子束直接打在晶体上而形成的。中子和电子类似，也是一种物质波，中子德布罗意波长随能量变化。例如，动能约为 0.025 电子伏特的热中子，

$$m_{中} \approx 1840 m_{电}, \quad \lambda = \frac{h}{\sqrt{2m_{中}E}} = 1.8\text{Å} \tag{1.52}$$

中子衍射的基本原理和 X 射线衍射、电子衍射十分相似，但中子衍射有其独特的优势。中子流不带电，质量约为电子质量的 1840 倍，可以忽略电子对它的散射，只考虑靠近原子核时受到原子核的散射，因此具有较高的穿透性。中子散射本领和物质的原子序数无一定的关系，所以中子衍射能较准确确定点阵中轻元素（如氢、碳）在晶体中的位置，能够区别同位素的转变。另外，中子具有磁矩，可用来研究磁结构等。

1.4.2　劳厄衍射方程与布拉格反射方程

1. 劳厄衍射方程

下面只讨论布拉维格子。设 X 射线源和晶体的距离以及观测点和晶体的距离都比晶体的线度大得多，则入射线和衍射线都可近似地看成平行光线。劳厄把位于格点上的原子看作散射中心，劳厄衍射是散射中心对入射 X 射线的衍射。设 $\boldsymbol{s}_0$ 和 $\boldsymbol{s}$ 分别为入射和衍射方向的单位矢量，定义入射波矢 $\boldsymbol{k}_0 = (2\pi/\lambda)\boldsymbol{s}_0$ 和衍射波矢 $\boldsymbol{k} = (2\pi/\lambda)\boldsymbol{s}$，如图 1.12 所示。当入射波矢为 $\boldsymbol{k}_0$ 的 X 射线投射到相距为格矢 $\boldsymbol{R}_l$ 的两个散射中心 O_1 和 O_2 时，产生波矢为 $\boldsymbol{k}$ 的散射波。在弹性散射的条件下，即不考虑康普顿（Compton）效应，散射前后的波长保持不变，则有 $|\boldsymbol{k}_0| = |\boldsymbol{k}|$。

自 O_2 作 O_2C 垂直于 $\boldsymbol{k}_0$，O_2D 垂直于 $\boldsymbol{k}$。从图 1.12 可以看出光程差为 $CO_1 + O_1D$：

$$CO_1 = -\boldsymbol{R}_l \cdot \boldsymbol{s}_0, \quad O_1D = \boldsymbol{R}_l \cdot \boldsymbol{s}$$

则衍射加强的条件为

$$\boldsymbol{R}_l \cdot (\boldsymbol{s} - \boldsymbol{s}_0) = \mu\lambda \tag{1.53}$$

式中，μ 为整数；$\boldsymbol{s}$ 方向为衍射加强的方向。此式即是劳厄衍射方程的矢量形式。

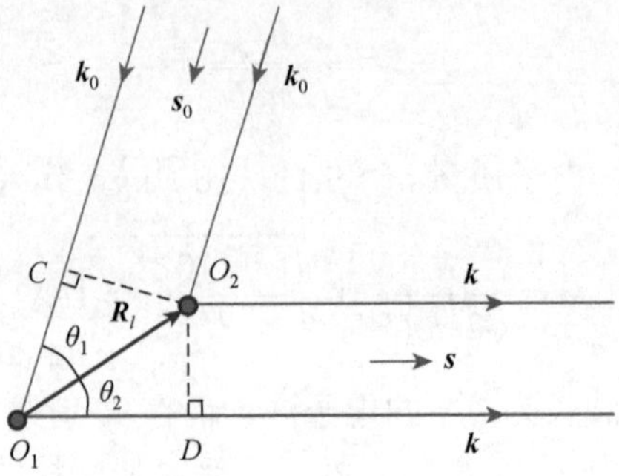

图 1.12　两个点散射中心 X 射线衍射

把劳厄衍射方程用 X 射线的波矢表示为

$$\boldsymbol{R}_l \cdot (\boldsymbol{k} - \boldsymbol{k}_0) = 2\pi\mu \tag{1.54}$$

把式（1.54）和式（1.5）、式（1.14）比较可知，矢量 $\boldsymbol{k}-\boldsymbol{k}_0$ 相当于倒格矢，量纲为[长度]$^{-1}$。因此，这里从衍射加强条件出发所得到的结果同 1.1 节中傅里叶变换出发得到的结果是一致的。这说明我们所讨论的衍射过程遵守傅里叶变换。

当周期性排列的散射中心对 X 射线产生劳厄衍射时，任何允许的 $\Delta\boldsymbol{k} = \boldsymbol{k}-\boldsymbol{k}_0$ 等价于某个倒格矢或其整数倍，即

$$\boldsymbol{k} - \boldsymbol{k}_0 = n\boldsymbol{K}_h \tag{1.55}$$

式中，n 为整数。式（1.55）即为倒格子空间的衍射方程。其物理意义是：当衍射波矢和入射波矢相差一个或几个倒格矢时，就满足衍射加强条件。

2. 布拉格反射方程

考虑间距为 d 的平行晶面，入射 X 射线位于纸面平面内。对于相邻平行两晶面 P_1、P_2，入射反射的射线行程差是 $2d\sin\theta$，如图 1.13 所示。

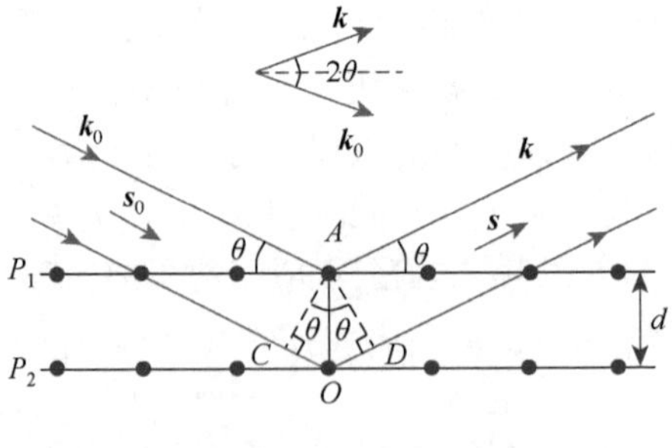

图 1.13　布拉格反射

当行程差是波长的整数倍（n）时，来自相邻平面的反射就发生了相长干涉，这便是著名的布拉格反射方程：

$$2d\sin\theta = n\lambda \tag{1.56}$$

根据式（1.55）劳厄衍射方程，我们可以画出由 $\boldsymbol{k}$、$\boldsymbol{k}_0$ 和 $n\boldsymbol{K}_h$（图中 $\boldsymbol{K}_h$ 为 $n = 1$ 的情

形）所围成的$\triangle AO^*P$，称为衍射三角形（图 1.14）。由图 1.14 可知，因为$|\boldsymbol{k}_0| = |\boldsymbol{k}|$，三角形为等腰三角形，顶角平分线为晶面族（$h_1h_2h_3$）中某一晶面 P_1。衍射加强方向正好就是晶面族（$h_1h_2h_3$）的反射方向，而倒格矢 $\boldsymbol{K}_h$ 与晶面 P_1（$h_1h_2h_3$）垂直。显然，根据衍射三角形的几何关系可得

$$\boldsymbol{k}-\boldsymbol{k}_0=\left|\boldsymbol{K}_h\right|=2\left|\boldsymbol{k}\right|\sin\theta=\frac{4\pi}{\lambda}\sin\theta \tag{1.57}$$

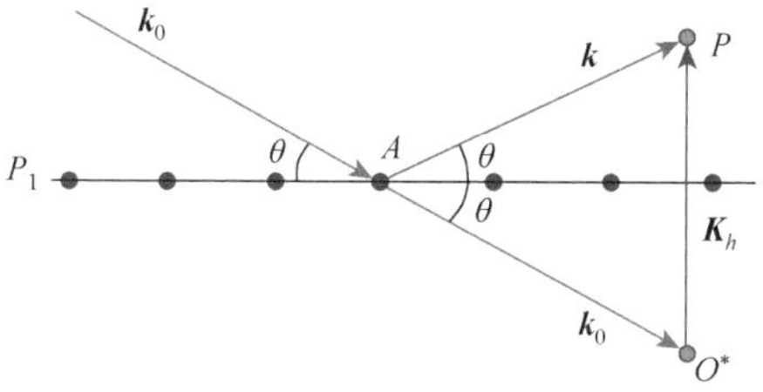

图 1.14　衍射三角形

于是，式（1.12）晶面间距公式可化为

$$d_{h_1h_2h_3}=\frac{2\pi}{\left|\boldsymbol{K}_h\right|}=\frac{2\pi}{\dfrac{4\pi}{\lambda}\sin\theta}=\frac{\lambda}{2\sin\theta} \tag{1.58}$$

即有

$$2d_{h_1h_2h_3}\sin\theta=\lambda \tag{1.59}$$

由此可见，我们由倒格子空间的衍射方程出发，也可得到大家所熟知的布拉格反射方程（考虑 $n=1$ 的情况）。布拉格反射方程简单实用，将实质上是衍射的现象表示为“反射”，所以通常就称衍射线为反射线。从图 1.13 可以看出，如同普通光线被镜面反射一样，X 射线也会被晶面族“反射”，不过这种“反射”不是在任何入射角时均可发生，而只能发生于符合布拉格反射公式所示条件的角度 θ 处。在实际测量中，衍射束方向是用 $\boldsymbol{k}_0$ 和 $\boldsymbol{k}$ 的夹角 2θ 来确定的，这个夹角被称为衍射角，它表示衍射线偏离入射线的角度。实验上，我们由观察到的衍射角算出晶面间距 d，同时也确定了晶面族的方向。这也正是利用 X 射线衍射分析晶体微结构的最基本原理。

必须指出的是，布拉格反射公式是形成衍射斑点的必要条件，但并不是充分条件。根据正倒格子的对应关系，倒易空间中的倒格点是由正格子中的对应晶面衍射形成的，但实际衍射的结果是某些晶面并不能形成衍射斑点，也就是在倒易空间中没有倒格点与之对应。现以常见的体心立方晶格和面心立方晶格为例加以说明。

对于体心立方晶格，对应的倒格子为面心立方，如图 1.15 所示。根据已知的消光规律，当 $h+k+l$ 为偶数时，正空间相应米勒指数的晶面在倒易空间中形成衍射斑点，对应于倒易空间中的倒格点；当 $h+k+l$ 为奇数时，正空间相应米勒指数的晶面在倒易空间中不能形成衍射斑点，此时在倒易空间中没有对应的倒格点。图 1.15（a）中的（011）、（112）等晶面，在图 1.15（b）中形成了衍射斑点（倒格点）；而图 1.15（a）中的（111）、（021）等晶面，在图 1.15（b）中没有形成衍射斑点（倒格点），这正对应了式（1.33）中 $m=2$ 的情形。

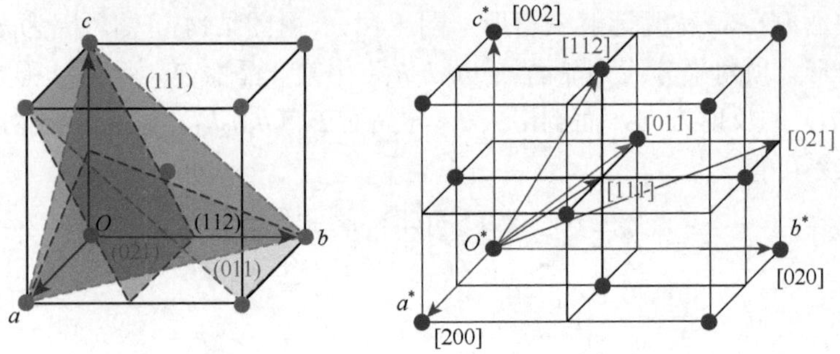

(a)　　(b)

图 1.15　体心立方晶格不同米勒指数的晶面（a）与其对应倒易阵点（b）之间的关系

对于面心立方晶格，对应的倒格子为体心立方，如图 1.16 所示。根据已知的消光规律，当 h, k, l 全为奇数时，正空间相应米勒指数的晶面在倒易空间中形成衍射斑点，对应于倒易空间中的倒格点；当 h, k, l 不全为奇数时，正空间相应米勒指数的晶面在倒易空间中不能形成衍射斑点，此时在倒易空间中没有对应的倒格点。图 1.16（a）中的（111）等晶面在图 1.16（b）中形成了衍射斑点（倒格点）；而图 1.16（a）中的（011）、（112）等晶面在图 1.16（b）中没有形成衍射斑点（倒格点），这也与式（1.38）$m=2$ 的情形相对应。特别地，图 1.16（a）中（022）等晶面也在图 1.16（b）中形成了衍射斑点（倒格点），此时 0、2、2 对应衍射指数（衍射指数是米勒指数的 n 倍）。衍射指数全偶时，不消光。

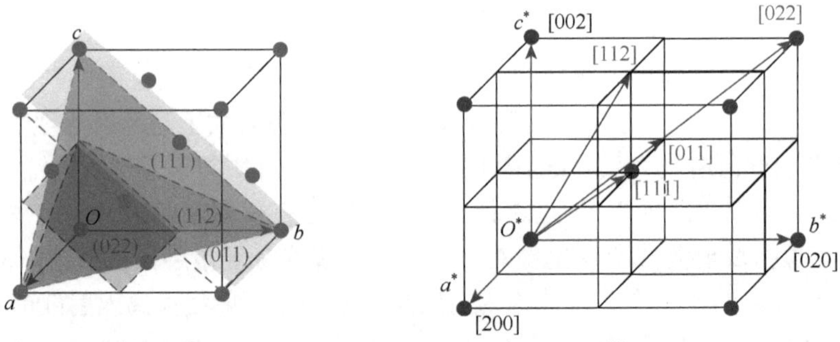

(a)　　(b)

图 1.16　面心立方晶格不同米勒指数的晶面（a）与其对应倒易阵点（b）之间的关系

1.4.3　埃瓦尔德反射球

埃瓦尔德作图法直观地反映了晶格的衍射条件和衍射照片上斑点（倒易阵点）之间的联系。如图 1.17 所示，以样品某一原子位置 A 为球心、$2\pi/\lambda$ 为半径作圆球，当 X 射线沿 OAO^*（直径）方向入射时，O、O^*两点均在球赤道圆上，晶体内与入射 X 射线 OAO^* 夹角为 θ 的晶面 P_1（$h_1h_2h_3$）所形成的衍射线 AP 交球于点 P。取点 O^*作为倒易空间原点，则$\triangle AO^*P$ 即为图 1.14 所示的衍射三角形，显然 O^*P 垂直于衍射面 P_1（$h_1h_2h_3$），O^*P 就是衍射面 P_1（$h_1h_2h_3$）对应的倒格矢，则 P 点就是符合布拉格反射方程的 P_1（$h_1h_2h_3$）晶面对应的衍射斑点，为倒格点。此球称为埃瓦尔德反射球。

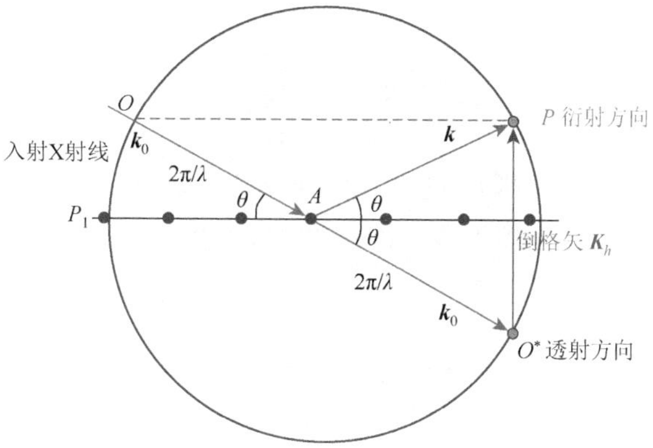

图 1.17　埃瓦尔德反射球

当倒格点 P 落在埃瓦尔德反射球面上时，直角$\triangle OO^*P$ 中$\angle O^*OP=\theta$，倒格矢 O^*P 长度$=2\pi/d$，d 为晶面 P_1（$h_1h_2h_3$）的晶面间距，直径 OO^*长度$=2\times 2\pi/\lambda$，分别对应直角$\triangle OO^*P$ 中角 θ 的对边和斜边，$\sin\theta=(2\pi/d)(2\times 2\pi/\lambda)$，满足一级布拉格反射公式 $2d\sin\theta=\lambda$，这样我们就把埃瓦尔德反射球的元素与实际晶胞的结构参数联系了起来。综上所述，只有落在埃瓦尔德反射球面上的倒格点所对应的衍射面才发生衍射，衍射方向即为由球心到倒格点的连线方向。若倒格点没有落在球面上，则对应的衍射面不发生衍射。

在实际衍射工作中，入射光的方向是固定的，如果晶体不动同时又使用单色光，则晶体能产生的反射很少。要增加反射的可能性，对于单晶，一种是可以采用劳厄法，晶体不动，使用连续的 X 射线谱，则必存在一个短波限和一个长波限，只有在半径为 $2\pi/\lambda_{min}$ 的反射球以及半径为 $2\pi/\lambda_{max}$ 的球之间的倒格点才有可能满足劳厄衍射条件（图 1.18）；另一种就是转动单晶法，使用单色的 X 射线，而把晶体转动起来。多晶粉末法也是一个常用的晶体衍射方法，由于样品是多晶的，晶粒的取向几乎是任意的，任一晶面的取向也就几乎是连续的。

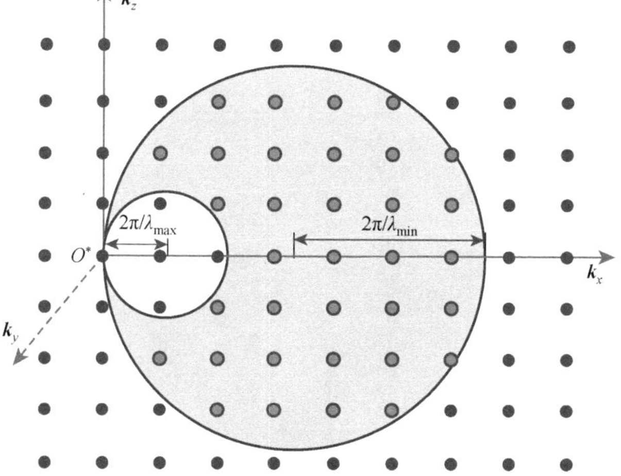

图 1.18　劳厄法的反射球

习　题

1.1　证明：体心立方晶格的倒格子是面心立方；面心立方晶格的倒格子是体心立方。

1.2　证明：正格子原胞体积与倒格子原胞体积的乘积为$(2\pi)^3$。

1.3　设一个二维晶体点阵由边长$AB = 4$，$AC = 3$，夹角$\angle BAC = \pi/3$的平行四边形$ABCD$重复而成，试求倒易点阵的初基矢量。

1.4　设一个二维正三角形晶格相邻原子间距为a，试求正格子基矢和倒格子基矢；画出第一布里渊区，并求出第一布里渊区的内接圆半径。

1.5　证明：倒格矢$\boldsymbol{K}_h = h_1\boldsymbol{b}_1 + h_2\boldsymbol{b}_2 + h_3\boldsymbol{b}_3$和正格子中晶面指数为（$h_1h_2h_3$）的晶面族正交，并用倒格矢的模表示晶面间距。

1.6　假设正空间晶胞边长为a，试分别写出简单立方晶格、体心立方晶格和面心立方晶格所对应的倒易空间原点、第一布里渊区侧面中心、第一布里渊区顶点的坐标。

1.7　已知半导体 GaAs 具有闪锌矿结构，Ga 和 As 两原子的最近距离$d = 2.45\times10^{-10}$m。试求：

（1）晶格常数；

（2）原胞基矢和倒格子基矢；

（3）米勒指数为（110）的晶面族的面间距；

（4）米勒指数为（110）和（111）的晶面法线方向间的夹角。

1.8　试推导布拉格反射方程，并对如何确定公式中的主要参数的范围进行讨论。

1.9　试证明：

（1）劳厄衍射方程与布拉格反射方程是等效的；

（2）劳厄衍射方程亦是布里渊区界面方程。

1.10　用埃瓦尔德作图法证明布拉格定律。

第 2 章　晶格振动与晶体的热学性质

第 1 章中我们引入了倒易空间的概念，利用倒易点阵，不仅能够通过分析 X 射线的衍射斑点或谱图了解晶体结构，而且，由于倒易空间反映的是波动性，可以借此概念从波动性角度去理解固体中原子和电子的运动规律。

晶态固体的热学性质来源于固体中原子的振动（晶格振动）和电子运动两方面的贡献，本章主要讨论与晶格振动密切相关的热学性质，或者说晶格振动对热学性质的贡献，而关于电子运动对热学性质影响的有关内容将在第 3 章中介绍。

我们知道组成晶体的原子处在平衡位置，即格点上，这样可使整个晶体的势能最低。然而组成晶体的原子并不是静止不动的，它们可以在其平衡位置附近做微小振动（晶格振动），也可以脱离格点借助晶体缺陷而运动。对于后者，晶体中原子脱离格点运动，如位错运动和原子扩散等内容在“材料科学基础”等课程中已有介绍，本章主要介绍晶格振动。

晶格振动的研究最早是从固体热学性质（热容、热传导及热膨胀等）开始的，但其意义并不仅限于此，对于晶体的电导率、超导现象、某些光学和介电性质、压电现象、结构相变等一系列物理问题，晶格振动都起着很重要的作用。

2.1　晶格振动的基础理论

为便于理解，我们先来讨论最简单的物理模型，即一维晶格（一维原子链）中平衡位置原子的振动问题，再给出三维晶格中平衡位置原子振动的一些结论。

2.1.1　一维简单晶格振动的情形

考虑图 2.1 所示的一维单原子链，设每个原子都具有相同的质量 m，平衡时原子间距（晶格常数）为 a。由于热运动，各个原子离开了它的平衡位置，用 x_n 代表第 n 个原子离开平衡位置的位移，那么第 $n+1$ 个原子和第 n 个原子间的相对位移为 $x_{n+1}-x_n$，令 $x_{n+1}-x_n=\delta$。如果在平衡位置时，两个原子间的相互作用势能用 $U(a)$表示，则产生相对位移后，相互作用势能变成 $U(a+\delta)$。将 $U(a+\delta)$在平衡位置附近用泰勒级数展开，得到

$$U(a+\delta)=U(a)+\left(\frac{\mathrm{d}U}{\mathrm{d}r}\right)_a\delta+\frac{1}{2}\left(\frac{\mathrm{d}^2U}{\mathrm{d}r^2}\right)_a\delta^2+\cdots \tag{2.1}$$

式中，第一项为常数；第二项为零（因为在平衡时势能取最小值）。当 δ 很小，即振动很微弱时，势能展开式中可只保留到 δ^2 项，则相互作用力为

$$F=-\frac{\mathrm{d}U}{\mathrm{d}\delta}=-\left(\frac{\mathrm{d}^2U}{\mathrm{d}r^2}\right)_a\delta=-\beta\delta \tag{2.2}$$

$$\beta=\left(\frac{\mathrm{d}^2U}{\mathrm{d}r^2}\right)_a \tag{2.3}$$

可以看到，如果势能忽略掉 δ 高阶项，只保留到 δ^2 项，两原子间相互作用力与位移为 x、弹性系数为 k 的弹簧振子受的恢复力 $F=-kx$ 极其相似，所以式（2.2）中的 β 为恢复力常数，这表明存在于相邻原子间的是正比于相对位移的弹性恢复力。由经典力学知道，若粒子间相互作用力为弹性力，则各粒子的振动为简谐振动，故将这种相互作用力中忽略掉非线性项的近似称为简谐近似。当 $\delta>0$ 时，相互作用力为引力；当 $\delta<0$ 时，相互作用力为斥力。

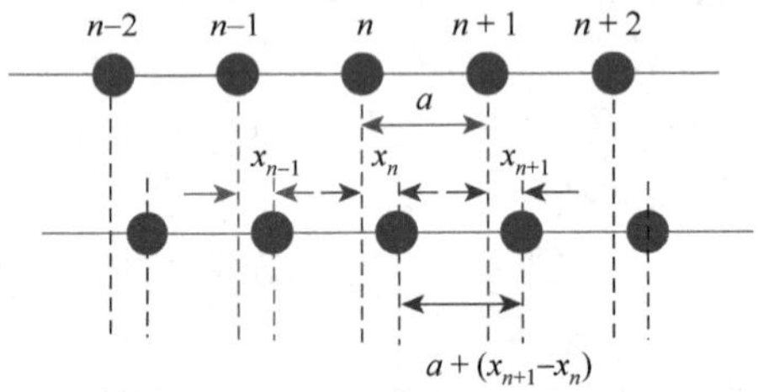

图 2.1　一维单原子链的振动

对第 n 个原子除受第 $n+1$、第 $n-1$ 个相邻原子作用外，还受其他原子的作用，即受晶格中所有原子的作用。为了简化起见，如果只考虑相邻原子的相互作用，由于左右两近邻原子对它的作用力方向相反，则第 n 个原子所受到的总作用力是

$$\beta\left(x_{n+1}-x_n\right)-\beta\left(x_n-x_{n-1}\right)=\beta\left(x_{n+1}+x_{n-1}-2x_n\right) \tag{2.4}$$

假设原子的运动遵循经典力学，根据牛顿第二定律，第 n 个原子质点的运动方程为

$$m\frac{\mathrm{d}^2x_n}{\mathrm{d}t^2}=\beta\left(x_{n+1}+x_{n-1}-2x_n\right),\quad n=1,2,3,\cdots,N \tag{2.5}$$

式中，N 为一维单原子链的原子数。对于每一个原子都有一个类似式（2.5）的运动方程，因此方程的数目和原子数相同。设方程组（2.5）的通解为一简谐振动

$$x_n=A\exp\left[\mathrm{i}\left(qna-\omega t\right)\right] \tag{2.6}$$

式中，A 为振幅；ω 为角频率；t 为时间；qna 为第 n 个原子在 $t=0$ 时刻的振动相位。把式（2.6）代入方程组（2.5），可得

$$-m\omega^2=\beta\left[\exp(-\mathrm{i}qa)+\exp(\mathrm{i}qa)-2\right] \tag{2.7}$$

利用欧拉公式 $\mathrm{e}^{\mathrm{i}\theta}=\cos\theta+\mathrm{i}\sin\theta$ 简化式得

$$\begin{gathered}\omega^2=\frac{2\beta}{m}\left[1-\cos\left(qa\right)\right]=\frac{4\beta}{m}\sin^2\frac{qa}{2}\\ \omega=2\left(\frac{\beta}{m}\right)^{\frac{1}{2}}\left|\sin\frac{qa}{2}\right|\end{gathered} \tag{2.8}$$

式（2.8）与 n 无关，表明方程组（2.5）中 N 个联立的方程都归结为同一个方程。也就是说，只要 ω 和 q 满足式（2.8）的关系，式（2.6）就是联立方程组的解。

如果第 m 个和第 n 个原子的相位因子之差$(qma-qna)$为 2π 的整数倍，即 $ma-na=2\pi s/q$（s 为整数）时

$$x_m = A\exp\left[\mathrm{i}\left(qma-\omega t\right)\right] = A\exp\left[\mathrm{i}\left(qna-\omega t\right)\right] = x_n \tag{2.9}$$

换言之，当第 m 个原子和第 n 个原子的距离$(ma-na)$为 $2\pi/q$ 的整数倍时，原子因振动而产生的位移相等。由此可见，晶格中各个原子间的振动都存在着固定的相位关系，这说明，在任一时刻，原子的位移有一定的周期分布，即原子的位移构成了波，或者说在晶格中存在着角频率为 ω 的平面波，这种波称为格波。因为这里讨论的是简谐近似，所以这里的格波是简谐平面波，为了便于理解，我们在图中把每个原子的左右位移在垂直链的方向上示出，如图 2.2 所示。需要指出的是，因为原子排列的周期性，格波不是连续介质波，格波解中质点坐标不是表示空间任意一点，而是只能取 na 格点的位置。

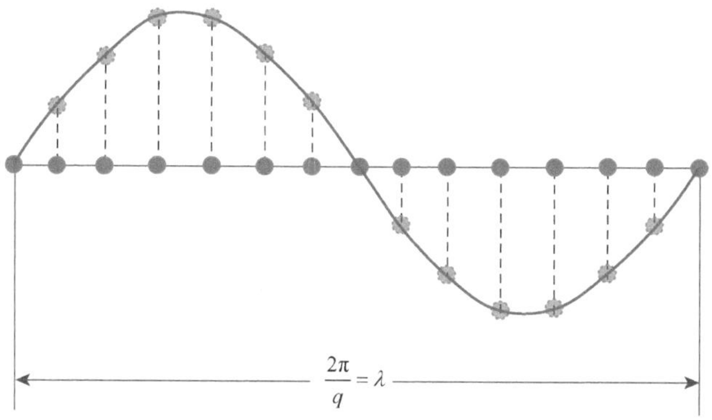

图 2.2　格波

一个格波解表示所有原子同时做频率为 ω 的振动，格波的波长 $\lambda=2\pi/q$。$q=2\pi/\lambda$ 为波数，表示单位长度上产生的相位变化。若令 $\boldsymbol{n}$ 代表沿格波传播方向的单位矢量，则 $\boldsymbol{q}=\boldsymbol{n}(2\pi/\lambda)$就是格波的波矢。这里谈论的波矢空间，实际上就是第 1 章中讲到的倒易空间。格波的传播速度（相速度）表示振动相位传播的速度，为

$$v_\mathrm{p} = \frac{\omega}{2\pi}\cdot\lambda = \frac{\omega}{q} = \frac{\lambda}{\pi}\left(\frac{\beta}{m}\right)^{1/2}\left|\sin\frac{\pi a}{\lambda}\right| \tag{2.10}$$

由式（2.10）可见，波速是波长 λ 的函数，波长不同的格波传播速度不同，这与可见光通过三棱镜时的情况相似。当不同波长的光在三棱镜中传播的时候，速度不同，折射角就不同，从而导致色散。因此通常我们把 ω 和 q 之间的关系，即式（2.8）称为一维简单晶格振动的色散关系，也称振动频谱或振动谱。图 2.3 代表式（2.8）所表示的 ω 和 q 之间的关系，即一维简单晶格的振动频谱，它表明只有这段频率的波才能在晶体内传播。

当 $q\to 0$，即波长很长时，$\sin(qa/2)\approx qa/2$，这时波速是常数 $v_\mathrm{p}=\omega/q=a\sqrt{\beta/m}$；当 $q=\pm\pi/a$，即 $\sin(qa/2)=\pm 1$ 时，ω 有最大值，$\omega_{\max}=2\sqrt{\beta/m}$。

由式（2.6）和式（2.8）可知，不同原子之间有相位差，相邻原子之间距离为 a，所以相位差为 qa。当 qa 改变 2π 的整数倍，即波矢 q 值改变 $2\pi/a$ 的整数倍，原子的振动没有任何不同，格波频率 ω 也没有任何变化。这就是说，某一确定的振动状态可以有无限多个波矢与之对应，它们之间都相差 $2\pi/a$ 的整数倍，这里的 $2\pi/a$ 就是倒格矢。

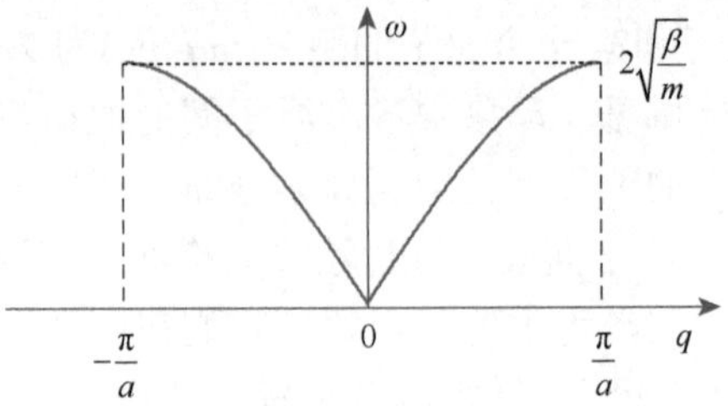

图 2.3　一维单原子链的振动频谱

因此，为了保证 x_n 的单值性，把一维简单晶格的波矢 q 值限制在$(-\pi/a, \pi/a]$，即第一布里渊区。第一布里渊区以外的波矢值可以通过平移一个倒格矢或倒格矢的整数倍，找到在第一布里渊区内与之对应的波矢，这就是倒易空间（波矢空间）的平移对称性。由图 2.4 所示的例子也可以说明这一点。图中实线表示把原子振动看成 $q = 2\pi/(4a) = \pi/(2a)$（即波长 $\lambda = 4a$）的波，虚线表示完全相同的原子振动，可看成 $q = 5\pi/(2a)$（即波长 $\lambda = 4a/5$）的波，二者 q 相差 $2\pi/a$。按前者，两相邻原子振动相位差是 $aq = \pi/2$，后一种方式相当于认为两相邻原子振动相位差是 $aq = 2\pi + (\pi/2)$，效果当然是完全一样的。

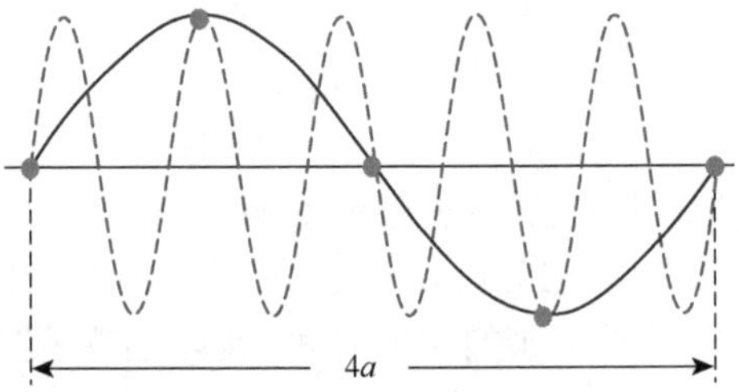

图 2.4　不同波对应相同的原子振动

由上面分析我们知道，格波频率 ω 在波矢空间也是以倒格矢 $2\pi/a$ 为周期的周期函数，而图 2.3 只画出了第一布里渊区的色散关系。

另外，当把式（2.8）中的 q 换成$-q$，频率 ω 没有任何变化。这说明格波的频率在波矢空间具有反演对称性。

在前面的讨论中，我们没有考虑一维晶体的边界问题，认为一维晶体是无限的。但实际上晶体总是有限的，总存在着边界，边界的两个原子只受到一个近邻原子的作用，而不像内部原子总受到左、右两个近邻原子的作用。那么，原子链两端原子的运动方程不同于其他原子的运动方程，给联立方程组的求解带来困难。为了解决这个边界问题，玻恩（Born）和冯·卡门（von Kármán）[①]提出了一个假想的边界条件，即周期性边界条件。周期性边界条件是固体物理学中极其重要的条件，许多重要理论都基于这个周期性边界条件。设想把一长为 Na 的有限原子链首尾相连接成环状链，保持所有原胞等价。如图 2.5 所示。如果 N 很大，环很大，沿环运动依旧可以看作是直线运动，前面的运动方程依然适用；和前面不同的是，必须考虑到链的循环性。也就是说，第 n 个原胞和第 $n+N$ 个原胞的运动情况完全一样。对于一维简单晶格，即

$$x_n = x_{N+n}$$

而

$$x_n = A\exp\left[\mathrm{i}\left(qna-\omega t\right)\right],\quad x_{N+n} = A\exp\left[\mathrm{i}\left(q\left(N+n\right)a-\omega t\right)\right]$$

因此

$$\exp(\mathrm{i}qNa)=1$$

要使上式成立，必须有

$$qNa = 2\pi l \quad 或 \quad q=\frac{2\pi l}{Na}，l\ 为整数 \tag{2.11}$$

即描述晶格振动状态的波矢只能取一些分立的值。因为 q 介于$(-\pi/a, \pi/a]$，所以 l 介于$(-N/2, N/2]$。把 l 限制在

$$-N/2 < l \leqslant N/2 \tag{2.12}$$

则 q 限制在

$$-\pi/a < q \leqslant \pi/a \tag{2.13}$$

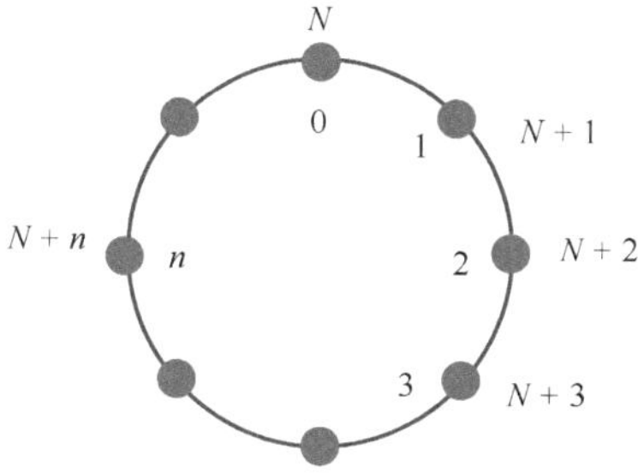

图 2.5　周期性边界条件示意图

由此可知，l 只能取 N 个不同的值，那么 q 也只能取 N 个不同的值。这里 N 是原胞的数目。因此可以得出，图 2.3 中 q 在第一布里渊区$-\pi/a$ 与 π/a 之间取值，由于周期性边界条件的限制，实际上只能取这一区间中均匀分布的 N 个波矢点，每个波矢对应着一个

①马克斯·玻恩（Max Born，1882 年 12 月 11 日—1970 年 1 月 5 日），德国理论物理学家、量子力学奠基人之一，1954 年因在量子力学领域的基础研究，特别是他对波函数的统计解释而获诺贝尔物理学奖。

西奥多·冯·卡门（Theodore von Kármán，1881 年 5 月 11 日—1963 年 5 月 6 日），美籍匈牙利人，20 世纪伟大的航空航天科学家，开创了数学和基础科学在航空航天和其他技术领域的应用，被誉为“航空航天时代的科学奇才”。

人物链接：
与中国科学家结缘的两位大师——玻恩和冯·卡门

格波，共有 N 个不同的格波，N 就是一维简单晶格的自由度数。

一维简单晶格振动的波矢数目 = 晶体的原胞数目

一维简单晶格振动的格波数目 = 晶体的自由度数

这表明已得到一维简单晶格的全部振动模式。

2.1.2　一维复式晶格振动的情形

考虑图 2.6（a）所示的一维复式晶格，相邻同种原子间的距离为 $2a$（$2a$ 是复式晶格的晶格常数）。设质量为 m 的原子位于$\cdots, 2n-2, 2n, 2n+2, \cdots$各点；质量为 M 的原子位于$\cdots, 2n-1, 2n+1, 2n+3, \cdots$各点，且设 $M > m$ 。类似于方程式（2.5），得到原子质点的运动方程为

$$\left.\begin{aligned} m\frac{\mathrm{d}^2 x_{2n}}{\mathrm{d}t^2} &= \beta\left(x_{2n-1} + x_{2n+1} - 2x_{2n}\right) \\ M\frac{\mathrm{d}^2 x_{2n+1}}{\mathrm{d}t^2} &= \beta\left(x_{2n} + x_{2n+2} - 2x_{2n+1}\right) \end{aligned}\right\} \tag{2.14}$$

与方程组（2.5）的解法相似，方程组（2.14）的试探解也可以是角频率为 ω 的简谐振动

$$\left.\begin{aligned} x_{2n} &= A\exp\left[\mathrm{i}\left(q2na - \omega t\right)\right] \\ x_{2n+1} &= B\exp\left[\mathrm{i}\left(q(2n+1)a - \omega t\right)\right] \end{aligned}\right\} \tag{2.15}$$

由于这里包含两种不同的原子，这两种不同原子振动的振幅 A、B 一般来说也不相同。把解（2.15）代入方程组（2.14）得

$$\left.\begin{aligned} -m\omega^2 A &= \beta\left[\exp(\mathrm{i}qa) + \exp(-\mathrm{i}qa)\right]B - 2\beta A \\ -M\omega^2 B &= \beta\left[\exp(\mathrm{i}qa) + \exp(-\mathrm{i}qa)\right]A - 2\beta B \end{aligned}\right\} \tag{2.16}$$

即

$$\left.\begin{aligned} \left(2\beta - m\omega^2\right)A - \left[2\beta\cos\left(qa\right)\right]B &= 0 \\ -\left[2\beta\cos\left(qa\right)\right]A + \left(2\beta - M\omega^2\right)B &= 0 \end{aligned}\right\} \tag{2.17}$$

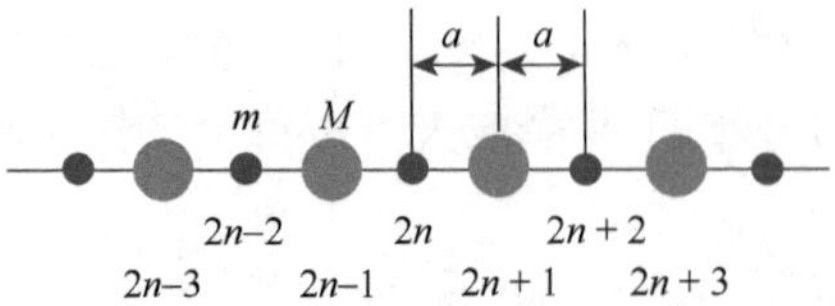

(a) 一维复式晶格

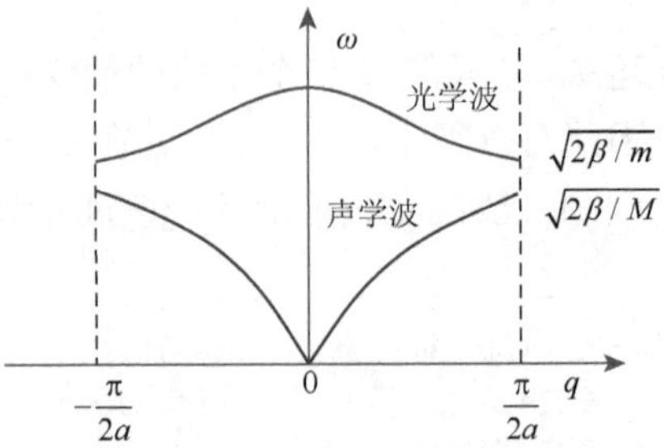

(b) 一维复式晶格的振动频谱

图 2.6　一维复式晶格及其振动频谱

若 A、B 有非零解，则其系数行列式必须等于零，即

$$\begin{vmatrix} 2\beta - m\omega^2 & -2\beta\cos(qa) \\ -2\beta\cos(qa) & 2\beta - M\omega^2 \end{vmatrix} = 0 \tag{2.18}$$

由此可以解得

$$\omega^2 = \frac{\beta}{mM}\left\{(m+M) \pm \left[m^2 + M^2 + 2mM\cos(2qa)\right]^{\frac{1}{2}}\right\} \tag{2.19}$$

由式（2.19）可以看出，ω 与 q 之间存在着两种不同的色散关系，即对一维复式晶格，存在两种独立的格波，一种格波的频率大于另一种格波的频率。这两种格波各有自己的色散关系，分别为

$$\omega_-^2 = \frac{\beta}{mM}\left\{(m+M) - \left[m^2 + M^2 + 2mM\cos(2qa)\right]^{\frac{1}{2}}\right\} \tag{2.20}$$

$$\omega_+^2 = \frac{\beta}{mM}\left\{(m+M) + \left[m^2 + M^2 + 2mM\cos(2qa)\right]^{\frac{1}{2}}\right\} \tag{2.21}$$

由式（2.15）、式（2.20）及式（2.21）可知，$2qa$ 改变 2π 的整数倍，波矢 q 值改变 $2\pi/(2a)$ 即 π/a 的整数倍，原子的振动没有任何不同，格波频率 ω 也没有任何变化。这里的 π/a 是一维复式晶格的倒格矢。这说明，同一维单原子链类似，某一确定的振动状态可以有无限多个波矢，它们之间都相差倒格矢的整数倍。为了保证原子位移的单值性，把一维复式晶格的波矢 q 值限制在$(-\pi/(2a), \pi/(2a)]$范围内，即第一布里渊区，其中 $2a$ 是晶格常数。第一布里渊区以外的波矢值可以通过平移一个倒格矢或倒格矢的整数倍，找到在第一布里渊区与之对应的波矢，这也同样表明了倒易空间（波矢空间）的平移对称性。由上面分析我们知道，格波频率 ω 在波矢空间是以倒格矢 π/a 为周期的周期函数，图 2.6（b）则只是根据式（2.20）、式（2.21）画出的一维复式晶格在第一布里渊区的色散关系。

当把式（2.20）、式（2.21）中的 q 换成$-q$，频率 ω 也没有任何变化。这说明格波的频率 ω 在波矢空间具有反演对称性。

下面我们来讨论一下在满足周期性边界条件下波矢的取值。对于一维复式晶格，设晶体有 N 个原胞（每个原胞含有两个不同的原子），根据周期性边界条件有

$$x_{2n} = x_{2(n+N)} \tag{2.22}$$

得到 $e^{i2qNa} = 1$，故 $2qNa = 2\pi l$ 或 $q = (2\pi l)/(2Na)$（l 为整数），即描述晶格振动状态的波矢只能取一些分立的值。因为 q 介于$(-\pi/(2a), \pi/(2a)]$，所以 l 只能取介于$(-N/2, N/2]$的 N 个不同的值，因此，一维复式晶格的波矢 q 也只能取 N 个不同的值。波矢 q 的数目等于振动状态的数目，等于原胞的数目 N。

可见由于周期性边界条件的限制，图 2.6（b）中 q 在第一布里渊区$-\pi/(2a)$与 $\pi/(2a)$ 之间取值，实际上只能取这一区间中均匀分布的 N 个波矢点，并不能连续取值。而且必须指出的是，对于一维复式晶格，由于对应于每个波矢 q 值有两个不同的频率 ω_-和 ω_+的格波，那么格波总数为 $2N$。在一维双原子复式晶格中，由于每个原胞有两个原子，晶体的自由度数是 $2N$。

一维复式晶格振动的波矢数目 = 晶体的原胞数目

一维复式晶格振动的格波数目 = 晶体的自由度数

这表明已得到一维复式晶格的全部振动模式。这些结论同样适用于三维晶格振动的情形。

由图 2.6（b）我们可以看出，一维复式晶格有两个色散分支。属于 ω_-支的格波称为声学波，属于 ω_+ 支的格波称为光学波。声学波和光学波的命名主要是基于它们在长波极限的性质，将在 2.2.2 节中详细介绍。

2.1.3 声学波和光学波

声学波的色散关系（2.20）可改写为

$$\begin{aligned}\omega_-^2 &= \frac{\beta}{mM}\left((m+M)-\left\{(m+M)^2-2mM\left[1-\cos(2qa)\right]\right\}^{\frac{1}{2}}\right)\\ &= \frac{\beta}{mM}(m+M)\left\{1-\left[1-\frac{4mM}{(m+M)^2}\sin^2(qa)\right]^{\frac{1}{2}}\right\}\end{aligned} \tag{2.23}$$

当 $q\to 0$ 即波长很大时，由于$\dfrac{4mM}{(m+M)^2}\sin^2(qa)\ll 1$，使用近似公式$(1+x)^n\approx 1+nx$，则式（2.23）化为

$$\omega_- = \left(\frac{2\beta}{m+M}\right)^{\frac{1}{2}}\left|\sin(qa)\right| \tag{2.24}$$

比较式（2.24）及式（2.8）可见，ω_-支声学波的色散关系与一维简单晶格振动频谱在形式上是相同的，也具有图 2.3 所示的特征，且声学波的频率最小值为 0。

当 $q=\pm\pi/(2a)$时，把 q 值代入式（2.23）可得：在布里渊区边界处，ω_-的最大值为

$$(\omega_-)_{\max} = \left(\frac{\beta}{mM}\right)^{\frac{1}{2}}\left[(m+M)-(M-m)\right]^{\frac{1}{2}} = \sqrt{2\beta/M} \tag{2.25}$$

光学波的色散关系（2.21）可改写为

$$\begin{aligned}\omega_+^2 &= \frac{\beta}{mM}\left((m+M)+\left\{(m+M)^2-2mM\left[1-\cos(2qa)\right]\right\}^{\frac{1}{2}}\right)\\ &= \frac{\beta}{mM}(m+M)\left\{1+\left[1-\frac{4mM}{(m+M)^2}\sin^2(qa)\right]^{\frac{1}{2}}\right\}\end{aligned} \tag{2.26}$$

当 $q\to 0$ 即波长很大时，依然使用近似公式$(1+x)^n\approx 1+nx$，则式（2.26）可简化为

$$\omega_+^2 = \frac{2\beta}{mM}(m+M)\left[1-\frac{mM}{(m+M)^2}\sin^2(qa)\right] \tag{2.27}$$

由式（2.27）可见，当 $q\to 0$，光学波的频率具有最大值：

$$(\omega_+)_{\max}=\left[2\beta\left(\frac{1}{M}+\frac{1}{m}\right)\right]^{\frac{1}{2}}=\sqrt{2\beta/\mu} \tag{2.28}$$

式中，$\mu=\dfrac{mM}{m+M}$ 为两种原子的约化质量。

当 $q=\pm\pi/(2a)$时，把 q 值代入式（2.26）可得：在布里渊区边界处，ω_+的最小值为

$$(\omega_+)_{\min}=\left(\frac{\beta}{mM}\right)^{\frac{1}{2}}\left[(m+M)+(M-m)\right]^{\frac{1}{2}}=\sqrt{2\beta/m} \tag{2.29}$$

因 $M>m$，从而 ω_+的最小值比 ω_-的最大值还要大。所以说光学波频率总比声学波频率高，二者之间存在着频率间隙。

下面我们再来看看一维复式晶格中相邻两种原子的振幅之比。由式（2.17）可以得到声学波和光学波的两相邻原子的振幅之比分别为

$$\left(\frac{A}{B}\right)_-=\frac{2\beta\cos(qa)}{2\beta-m\omega_-^2} \tag{2.30}$$

$$\left(\frac{A}{B}\right)_+=\frac{2\beta-M\omega_+^2}{2\beta\cos(qa)} \tag{2.31}$$

对于声学波，即式（2.30），由于 q 在第一布里渊区$-\pi/(2a)$与 $\pi/(2a)$之间取值，$-\pi/2<qa<\pi/2$，故 $\cos(qa)>0$，又因为$\omega_-^2<2\beta/M$，所以 $2\beta-m\omega_-^2>0$，故$(A/B)_->0$。这就是说，相邻两种不同原子的振幅都有相同的正号或负号，即对于声学波，相邻原子都是沿着同一方向振动的，如图 2.7（a）所示。当波长相当长时，声学波代表原胞质心的振动。

对于光学波，即式（2.31），由于 $\cos(qa)>0$，又因为$\omega_+^2>2\beta/m$，所以 $2\beta-M\omega_+^2<0$，故$(A/B)_+<0$。由此可见，对于光学波，相邻两种不同原子的振动方向是相反的。而当 q 很小时，$\cos(qa)\approx1$，又 $\omega_+^2=2\beta/\mu$，得出$(A/B)_+=-M/m$。因此对于波长很长的光学波（长光学波），原胞中不同原子做相对振动，质量大的振幅小，质量小的振幅大，原胞的质心保持不动。由此也可定性地看出，光学波是保持原胞质心不动的一种振动模式，代表原胞中两个原子的相对振动，如图 2.7（b）所示。

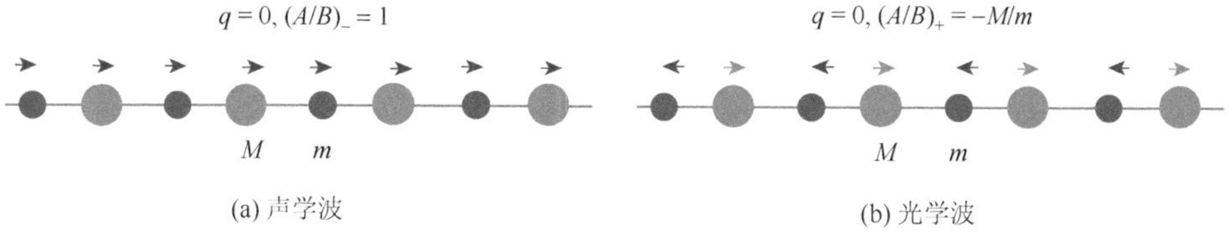

图 2.7　一维双原子振动的格波

2.1.4　三维晶格的振动

三维晶格振动的情况和一维复式晶格振动的情况类似，我们可以把一维的一些结论推广到三维情况。假设晶体有 N 个原胞，每个原胞包含 n 个原子，原子质量为 $m_1, m_2, \cdots, m_n$。

原胞以 $l(l_1 l_2 l_3)$标记，表明它位于格点 $\boldsymbol{R}_l = l_1\boldsymbol{a}_1 + l_2\boldsymbol{a}_2 + l_3\boldsymbol{a}_3$，原胞中各原子位置用

$$\boldsymbol{R}\begin{pmatrix} l \\ 1 \end{pmatrix}, \boldsymbol{R}\begin{pmatrix} l \\ 2 \end{pmatrix}, \cdots, \boldsymbol{R}\begin{pmatrix} l \\ n \end{pmatrix}$$

表示，偏离格点的位移则写成

$$x\begin{pmatrix} l \\ 1 \end{pmatrix}, x\begin{pmatrix} l \\ 2 \end{pmatrix}, \cdots, x\begin{pmatrix} l \\ n \end{pmatrix}$$

和一维复式晶格的情形一样，可以写出一个典型原胞中的运动方程

$$m_k \ddot{x}_\alpha \begin{pmatrix} l \\ k \end{pmatrix} = \cdots \tag{2.32}$$

式中，k 为原胞中各个原子，取值 1, 2, ⋯, n；α 为原子的三个位移分量；方程右端是简谐近似下第 l 个原胞第 k 原子的受力情况。这个联立方程组解的形式和一维完全相似，可以写为

$$x\begin{pmatrix} l \\ k \end{pmatrix} = A_k \exp\left\{ \mathrm{i}\left[\boldsymbol{R}\begin{pmatrix} l \\ k \end{pmatrix} \cdot \boldsymbol{q} - \omega t \right] \right\} \tag{2.33}$$

式（2.33）为三维晶格格波解的一般形式，表示各种原子的振动都具有共同的平面波的形式。将格波解（2.33）代入运动方程（2.32），得到以振幅 $A_{1x}, A_{1y}, A_{1z}, \cdots, A_{nx}, A_{ny}, A_{nz}$ 为未知数的 $3n$ 个线性齐次联立方程，由它的有解条件即系数行列式为零，得出了三维的色散关系 $\omega_j(\boldsymbol{q})(j = 1, 2, \cdots, 3n)$。分析这 $3n$ 个色散关系得知，当 $\boldsymbol{q}\to 0$ 时，有三个解 ω 正比于 $\boldsymbol{q}$，而且，对这三个解，$A_1, A_2, \cdots, A_n$ 趋于相同，也就是说，在长波极限，整个原胞一起移动，这 3 支波类似于连续介质中弹性波的情况，为声学波。另外 $3n-3$ 个解的长波极限描述一个原胞中 n 个原子之间的相对振动，并具有有限的振动频率，为光学波。所以在三维晶格中，每个波矢对应 $3n$ 个格波，其中 3 支为声学波，描述原胞质心的运动；$3n-3$ 支为光学波，描述原胞内原子之间的相对运动。如金刚石晶体，每个原胞中有 2 个原子，即 $n = 2$，因此每个波矢对应 6 支格波，其中 3 支声学波，3 支光学波。

下面我们来讨论三维情形下受周期性边界条件限制波矢 $\boldsymbol{q}$ 的取值问题。在第 1 章中我们介绍过倒易空间是以 $\boldsymbol{b}_1, \boldsymbol{b}_2, \boldsymbol{b}_3$ 为倒易点阵原胞基矢的，晶体 X 射线衍射的入射 X 射线波矢 $\boldsymbol{k}_0$ 及衍射 X 射线波矢 $\boldsymbol{k}$ 都是倒易空间矢量，而且入射 X 射线波矢 $\boldsymbol{k}_0$ 与衍射 X 射线波矢 $\boldsymbol{k}$ 相差一个或几个倒格矢。在这里，晶格振动的波矢 $\boldsymbol{q}$ 同样也是倒易空间的矢量，所以 $\boldsymbol{q}$ 可表示为 $\boldsymbol{q} = x_1\boldsymbol{b}_1 + x_2\boldsymbol{b}_2 + x_3\boldsymbol{b}_3$ 的形式。

根据周期性边界条件，在三维情况下有

$$\begin{aligned} x(\boldsymbol{R}_l + N_1\boldsymbol{a}_1) &= x(\boldsymbol{R}_l) \\ x(\boldsymbol{R}_l + N_2\boldsymbol{a}_2) &= x(\boldsymbol{R}_l) \\ x(\boldsymbol{R}_l + N_3\boldsymbol{a}_3) &= x(\boldsymbol{R}_l) \end{aligned} \tag{2.34}$$

式中，$\boldsymbol{a}_1, \boldsymbol{a}_2, \boldsymbol{a}_3$ 为正空间原胞基矢；N_1, N_2, N_3 为沿正空间三个基矢方向的原胞个数。显然，晶体原胞个数 $N = N_1 \cdot N_2 \cdot N_3$。$x(\boldsymbol{R}_l)$代表 $\boldsymbol{R}_l$ 格点上原胞的位移。边界条件表示，沿着 $\boldsymbol{a}_i$ 方向，原胞个数增加 N_i（$i = 1, 2, 3$），振动情况必须相同。因此，

$$\left.\begin{aligned} \boldsymbol{q}\cdot N_1\boldsymbol{a}_1 &= 2\pi n_1 \\ \boldsymbol{q}\cdot N_2\boldsymbol{a}_2 &= 2\pi n_2 \\ \boldsymbol{q}\cdot N_3\boldsymbol{a}_3 &= 2\pi n_3 \end{aligned}\right\},\quad n_1, n_2, n_3 \text{为整数} \tag{2.35}$$

由于 $\boldsymbol{q} = x_1\boldsymbol{b}_1 + x_2\boldsymbol{b}_2 + x_3\boldsymbol{b}_3$，

$$\left.\begin{aligned} \boldsymbol{q}\cdot N_1\boldsymbol{a}_1 &= 2\pi N_1 x_1 \\ \boldsymbol{q}\cdot N_2\boldsymbol{a}_2 &= 2\pi N_2 x_2 \\ \boldsymbol{q}\cdot N_3\boldsymbol{a}_3 &= 2\pi N_3 x_3 \end{aligned}\right\} \tag{2.36}$$

结合式（2.35）和式（2.36）可得

$$\begin{aligned} x_1 &= \frac{n_1}{N_1} \\ x_2 &= \frac{n_2}{N_2} \\ x_3 &= \frac{n_3}{N_3} \end{aligned} \tag{2.37}$$

代入 $\boldsymbol{q} = x_1\boldsymbol{b}_1 + x_2\boldsymbol{b}_2 + x_3\boldsymbol{b}_3$，得 $\boldsymbol{q} = \frac{n_1}{N_1}\boldsymbol{b}_1 + \frac{n_2}{N_2}\boldsymbol{b}_2 + \frac{n_3}{N_3}\boldsymbol{b}_3$，代表倒易空间或者说波矢 $\boldsymbol{q}$ 空间均匀分布的点子。每个波矢点子对应的空间体积为

$$\frac{\boldsymbol{b}_1}{N_1}\cdot\left(\frac{\boldsymbol{b}_2}{N_2}\times\frac{\boldsymbol{b}_3}{N_3}\right) = \frac{\Omega^*}{N} \tag{2.38}$$

式中，$\boldsymbol{b}_1\cdot(\boldsymbol{b}_2\times\boldsymbol{b}_3) = \Omega^*$为一个倒格点对应的体积，即倒格子原胞体积。可见，一个波矢点对应的体积是一个倒格点对应体积的 $1/N$。由于 N 是晶体的原胞数目，数值巨大，所以一个波矢点对应的体积与一个倒格点对应的体积相比极其微小，也就是说，波矢点在倒易空间分布极其稠密。图 2.8 示意出了二维的情形。因此，可以把波矢所对应的状态点看作准连续的，求和即可按照积分处理，为计算带来方便。

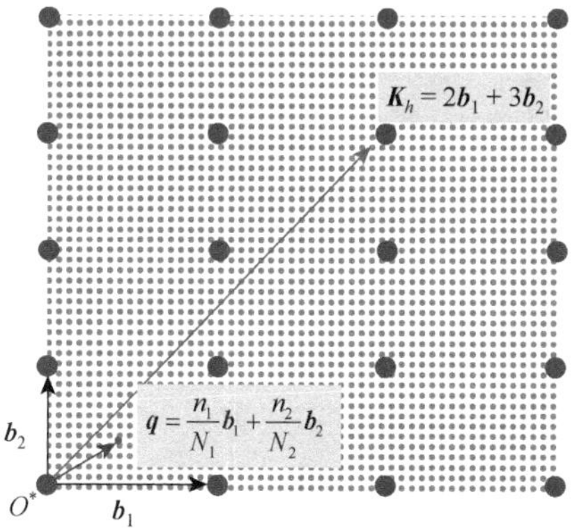

图 2.8　二维倒易空间（波矢空间）中倒格点和波矢点示意图

考虑到倒格子原胞的体积与正格子原胞的体积 Ω 除$(2\pi)^3$因子外，互为倒数，可以得到满足周期性边界条件的 $\boldsymbol{q}$ 在波矢空间均匀分布的密度：

$$分布密度=\frac{1}{\frac{\boldsymbol{b}_1}{N_1}\cdot\left(\frac{\boldsymbol{b}_2}{N_2}\times\frac{\boldsymbol{b}_3}{N_3}\right)}=\frac{N}{\Omega^*}=\frac{N\Omega}{(2\pi)^3}=\frac{V}{(2\pi)^3} \tag{2.39}$$

式中，V为晶体体积。

可见，由于受周期性边界条件的限制，波矢只能取波矢空间均匀分布的点子，$\boldsymbol{q}$值是分立的，并且是有限的。接下来我们再来考察一下波矢空间的周期性。当波矢 $\boldsymbol{q}$ 改变一个倒格矢量 $\boldsymbol{K}_h = h_1\boldsymbol{b}_1 + h_2\boldsymbol{b}_2 + h_3\boldsymbol{b}_3$，$h_1, h_2, h_3$ 为整数，由式（1.6）知 $\exp(\mathrm{i}\boldsymbol{K}_h\cdot\boldsymbol{R}_l) = 1$，所以

$$A_k \exp\left\{\mathrm{i}\left[\boldsymbol{R}\begin{pmatrix} l \\ k \end{pmatrix}\cdot\boldsymbol{q}-\omega t\right]\right\}=A_k \exp\left\{\mathrm{i}\left[\boldsymbol{R}\begin{pmatrix} l \\ k \end{pmatrix}\cdot\left(\boldsymbol{q}+\boldsymbol{K}_h\right)-\omega t\right]\right\} \tag{2.40}$$

原胞的振动没有任何不同，这体现了波矢空间的平移对称性。所以进行研究时只需考虑第一布里渊区的所有波矢 $\boldsymbol{q}$，其他布里渊区的波矢可以通过平移一个倒格矢或倒格矢的整数倍，在第一布里渊区中找到相应的波矢，它们对格波的描述没有任何区别。

第 1 章中我们已经介绍了在倒易空间中布里渊区的取法。选取一个倒格点作为原点，作原点和所有倒格点的连线的垂直平分面，其中最靠近原点的一组面所围的闭合区域称为第一布里渊区。

第一布里渊区 $\boldsymbol{q}$ 在 $\boldsymbol{b}_1$ 方向取值范围 $-\frac{\boldsymbol{b}_1}{2}<\frac{n_1}{N_1}\boldsymbol{b}_1\leqslant\frac{\boldsymbol{b}_1}{2}$，所以 $-\frac{N_1}{2}<n_1\leqslant\frac{N_1}{2}$。

第一布里渊区 $\boldsymbol{q}$ 在 $\boldsymbol{b}_2$ 方向取值范围 $-\frac{\boldsymbol{b}_2}{2}<\frac{n_2}{N_2}\boldsymbol{b}_2\leqslant\frac{\boldsymbol{b}_2}{2}$，所以 $-\frac{N_2}{2}<n_2\leqslant\frac{N_2}{2}$。

第一布里渊区 $\boldsymbol{q}$ 在 $\boldsymbol{b}_3$ 方向取值范围 $-\frac{\boldsymbol{b}_3}{2}<\frac{n_3}{N_3}\boldsymbol{b}_3\leqslant\frac{\boldsymbol{b}_3}{2}$，所以 $-\frac{N_3}{2}<n_3\leqslant\frac{N_3}{2}$。

由于周期性边界条件允许的 $\boldsymbol{q}$ 分布密度为 N/Ω^*，因此第一布里渊区里 $\boldsymbol{q}$ 总数为 $\Omega^*\times(N/\Omega^*) = N$，和晶体的原胞数目相同。

综上所述，假设晶体有 N 个原胞，每个原胞包含 n 个原子，每个原子均可做三维运动，则晶体共有 $3nN$ 个自由度。在简谐近似下，三维的色散关系 $\omega_j(\boldsymbol{q})$（$j = 1, 2, \cdots, 3n$）在 $\boldsymbol{q}$ 空间也是周期性的，研究时只需考虑第一布里渊区就可以了。由于周期性条件，$\boldsymbol{q}$ 值是分立的，并且是有限的，在第一布里渊区存在 N 个允许的 $\boldsymbol{q}$ 值，即晶格振动波矢 $\boldsymbol{q}$ 的数目为 N。由于每个波矢对应 $3n$ 个振动模式，其中 3 支为声学波，$3n-3$ 支为光学波，那么格波总数为 $N(3 + 3n-3) = 3nN$。因此可以得出如下结论：

（1）晶格振动波矢的数目 = 晶体的原胞数目。

（2）晶格振动格波的数目 = 晶体的自由度数。

这表明已得到三维晶体的全部振动模式。

三维晶格中，一般选典型对称轴方向为波矢 $\boldsymbol{q}$ 的方向。当原子位移方向与波矢 $\boldsymbol{q}$ 平行时，格波称为纵波；当原子位移方向与波矢 $\boldsymbol{q}$ 垂直时，格波称为横波。通常用 LA 表示纵声学波（longitudinal acoustic wave），LO 表示纵光学波（longitudinal optical wave），TA 表示横声学波（transversal acoustic wave），TO 表示横光学波（transversal optical wave）。一般情况下，格波只有在高对称方向（如立方晶体的[100]，[110]，[111]等方向）属于纯

纵波或纯横波，在其他方向将是纵波和横波的混合模式，而且，在一个给定的方向，横波和纵波的传播速度也是不同的。

2.2　晶格振动的能量量子——声子

2.2.1　声子

晶格振动是晶体中诸多原子（离子、分子）的集体运动，其结果表现为晶格中的格波。一般而言，格波不一定是简谐的，但总可以展成各种简谐平面波的线性叠加。当振动微弱时，原子间非简谐的相互作用可以忽略，称为简谐近似。只有在简谐近似下，格波之间的相互作用可以忽略，从而可以认为它们的存在是相互独立的，称为独立的模式。晶格的周期性又给予了格波一定的边界条件（玻恩-冯 • 卡门条件），使得独立的模式所取的能量值不是连续的，而是分立的。对于这些独立而又分立的振动模式，可以用一系列独立的谐振子来描述，这些谐振子的能量量子为$\hbar\omega$，称为声子，其中ω为晶格振动模式的角频率。这样处理后，我们就可把晶格振动的总体看成是声子的系综。

在量子力学中，一个谐振子的能量本征值为

$$\varepsilon_j=\left(n_i+\frac{1}{2}\right)\hbar\omega_j \tag{2.41}$$

式中，$n_i=0,1,2,\cdots$。

对于有 N 个原胞的晶体，如果每个原胞包含 n 个原子，且每个原子均可做三维运动，则晶体共有 $3nN$ 个自由度，由于晶格振动格波的数目 = 晶体的自由度数，则晶格振动能就是这 $3nN$ 个谐振子振动能量的总和：

$$E=\sum_{j=1}^{3nN}\left(n_i+\frac{1}{2}\right)\hbar\omega_j \tag{2.42}$$

式中，ω_j 为格波的角频率。由此可见，一个晶格振动系统在能量状态上等效于一个具有 $3nN$ 个独立的量子谐振子的系统。

从式（2.42）可以看出，波矢为 $\boldsymbol{q}$，第 j 支格波的能量可以是$\hbar\omega\begin{pmatrix}\boldsymbol{q}\\ j\end{pmatrix}$的$n\begin{pmatrix}\boldsymbol{q}\\ j\end{pmatrix}$倍，再加上$\frac{1}{2}\hbar\omega\begin{pmatrix}\boldsymbol{q}\\ j\end{pmatrix}$。所以晶格振动的能量量子化了，除了$\frac{1}{2}\hbar\omega\begin{pmatrix}\boldsymbol{q}\\ j\end{pmatrix}$以外，它只能是$\hbar\omega\begin{pmatrix}\boldsymbol{q}\\ j\end{pmatrix}$的整数倍。这里不同的$n\begin{pmatrix}\boldsymbol{q}\\ j\end{pmatrix}$对应一系列不同的能量，对应这支$\begin{pmatrix}\boldsymbol{q}\\ j\end{pmatrix}$格波的各个不同的状态。这支$\begin{pmatrix}\boldsymbol{q}\\ j\end{pmatrix}$格波的基态能量（即最低的能量），显然应该是$\frac{1}{2}\hbar\omega\begin{pmatrix}\boldsymbol{q}\\ j\end{pmatrix}$，常称为零振动能量（又称零点能），对应$n\begin{pmatrix}\boldsymbol{q}\\ j\end{pmatrix}=0$。而最低的激发态应该是$n\begin{pmatrix}\boldsymbol{q}\\ j\end{pmatrix}=1$；其次的激发态依次是

$n\begin{pmatrix}\boldsymbol{q}\\ j\end{pmatrix}=2$，$n\begin{pmatrix}\boldsymbol{q}\\ j\end{pmatrix}=3$，…。从这里可以清楚地看到，$\hbar\omega\begin{pmatrix}\boldsymbol{q}\\ j\end{pmatrix}$可以作为$\begin{pmatrix}\boldsymbol{q}\\ j\end{pmatrix}$格波的激发单元（激元），常称它为“元激发”，通常把它形象地看成是一种“准粒子”，这种准粒子就是“声子”。例如，对应$n\begin{pmatrix}\boldsymbol{q}\\ j\end{pmatrix}=3$的状态，可以认为在此状态中存在 3 个准粒子，即 3 个声子，与此状态相对应的能量为$\left(3+\dfrac{1}{2}\right)\hbar\omega\begin{pmatrix}\boldsymbol{q}\\ j\end{pmatrix}$。所以$n\begin{pmatrix}\boldsymbol{q}\\ j\end{pmatrix}$也就是这种准粒子的“粒子数”，或声子数。声子只是假想粒子，并不是真实的粒子，并不携带真实的动量。以一维简单晶格为例，波矢为 $\boldsymbol{q}$ 的格波的总动量

$$p(\boldsymbol{q})=\sum_{n=1}^{N}m\dot{x}_n=-\mathrm{i}\omega mA\mathrm{e}^{-\mathrm{i}\omega t}\sum_{n=1}^{N}\mathrm{e}^{\mathrm{i}qna} \tag{2.43}$$

将式（2.11）$q=\dfrac{2\pi l}{Na}$代入式（2.43）得

$$p(\boldsymbol{q})=-\mathrm{i}\omega mA\mathrm{e}^{-\mathrm{i}\omega t}\sum_{n=1}^{N}\mathrm{e}^{\mathrm{i}\frac{2\pi nl}{N}}=-\mathrm{i}\omega mA\mathrm{e}^{-\mathrm{i}\omega t}\frac{\mathrm{e}^{\mathrm{i}\frac{2\pi l}{N}}(1-\mathrm{e}^{\mathrm{i}2\pi l})}{1-\mathrm{e}^{\mathrm{i}\frac{2\pi l}{N}}}=0 \tag{2.44}$$

可见，我们认为携带着格波能量的声子，并不携带物理动量。然而，理论和实验都已证明，其他粒子（如电子、光子）与晶格相互作用时，就好像与能量为$\hbar\omega$、动量为$\hbar\boldsymbol{q}$的粒子作用一样。因此，我们称声子为准粒子，$\hbar\omega$为声子的能量，$\hbar\boldsymbol{q}$为声子的准动量。

声子的准动量还体现在动量的不确定性。由于倒易点阵的平移对称性，当波矢改变一个倒格矢 $\boldsymbol{K}_h$ 或倒格矢的整数倍，原胞的振动没有任何不同，它们对格波的描述没有任何区别。这说明$\hbar\boldsymbol{q}$和$\hbar\left(\boldsymbol{q}+\boldsymbol{K}_h\right)$是等价的。$\hbar\boldsymbol{q}=\hbar\left(\boldsymbol{q}+\boldsymbol{K}_h\right)$就是声子的准动量守恒。动量守恒定律来源于空间完全的平移对称性，而声子的准动量守恒联系了晶体布拉维格子特有的平移对称性。

引入声子的概念以后，有强相互作用的原子的集体运动状态——晶格振动的每一支格波，便可以看作由数目为 n_i、能量为$\hbar\omega_j$的理想声子组成，而整个系统则是由众多声子组成的声子气体。引入声子的概念不仅能生动地反映出晶格振动能量量子化的特点，而且在处理和晶格振动有关的问题时，也可以更加方便和形象。例如，按玻色统计分布求出平均声子数$\bar{n}\begin{pmatrix}\boldsymbol{q}\\ j\end{pmatrix}$后可以较为容易地导出比热容公式；热传导可以看作声子的扩散，热阻是由于声子被散射；电子在晶格中的运动受到散射而增加电阻，这可以看作电子受到声子的碰撞；晶体的光学性质也与晶格振动密切相关，光在晶体中的散射可以看作由于光子与声子的相互作用乃至强烈的耦合所产生的。总之，电子、光子、中子等与晶格的相互作用都可以用这些粒子与晶格中声子的相互作用来描述，它们吸收或产生声子改变粒子本身的能量和动量。必须指出的是，声子并不是真实的粒子，它可以产生和湮灭；有相互作用时声子数并不守恒；声子动量的守恒定律不同于真实粒子；声子不能脱离固

体而存在，因为它反映的是原子的集体运动，不属于某个原子而属于整个晶体。总之，声子概念的建立，为理解和处理固体中的许多问题提供了极大的便利，而且实践证明，这样的概念是正确的。

由于晶体中可以激发任意个相同的声子，声子气体不受泡利（Pauli）不相容原理的限制，并且声子数不守恒，所以声子是玻色子（根据量子力学，玻色子是自旋为整数的粒子，其本征波函数对称，在玻色子的某一个能级上，可以容纳无限个粒子）。任一格波，对应多个能量值，有不同的声子数，每个能量状态出现的概率不同。现在的问题是，在热力学平衡时，对于频率为 ω_j 的谐振子，其平均声子数为多少？由于玻色子服从玻色-爱因斯坦统计分布，因此当系统处于热平衡状态时，格波的平均声子数为

$$\bar{n}_i=\frac{\sum_{n_i=0}^{\infty} n_i \mathrm{e}^{-n_i\hbar\omega_j/(k_{\mathrm{B}}T)}}{\sum_{n_i=0}^{\infty}\mathrm{e}^{-n_i\hbar\omega_j/(k_{\mathrm{B}}T)}} \tag{2.45}$$

令 $\frac{\hbar\omega_j}{k_{\mathrm{B}}T}=x$，则有

$$\begin{aligned}\bar{n}_i&=\frac{\sum_{n_i=0}^{\infty} n_i \mathrm{e}^{-n_i x}}{\sum_{n_i=0}^{\infty}\mathrm{e}^{-n_i x}}=-\frac{\mathrm{d}}{\mathrm{d}x}\ln\left(\sum_{n_i=0}^{\infty}\mathrm{e}^{-n_i x}\right)=-\frac{\mathrm{d}}{\mathrm{d}x}\ln\left(1+\mathrm{e}^{-x}+\mathrm{e}^{-2x}+\cdots\right)\\&=-\frac{\mathrm{d}}{\mathrm{d}x}\ln\left(\frac{1}{1-\mathrm{e}^{-x}}\right)=\frac{1}{\mathrm{e}^{x}-1}\\&=\frac{1}{\mathrm{e}^{\hbar\omega_j/(k_{\mathrm{B}}T)}-1}\end{aligned} \tag{2.46}$$

式（2.46）利用到泰勒展开式 $\frac{1}{1-x}=1+x+x^2+x^3+\cdots$。

由式（2.46）可以看出，当 $T=0\mathrm{K}$ 时，$\bar{n}_i=0$，这说明只有 $T>0$ 时才有声子被激发；当温度很高时，$\mathrm{e}^{\hbar\omega_j/(k_{\mathrm{B}}T)}\approx 1+\frac{\hbar\omega_j}{k_{\mathrm{B}}T}$，$\bar{n}_i\approx\frac{k_{\mathrm{B}}T}{\hbar\omega_j}$。所以，对于同一支格波，所激发的平均声子数与温度成正比，温度越高，激发的声子数就越多；温度一定时，频率低的格波声子数比频率高的格波声子数多。

2.2.2　长波声子

由前面的讨论，我们已经知道，声学波中相邻原子都沿同一方向振动，光学波代表原胞中不同的原子做相对的振动。当波长比原胞的线度大得多（即波矢 $q\to 0$）时，声学波和光学波各自的特点更加显著。通常把波长很长的声学波和波长很长的光学波分别称为长声学波和长光学波。长波在许多实际问题中具有特别重要的作用，它能揭示固体宏

观性质的微观本质。下面我们将着重讨论长波极限的问题。

长声学波 由式（2.24）可知，对于一维复式晶格，当波长很长，即 q 很小时，$|\sin(qa)| \approx qa$，长声学波的角频率与波矢的关系可化为

$$\omega_{-} \approx \left(\frac{2\beta}{m+M}\right)^{\frac{1}{2}}(qa) \tag{2.47}$$

若把一维复式晶格看作弹性链，注意到相邻原子相对位移为 δ，则应变为 δ/a，相互作用力可以写为 $\beta\delta = \beta a(\delta/a)$，这表明 βa 为弹性模量；而且 $\rho = (m+M)/(2a)$为链的线质量密度，从而得到长声学波的波速：

$$v_{\mathrm{A}} = \frac{\omega_{-}}{q} = \left(\frac{2\beta}{m+M}\right)^{\frac{1}{2}} a = \left[\beta a \middle/ \left(\frac{m+M}{2a}\right)\right]^{\frac{1}{2}} = \sqrt{\frac{\text{弹性模量}}{\text{密度}}} \tag{2.48}$$

由式(2.47)可知，ω_{-}正比于 q，表明长声学波的角频率与波矢存在线性关系。式(2.48)表明波速为一常数，这一结论和连续介质中弹性波的性质完全相同。实际上，当 $q\to 0$ 时，由于长声学波的波长比原胞线度大得多，在半个波长内就已包括了许多原胞，这些原胞都整体地沿同一方向运动。这样，不仅相邻原胞中原子振动的相位差趋于零，而且振幅也近乎相等，因此对于长声学波，忽略原子排列的周期性，晶格可以近似地看作连续介质。而声波就是连续介质中的弹性波，波速为常数，这也就是称 ω_{-}支为声学波的原因。

长光学波 前面我们讨论到，对于光学波，相邻两种不同原子的振动方向是相反的。以离子晶体为例，正负离子组成的两个格子之间做相对振动，振动中它们的质心保持不动。这样，正、负离子间的相对振动便会产生一定的电偶极矩，即由于离子位移而发生了宏观的极化①。

对于长纵光学波，离子振动方向与格波波矢方向平行。长纵光学波伴随有一个宏观极化电场，所以我们称纵光学波（LO）声子为极化声子。极化电场的方向是阻滞离子位移的，称为退极化场 E。如图 2.9（a）所示，退极化场对离子位移起到了排斥力的作用，相当于弹簧振子系统中的弹簧变硬，这样便增加了纵波的恢复力，从而提高了纵波的频率。

对于长横光学波，离子振动方向与格波波矢方向垂直，极化产生的影响也不同于长纵光学波。如图 2.9（b）所示，极化电荷出现在晶体表面，对恢复力几乎没有影响，所以长横光学波的频率 ω_{TO} 总是小于长纵光学波的频率 ω_{LO}。位移型铁电体，如钛酸钡晶体，当温度由顺电相下降到接近相变温度，ω_{TO} 下降到接近于零，这意味着恢复力常数 $\beta\to 0$，恢复力消失。此时，发生了位移的离子回不到原来的平衡位置，从而到达一个新的平衡位置，晶体结构上发生了变化。同时，在这个新的平衡位置，正、负离子存在固有的位移电偶极矩，也就是产生了自发极化现象。恢复力常数趋于零，相当于弹簧振子系统中的弹簧丧失了弹性，即弹簧变软。因此人们称 $\omega_{\mathrm{TO}}\to 0$ 的振动模式为光学软模，又因为这一现象是在研究铁电材料中发现的，所以又称为铁电的软模理论。

---

① 黄昆（1919 年 9 月 2 日—2005 年 7 月 6 日），中国固体物理学和半导体物理学奠基人之一，1955 年当选为中国科学院学部委员（院士），2001 年获国家最高科学技术奖。

人物链接：
固体物理学中的“中国方程”——黄昆方程

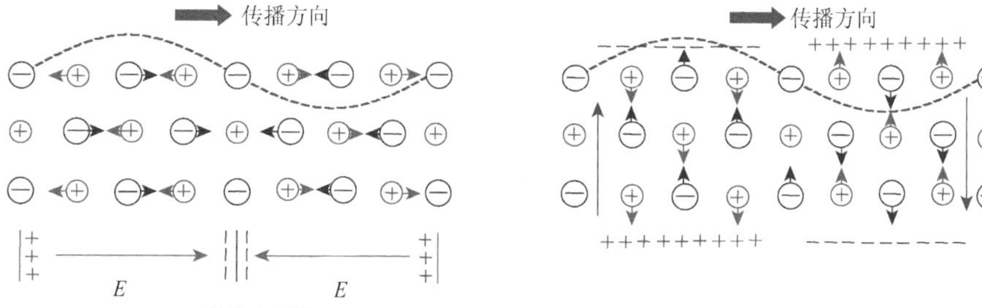

图 2.9　长光学波离子振动与波的传播

当电磁波垂直入射到离子晶体表面时，如果频率与横光学波频率相同，二者都是横波，就能相互耦合，引起强烈吸收。这种离子振动所引起的共振吸收，早已在实验中发现，频率一般是在远红外波段，对应于离子晶体光学声子典型频率值在 10^{13}～10^{14}Hz 的范围。相应的红外光波长（10^{-5}m），远比原子间距（10^{-10}m）大得多，即红外光波矢远比布里渊区小，所以可能和红外光发生作用的只能是布里渊区中心长横光学波。图 2.10 也示意出，由于光速 $c\approx3\times10^8$m/s ≫ 材料中声速 $v_A\approx10^3$m/s，电磁波色散关系线贴近纵轴，所以红外频段电磁波只会和 $q\to0$ 的长横光学波耦合。

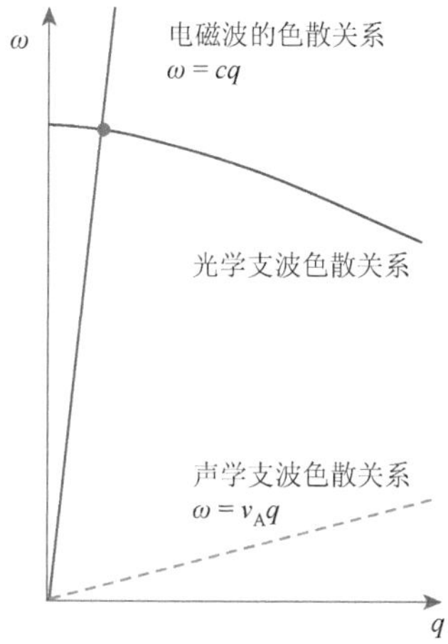

图 2.10　电磁波和光学波的共振

因此，红外吸收一般发生在极性晶体中，激发的是横光学波（TO）声子，称为电磁声子。纵光学波声子 ω_{LO} 一般不参加红外吸收过程，因为横电磁波光子不能和纵光学波相互作用激发纵光学波极化声子。

2.3　确定晶格振动谱的实验方法

由前面的学习我们知道，晶格振动频率与波矢之间的函数关系 $\omega(\boldsymbol{q})$称为格波的色散关系，也称为晶格振动谱。晶体的许多性质都与函数 $\omega(\boldsymbol{q})$有关，通过对晶格振动的研究，我们可以了解固体的微结构、相变以及与杂质和缺陷等有关的问题，因此确定晶格振动谱是很重要的。并且，晶格振动谱能够用实验方法测定出来，从实践上检验了晶格振动理论的正确性。

第 1 章中我们介绍过利用 X 射线或中子的弹性散射可以确定固体的晶体结构，然而在这里我们却是利用波与固体（格波）相互作用产生非弹性散射来测定晶格振动谱 $\omega(\boldsymbol{q})$。目前主要方法有两类，一类是光子散射方法，利用可见光的非弹性散射、X 射线非弹性散射等；另一类则是中子的非弹性散射方法，它是目前最常用的测定晶格振动谱的实验方法。

2.3.1 光子非弹性散射

当光通过固体时，会与格波相互作用而发生散射。设入射光子的频率和波矢分别为 Ω 和 $\boldsymbol{k}$，与频率为 ω 和波矢为 $\boldsymbol{q}$ 的声子碰撞后，光子的频率和波矢分别变为 Ω'和 $\boldsymbol{k}'$。散射过程中也要满足能量守恒和准动量守恒关系，对单声子过程有

$$\hbar\Omega \pm \hbar\omega = \hbar\Omega' \tag{2.49a}$$

$$\hbar\boldsymbol{k} \pm \hbar\left(\boldsymbol{q} + \boldsymbol{K}_h\right) = \hbar\boldsymbol{k}' \tag{2.49b}$$

式（2.49）中“+”号和“−”号分别表示吸收和发射声子的过程，如图 2.11 所示。式（2.49）化简后得

$$\begin{cases} \left|\Omega - \Omega'\right| = \omega \\ \left|\boldsymbol{k} - \boldsymbol{k}'\right| = \left|\boldsymbol{q} + \boldsymbol{K}_h\right| \end{cases} \tag{2.50}$$

同样，如果固定入射光，即频率 Ω 和波矢 $\boldsymbol{k}$ 为定值，测量不同方向（$\boldsymbol{k}'$的方向）散射光的频率 Ω'，由 Ω 和 Ω'的方向差值求出声子的频率 ω，再由 $\boldsymbol{k}$ 与 $\boldsymbol{k}'$的方向及大小求出声子波矢 $\boldsymbol{q}$ 的方向及大小，即可求出晶格振动谱。在实际测定时，测量一个散射角度及散射光和入射光的频率漂移，就确定了晶格色散曲线上的一个点。转动检测器（或晶体），就可以允许不同的声子进入图像，从而可以测出布里渊区中的其他点，不断重复这个方法，就可覆盖整个区域。

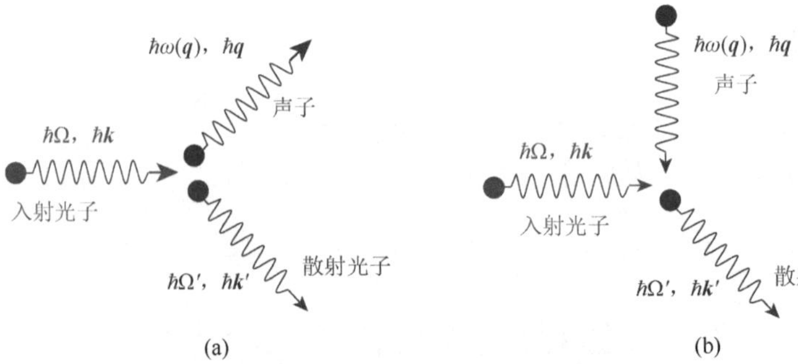

图 2.11 发射声子（a）和吸收声子（b）的过程

和晶格振动发生作用的光子，可以是电磁波中的可见光，也可以是光子能量较低的红外和远红外光，还可以是光子能量非常高的 X 射线等，下面分别进行讨论。

1. 可见光非弹性散射

由于一般可见光范围 400～700nm，$\lambda \approx 10^{-7}$m，波数 $q = 2\pi/\lambda \approx 10^{7}\text{m}^{-1}$，因此相互作用的声子的波数$|\boldsymbol{q}|$也是 10^{7}m^{-1} 的数量级。和晶体布里渊区半宽度 $q < \pi/a \approx 10^{10}\text{m}^{-1}$ 相比，这只是在布里渊区中心附近很小一部分区域内的声子，即长波声子。由此可见，可见光只能和长波声子散射，即与接近布里渊区中心的声子发生相互作用，与后面介绍的中子非弹性散射相比，这是一个本质的缺点。涉及长声学波声子的散射称布里渊散射（Brillouin scattering），涉及长光学波声子的散射称拉曼散射（Raman scattering）。

布里渊散射是长声学波声子参与的光散射。在长波阶段，声学声子的色散关系为

$$\omega(\boldsymbol{q}) = v_A q \tag{2.51a}$$

式中，v_A 为晶体中的声速。

光波的频率与晶体折射率、波矢的关系为

$$\Omega = \frac{c}{n}k \tag{2.51b}$$

式中，c 为真空中的光速；n 为晶体折射率；$\frac{c}{n}$ 为晶体中的光速。

由于 $v_A \ll \frac{c}{n}$，比较关系式（2.51a）和式（2.51b），有 $\Omega \gg \omega(\boldsymbol{q})$ 成立。则式（2.49a）可近似简化为 $\hbar\Omega' \approx \hbar\Omega$，即光子可近似视为发生了弹性散射。将 $\Omega' = \Omega$ 代入式（2.51b），可得 $\boldsymbol{k}' = \boldsymbol{k}$，即准动量守恒。光子散射示意图近似为一顶角很小的等腰三角形，如图 2.12 所示。

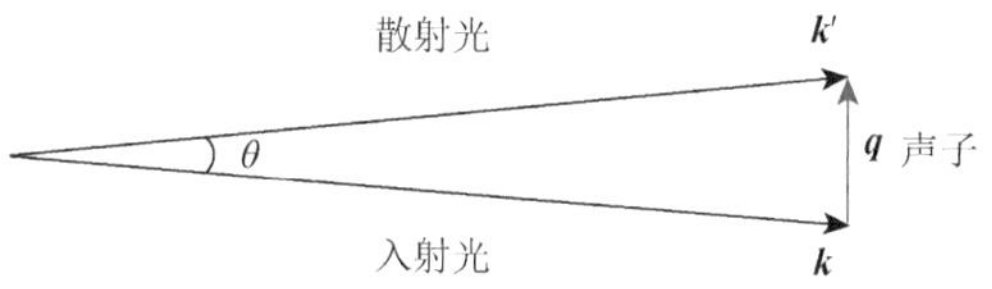

图 2.12　光子散射

声子波矢的模的求法为

$$q = 2k\sin\frac{\theta}{2} = \frac{2n}{c}\Omega\sin\frac{\theta}{2} \tag{2.52}$$

则

$$\Delta\Omega = \omega(q) = v_A q = 2n\Omega\frac{v_A}{c}\sin\frac{\theta}{2} \tag{2.53}$$

测出一系列不同散射角度，按照式（2.52）和式（2.53），即可确定出 $\boldsymbol{k}'\text{-}\boldsymbol{k}$ 方向长声学波的部分频谱 $\omega(\boldsymbol{q})$。由于 $\Delta\Omega/\Omega \approx \frac{v_A}{c} \approx 10^{-5}$，尽管可见光子的频移 $\Delta\Omega$ 随着散射角 θ 的增加而增加，但是由于频移很小，所以测量起来非常困难。

拉曼散射是可见单色光和长光学波声子的相互作用。1928 年，印度物理学家拉曼首先从实验中观察到单色入射光照射到物质中产生散射现象，通过对散射光进行频谱分析，发现在散射光中除了含有与入射光相同频率的光之外，还含有与入射光不同频率的光。为纪念拉曼发现这一光的现象，人们将这种入射光与散射光不同频率的非弹性散射现象称为拉曼散射现象。通常又把散射频率低于入射频率、释放了声子的情况称为斯托克斯散射（Stokes scattering），把散射频率高于入射频率、吸收了声子的情况称为反斯托克斯散射（anti-Stokes scattering），分别对应图 2.11 中（a）（b）两种情况。

因为光学声子的频率基本上与 q 无关，所以拉曼频移不明显依赖于散射角。和布里渊散射频移相比，由于光学支波频率高，拉曼散射光与入射光产生的频移大。另外，拉曼散射测量的是样品散射的光，而不是样品吸收的光，因此测量拉曼散射光谱几乎不用

花太多精力在样品制备上。在研究晶体光学支振动时，拉曼散射光谱和 2.2.2 节介绍的长光学波红外吸收光谱是相互补充、相辅相成的。

2. X 射线非弹性散射

不论是布里渊散射还是拉曼散射，只能测定比较小波矢范围的格波频谱，而 X 射线光子具有更高的频率（X 射线波长 10^{-11}～10^{-7}m，波矢可以很大)，可以用来测量更大波矢范围内的振动谱。然而由于 X 射线的能量（约为 10^4eV）远大于声子的能量（约为 10^{-2}eV)，实际上用能量守恒关系确定声子的能量是很困难的，频率漂移难以确定。中子非弹性散射的试验方法能克服 X 射线散射的这一困难。

2.3.2 中子非弹性散射

设想有一束动量为 p、能量为 $p^2/(2m_n)$的中子流入射到样品上，由于中子不携带电荷，仅仅和原子核之间有相互作用，因此它可以毫无困难地穿过晶体，以动量 p'、能量 $p'^2/(2m_n)$ 射出。当中子流穿过晶体时，格波振动可以引起中子的非弹性散射，这种非弹性弹射也可以看作吸收或发射声子的过程。假设这种非弹性散射是只有一个声子参与的一级过程，选择 $\boldsymbol{K}_h$ 使 $\boldsymbol{q}$ 在第一布里渊区，则散射过程首先要满足的能量守恒关系为

$$\frac{p^2}{2m_n} \pm \hbar\omega = \frac{p'^2}{2m_n} \tag{2.54}$$

式中，$\hbar\omega$ 为声子的能量。

散射过程同时要满足准动量守恒关系：

$$p \pm \hbar\left(\boldsymbol{q} + \boldsymbol{K}_h\right) = p' \tag{2.55}$$

式中，$\boldsymbol{K}_h$ 为倒格子矢量；$\hbar\boldsymbol{q}$ 为声子的准动量。

前面提到过，声子的准动量并不代表真实的动量，只是它的作用类似于动量。动量守恒中我们利用了波矢 $\boldsymbol{q}$ 与波矢 $\boldsymbol{q} + \boldsymbol{K}_h$ 两声子等价的条件。$\boldsymbol{K}_h = 0$ 时，称为正常散射过程；$\boldsymbol{K}_h \neq 0$ 时，称为倒逆散射过程。对于倒逆散射过程，通常是对应 p 与 p'的夹角较大，即散射角较大的散射。

对于正常散射过程，由式（2.54）和式（2.55）分别得

$$\omega = \frac{1}{2m_n\hbar}\left|p^2 - p'^2\right| \tag{2.56}$$

$$|q| = \frac{1}{\hbar}\left|p - p'\right| \tag{2.57}$$

如果固定入射中子流的动量 p（和能量 $p^2/(2m_n)$），测量出不同散射方向上散射中子流的动量 p'（和能量 $p'^2/(2m_n)$），由式（2.57）求出波矢的模，由 p 与 p'的夹角求出波矢的方向，再由式（2.56）求出频率，即可确定出某方向上的振动谱 $\omega(\boldsymbol{q})$。

图 2.13 中示意地画出了一个典型的中子散射谱仪的结构，名为三轴中子谱仪。中子源是反应堆产生出来的慢中子流，单色器是一块单晶，利用它的布拉格反射产生单色的、动量为 p 的中子流，经过准直器入射到样品上。随后再经过准直器用于选择散射中子流的方

向，分析器也是一块单晶，利用它的布拉格反射来测量散射中子流的动量值（或能量值）。利用中子散射谱仪测定晶格振动谱的工作开始于 20 世纪 50 年代①，但因一般的反应堆中子流密度太小，使得实验工作受到很大限制。近年来，随着高能量的中子反应堆的普及，人们已经对相当多的晶体进行了中子非弹性散射的研究，取得了许多有意义的成果。

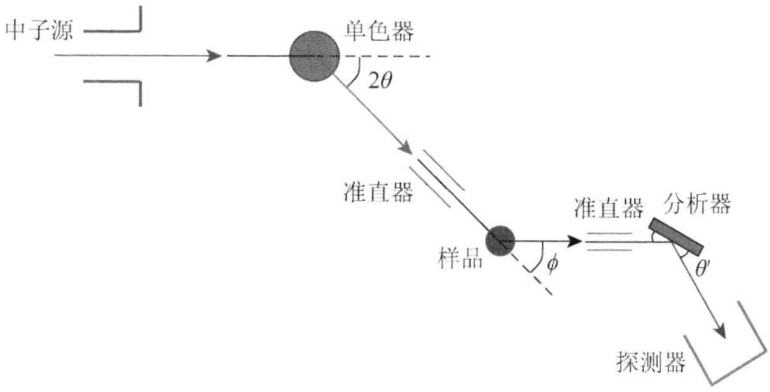

图 2.13　三轴中子谱仪结构示意图

由于中子的能量一般在 0.02～0.04eV，与声子的能量（约为 10^{-2}eV）是同一数量级；中子的德布罗意波长为 2～3Å，正好是晶格常数的数量级，因此，提供了确定格波 $\boldsymbol{q}$、ω 的最有利条件。使用中子束探测声子时，可以方便地在整个布里渊区进行，是目前实验研究晶格振动最全面、最重要的手段。中子非弹性散射也有局限性，例如固态氦-3 的原子核对中子有很大的俘获截面，而形成氦-4，因而无法获得其中子的散射谱。图 2.14 为 80K 下 Ge 晶体[111]方向的声子色散关系，这个结果是 Nilsson 和 Nelin 于 1971 年利用中子非弹性散射得到的。

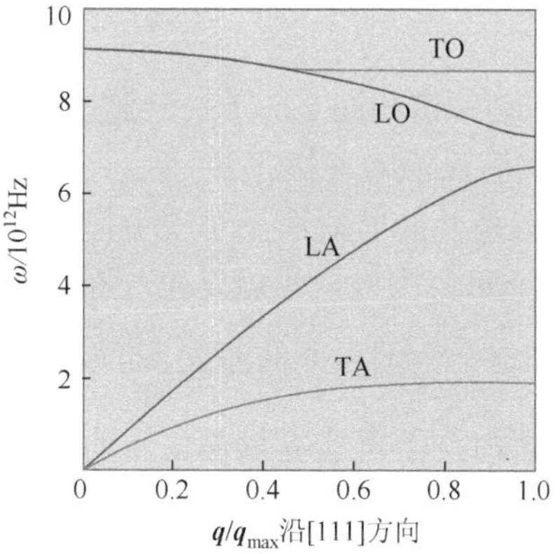

图 2.14　Ge 晶体[111]方向的声子色散关系

① 伯特伦·内维尔·布罗克豪斯（Bertram Neville Brockhouse，1918 年 7 月 15 日—2003 年 10 月 13 日），加拿大物理学家，因发展中子频谱学和中子衍射技术与沙尔一起获得了 1994 年诺贝尔物理学奖。

克利福德·格伦伍德·沙尔（Clifford Glenwood Shull，1915 年 9 月 23 日—2001 年 3 月 31 日），美国物理学家，因发展中子频谱学和中子衍射技术与布罗克豪斯一起获得了 1994 年诺贝尔物理学奖。

人物链接：
中子技术结缘固体物理学
——布罗克豪斯和沙尔

2.4 晶格振动谱及晶格振动模式密度

2.4.1 晶格振动谱的对称性

三维情况下，对晶格振动谱的任一色散分支，振动频谱 $\omega\begin{pmatrix}\boldsymbol{q}\\ j\end{pmatrix}$ 具有如下两个性质。

（1）**周期性**。相差一个倒格矢 $\boldsymbol{K}_h$ 的两个波矢，振动角频率 $\omega\begin{pmatrix}\boldsymbol{q}\\ j\end{pmatrix}$ 相同。其数学表达式可写为

$$\omega\begin{pmatrix}\boldsymbol{q}+\boldsymbol{K}_h\\ j\end{pmatrix}=\omega\begin{pmatrix}\boldsymbol{q}\\ j\end{pmatrix} \tag{2.58}$$

例如，对于一维单原子链，就像在图 2.4 中所讨论的，完全相同的原子振动情况，原子振动频率相等，可以用两列波来分别进行描述，两列波的波矢相差 $2\pi/a$。由此可以推论，频率 ω 是 q 的周期函数，周期为 $2\pi/a$，即为一维单原子链晶格的倒格矢长度。

（2）**反演对称性**。$\omega\begin{pmatrix}\boldsymbol{q}\\ j\end{pmatrix}$ 具有反演对称性，是时间反演对称性的结果。一个 $+\boldsymbol{q}$ 的振动模式代表在晶格内向右传播的格波，而一个 $-\boldsymbol{q}$ 的振动模式则代表晶格内向左传播的格波。晶体在这两个方向上是等价的，反映在格波上，这两个格波是相同的，它们的角频率也相同，即

$$\omega\begin{pmatrix}+\boldsymbol{q}\\ j\end{pmatrix}=\omega\begin{pmatrix}-\boldsymbol{q}\\ j\end{pmatrix} \tag{2.59}$$

图 2.3 一维单原子链的振动频谱和图 2.6（b）一维复式晶格的振动频谱都表明了色散关系不仅具有周期性，而且具有反演对称性。

由于晶格振动谱（色散关系）的周期性，对应于每一个可能的振动模式，独立的波矢 q 值可以限制在 $-\pi/a < q \leqslant \pi/a$ 范围内，也就是第一布里渊区，又称为约化布里渊区，对应的波矢称为约化波矢。在这个范围以外的波矢，可以由它加减倒格矢 $\boldsymbol{K}_h = h\dfrac{2\pi}{a}$（$h$ 为整数）而移入第一布里渊区之内，不再能提供任何新的晶格振动模式。约化波矢存在极值 $\dfrac{\pi}{a}$，它反映了格波和连续介质弹性波的实质区别。连续介质可承载 $q\to\pm\infty$，$\lambda\to 0$ 的短波，而分立的晶格则只能承载 $\lambda \geqslant \lambda_{\min} = 2a$ 的格波。

2.4.2 典型晶体晶格振动谱的特征

由于共价晶体、离子晶体、金属晶体、分子晶体等固体原子间的相互作用力具有不同的特点，因而在格波的振动谱上也有相应的不同特征。三维晶格中 $\boldsymbol{q}$ 是矢量，在作图时总

是固定 $\boldsymbol{q}$ 的方向，一般选典型的对称轴的方向，分别画出 $\boldsymbol{q}$ 沿不同方向时 $\omega(\boldsymbol{q})$的变化。

图 2.15 为共价晶体 Si（金刚石结构）的振动谱，每个原胞中包含两个原子，共有 3 支声学波（1 支纵波和 2 支横波）和 3 支光学波（也是 1 支纵波和 2 支横波），其中横波（TA、TO）均为两重简并。长纵声学波和横声学波有不同的波速，长纵光学波和横光学波有相同的频率。由于相同晶体结构，图 2.15 最右侧图与图 2.14 Ge 晶体[111]方向的声子色散关系非常相似，这正是晶体对称性的一个因果反映。

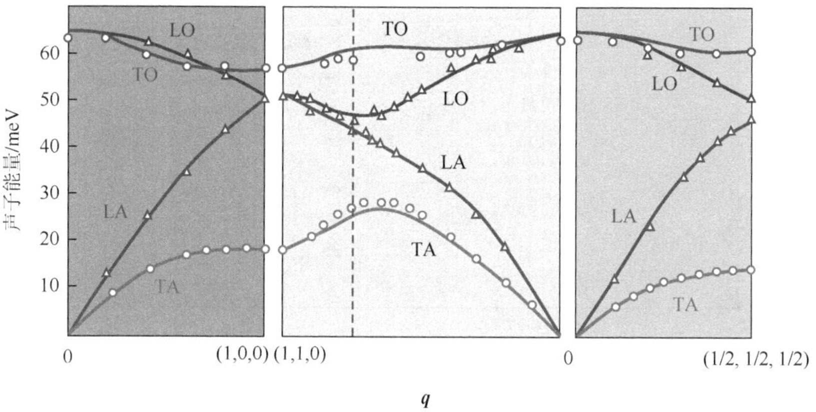

图 2.15　共价晶体 Si 的振动谱

图 2.16 为典型的离子晶体 NaI（氯化钠型结构）的振动谱，每个原胞中包含两个原子。长纵声学波和横声学波有不同的波速，但长纵光学波和横光学波的频率不同，且 $\omega_{LO}>\omega_{TO}$，这是离子性的反映。离子晶体的长纵光学波伴随有一个宏观极化（离子位移极化）电场，即离子晶体的长光学波是极化波，纵光学波离子振动方向与传播方向相同［图 2.9（a)］，退极化电场加强了恢复力，提高其传播频率；横光学波的离子振动方向垂直于传播方向，极化电荷出现在晶体表面［图 2.9（b)］，对恢复力几乎没有影响。

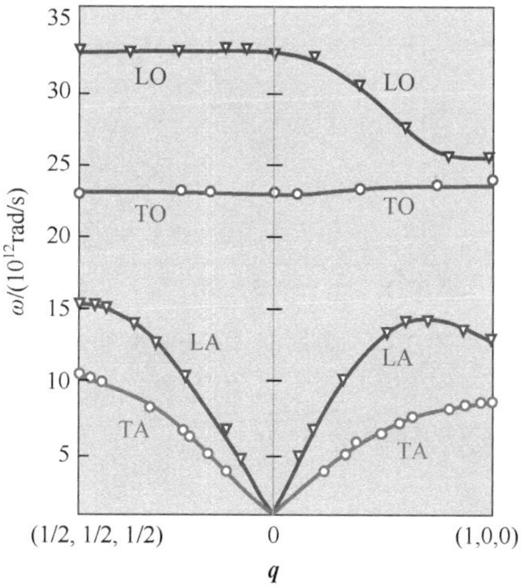

图 2.16　离子晶体 NaI 的振动谱

砷化镓是Ⅲ-Ⅴ族化合物半导体，它大多以共价键结合，也有一定的离子键成分。图 2.17 为闪锌矿结构晶体 GaAs 的振动谱，每个原胞中也包含两个原子。长纵声学波和横声学波也有不同的波速，长纵光学波和横光学波频率也不相同，即 $\omega_{LO}>\omega_{TO}$ 也成立，但相差没有氯化钠型结构的离子晶体 NaI 大，反映出离子性减弱。结合图 2.16 可以认为，晶体的离子性越强，长纵光学波和横光学波频率之差越大。

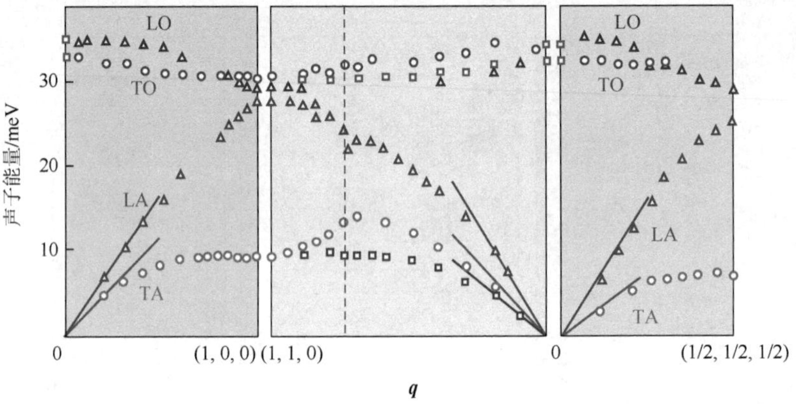

图 2.17　闪锌矿结构晶体 GaAs 的振动谱

图 2.18 为金属晶体 Cu（面心立方结构）的振动谱，每个原胞中包含一个原子，只有声学波。在图中，某些 q 值附近的 $\omega(\boldsymbol{q})$函数出现扭折，这是这些 q 值的格波与金属中电子耦合特别强的结果。科恩（Kohn）1959 年曾预言了与此有关的效应，称为科恩反常。科恩反常在某些金属和高导电性材料（如石墨烯）中已被观察到。

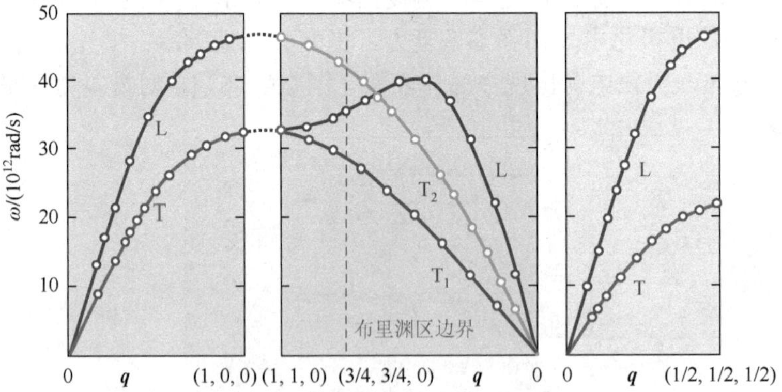

图 2.18　金属晶体 Cu 的振动谱

2.4.3　晶格振动的模式密度

在计算热容、自由能等热力学函数时，都要涉及对各个晶格振动模式（格波）的求和。由前面的学习可知，晶格振动模式数（格波数）等于晶格的自由度数，对于宏观晶体来说这是一个非常大的数值，要求出每一个振动格波的频率显然是不太容易的。这时引入模式密度的概念就能够很好地简化问题。定义单位体积的晶体在频率 ω 附近单位频率间隔 $d\omega$ 内的振动模式数目为晶格振动的模式密度或状态密度 $g(\omega)$。

$$g(\omega)=\frac{dn}{d\omega} \quad 或 \quad g(\omega)=\lim_{\Delta\omega\to 0}\left(\frac{\Delta n}{\Delta\omega}\right) \tag{2.60}$$

由于一个振动模式对应单个声子的一个可能的能级，因此，模式密度又称为声子的能级密度。模式密度具体概括了一个晶体中振动模式频率的分布状况，所以又称为频率分布函数。模式密度，即频率分布函数 $g(\omega)$，是个重要的物理量，在计算点阵的平衡态性质时，可以将对各模式的求和转化为对频率的积分，这可以大大简化计算过程，同时限定了晶体中格波的总数目。模式密度除了与热力学性质相联系，以后还会看到，在讨论晶体的某些电学性质、光学性质时，也要用到这个概念。

我们知道，满足周期性边界条件的波矢 $\boldsymbol{q}$ 并不是任意取值的，允许的 q 值在波矢空间形成均匀分布的点子，分布的密度为 $V/(2\pi)^3$。另外，尽管 q 不能取任意值，但由于 V 是一个宏观体积，允许的 q 值在波矢空间是十分密集的，所以可以看作是准连续的。

由于角频率 ω 与格波波矢 $\boldsymbol{q}$ 之间存在一一对应的色散关系，在 $\boldsymbol{q}$ 空间，$\omega(\boldsymbol{q})=$ 常数即确定了一个等频率面，那么在 ω 与 $\omega+d\omega$ 之间的振动模式的数目就是 $\boldsymbol{q}$ 空间中 ω 到 $\omega+d\omega$ 两个等频面之间的波矢 $\boldsymbol{q}$ 所对应的格波数目 dn。当晶格振动的色散关系 $\omega_j(\boldsymbol{q})$给定后，对于这样准连续分布的振动，一般地，可以把振动频率包含在 ω 到 $\omega+d\omega$ 的振动模式的数目写为

$$dn=g(\omega)d\omega=\frac{V}{(2\pi)^3}\times(频率为\,\omega\,和\,\omega+d\omega\,的等频面间的体积)=\frac{V}{(2\pi)^3}\cdot\int ds dq \tag{2.61}$$

式中，$dsdq$ 为等频面间的体积元，其中 dq 为等频面 ω 和等频面 $\omega+d\omega$ 之间的垂直距离，ds 为面积元。如图 2.19 所示。如果$\left|\nabla_q\omega(q)\right|$表示沿等频面法线方向频率的变化率，则有

$$d\omega=\left|\nabla_q\omega(q)\right|dq \tag{2.62}$$

将式（2.62）得到的 dq 代入式（2.61），得到模式密度的一般表达式：

$$g(\omega)=\frac{dn}{d\omega}=\frac{V}{(2\pi)^3}\int\frac{ds}{\left|\nabla_q\omega(q)\right|} \tag{2.63}$$

在实际计算过程中，我们可以用式（2.63）求得模式密度，也可以直接利用波矢分布密度计算模式密度。下面我们列举几个简单的例子来说明如何求得模式密度函数 $g(\omega)$。

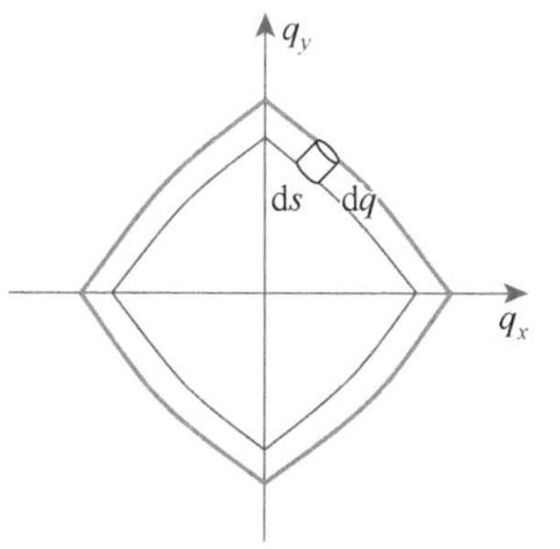

图 2.19　$\boldsymbol{q}$ 空间的等频面示意图

1. 一维单原子链

对于一维单原子链的情形，波矢 $\boldsymbol{q}$ 的分布密度为 $\frac{L}{2\pi}$，$L=Na$ 为单原子链的长度（a 为原子间距，N 为原子数目）。则在 q 到 $q+\mathrm{d}q$ 间隔内的振动模式数目为 $\frac{L}{2\pi}\mathrm{d}q$，在频率 ω 到 $\omega+\mathrm{d}\omega$ 间隔内的振动模式数目为

$$\mathrm{d}n = 2\times\frac{L}{2\pi}\cdot\frac{\mathrm{d}q}{\mathrm{d}\omega}\mathrm{d}\omega \tag{2.64}$$

等式右边的因子 2 是考虑了色散关系具有中心反演对称，即 $q>0$ 和 $q<0$ 区间是完全等价的，同一频率对应两个对称的波矢点。从而得到一维单原子链的模式密度为

$$g(\omega) = \frac{L}{\pi}\frac{1}{\mathrm{d}\omega/\mathrm{d}q} \tag{2.65}$$

由一维单原子链色散关系式（2.8）可得

$$\frac{\mathrm{d}\omega}{\mathrm{d}q} = a\sqrt{\frac{\beta}{m}}\left|\cos\frac{qa}{2}\right| = \frac{a}{2}\omega_{\max}\left(1-\sin^2\frac{qa}{2}\right)^{1/2} = \frac{a}{2}\left(\omega_{\max}^2-\omega^2\right)^{\frac{1}{2}} \tag{2.66}$$

式中，$\omega_{\max} = 2\left(\frac{\beta}{m}\right)^{\frac{1}{2}}$ 为最大频率。将式（2.66）代入式（2.65），得到一维单原子链模式密度函数

$$g(\omega) = \frac{2N}{\pi}\left(\omega_{\max}^2-\omega^2\right)^{-\frac{1}{2}} \tag{2.67}$$

2. 三维晶格

对于三维晶格的情形，如果把晶体看作连续的弹性介质，那么格波就是弹性波，角频率和波矢呈线性关系。这就是后面即将讲到的德拜模型，是将所有的格波都考虑为声学支波。对于各向同性介质中的弹性波，与一定波矢 $\boldsymbol{q}$ 对应的有一个纵波和两个独立的横波，两横波是简并的，即两横波速度相等。设纵波和横波的波速分别为 v_l 和 v_t，则有

$$\omega = v_\mathrm{l}\boldsymbol{q} \tag{2.68a}$$

$$\omega = v_\mathrm{t}\boldsymbol{q} \tag{2.68b}$$

如图 2.20 所示，由于等频面为球面，所以在频率 ω 到 $\omega+\mathrm{d}\omega$ 间隔内体积近似为 $4\pi q^2\mathrm{d}q$，则 $\mathrm{d}\omega$ 间隔内的波矢数目为

$$\frac{V}{(2\pi)^3}\times 4\pi q^2\mathrm{d}q \tag{2.69}$$

将式（2.68a）代入式（2.69），得到纵波的数目为

$$g_\mathrm{l}(\omega)\mathrm{d}\omega = \frac{V}{(2\pi)^3}\times 4\pi q^2\mathrm{d}q = \frac{V}{2\pi^2 v_\mathrm{l}^3}\omega^2\mathrm{d}\omega \tag{2.70}$$

将式（2.68b）代入式（2.69），得到横波的数目为

$$g_{\mathrm{t}}(\omega)\mathrm{d}\omega = 2\times\frac{V}{(2\pi)^3}\times 4\pi q^2\mathrm{d}q = 2\times\left(\frac{V}{2\pi^2 v_{\mathrm{t}}^3}\omega^2\mathrm{d}\omega\right) \tag{2.71}$$

式（2.70）和式（2.71）分别考虑了同一个波矢 $\boldsymbol{q}$ 对应的一个纵波和两个独立的横波，这一点与一维单原子链每一个 q 值对应单个振动模式的情形是不同的。因此总的格波数为

$$\begin{aligned} g(\omega)\mathrm{d}\omega &= g_{\mathrm{l}}(\omega)\mathrm{d}\omega + g_{\mathrm{t}}(\omega)\mathrm{d}\omega = \frac{V}{2\pi^2 v_{\mathrm{l}}^3}\omega^2\mathrm{d}\omega + \frac{2V}{2\pi^2 v_{\mathrm{t}}^3}\omega^2\mathrm{d}\omega \\ &= \frac{V}{2\pi^2}\left(\frac{1}{v_{\mathrm{l}}^3}+\frac{2}{v_{\mathrm{t}}^3}\right)\omega^2\mathrm{d}\omega = \frac{3V}{2\pi^2\overline{v}^3}\omega^2\mathrm{d}\omega \end{aligned} \tag{2.72}$$

式中，

$$\frac{1}{\overline{v}^3} = \frac{1}{3}\left(\frac{1}{v_{\mathrm{l}}^3}+\frac{2}{v_{\mathrm{t}}^3}\right) \tag{2.73}$$

可得，三维晶格振动模式密度函数为 $g(\omega)=\dfrac{3V}{2\pi^2\overline{v}^3}\omega^2$ 。

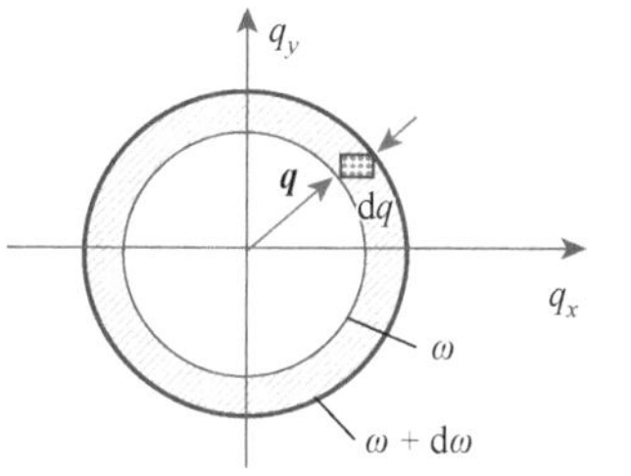

图 2.20　振动模式在 $\boldsymbol{q}$ 空间的分布

以上为几个简化情况下求振动模式密度的例子。实际上，振动模式密度的解析表达式一般很难求得，许多结果都是基于数值计算的方法得到的。

2.5　固 体 热 容

2.5.1　固体热容的基本物理意义

我们知道，热容是分子热运动的能量随温度而变化的一个物理量，是指物体温度升高 1K 所需要增加的能量，单位是 J/K。不同温度下，物体的热容不一定相同，所以在温度 T 时物体的热容为

$$C = \left(\frac{\partial Q}{\partial T}\right)_T \tag{2.74}$$

显然，物体的质量不同，热容也不同。1g 物质的热容称为比热容，常用 c 表示，单位是 J/(K·g)，1mol 物质的热容称为摩尔热容，单位是 J/(mol·K)。工程上所用的平均热容是指物质从温度 T_1 到 T_2 所吸收热量的平均值

$$\overline{C}=\frac{Q}{T_2-T_1} \tag{2.75}$$

平均热容是比较粗略的，T_2-T_1 的范围越大，精度越差，应用时要特别注意适用的温度范围。物体的热容还与它的热过程有关，假如加热过程是在恒压条件下进行的，所测定的热容称为定压热容，常用 C_p 表示；假如加热过程保持物体容积不变，所测定的热容称为定容热容，常用 C_V 表示。即

$$C_p=\left(\frac{\partial Q}{\partial T}\right)_p=\left(\frac{\partial H}{\partial T}\right)_p \tag{2.76}$$

$$C_V=\left(\frac{\partial Q}{\partial T}\right)_V=\left(\frac{\partial \overline{E}}{\partial T}\right)_V \tag{2.77}$$

式中，Q 为热量；$\overline{E}$ 为固体的平均内能；H 为焓。

由于恒压加热过程中，物体除温度升高外，还要对外界做功，所以温度每提高 1K 需要吸收更多的热量，即 $C_p>C_V$。C_p 的测定比较简单，但 C_V 更有理论意义，因为它可以直接根据系统的能量增量计算。根据热力学第二定律可以导出 C_p 和 C_V 的关系，即

$$C_p-C_V=TV_0\frac{\alpha_V{}^2}{k_T} \tag{2.78}$$

式中，$\alpha_V=\frac{1}{V_0}\left(\frac{\partial V}{\partial T}\right)_p$ 为体膨胀系数，K^{-1}；$k_T=-\frac{1}{V_0}\left(\frac{\partial V}{\partial p}\right)_T$ 为压缩系数，m^2/N；V_0 为摩尔容积，m^3/mol。

对于凝聚态物质，当温度不太高时，C_p 和 C_V 的差异可以忽略；当温度较高时，由于热膨胀的存在，二者的差别不能忽略。

2.5.2　固体的热容理论

固态晶体的热容理论是依据固体中原子振动规律随温度变化而变化的特点，从理论上阐明了热容的物理本质，并建立了热容随温度变化的定量关系。由于固体的内能一般包括晶格振动能量和电子运动能量，因此固体的热容主要有两部分贡献：一部分来源于晶格振动，称为晶格热容；另一部分来源于电子运动，称为电子热容。在不同温度下，晶格振动对热容的贡献和电子运动对热容的贡献是不同的，一般情况下，电子热容是很小的，只有当温度相当低时，电子热容对固体热容的贡献才显得重要，因此，本节只讨论晶格振动对热容的贡献。晶格热容理论的发展过程经历了经典的杜隆-珀蒂定律（Dulong-Petit law）和量子热容理论（包括爱因斯坦热容理论和德拜热容理论）。

杜隆-珀蒂定律　1819 年，杜隆（Dulong）和珀蒂（Petit）[①]在实验的基础上发现，室

①皮埃尔·路易·杜隆（Pierre Louis Dulong，1785 年 2 月 12 日—1838 年 7 月 18 日），法国化学家和物理学家。

阿列克西·泰雷兹·珀蒂（Alexis Thérèse Petit，1791 年 10 月 2 日—1820 年 6 月 21 日），法国物理学家。

人物链接：
名字刻上了埃菲尔铁塔
——杜隆

温下所有固体物质的摩尔热容量都是相同的，其数值约等于一个与材料及温度无关的常数值[25J/(mol·K)]，这个结果称为杜隆-珀蒂定律。

奥地利物理学家玻尔兹曼（Ludwig Boltzmann）从经典统计物理的角度推导出了杜隆-珀蒂定律，将之由一个单纯的经验规律提升为具有理论依据的定律。经典的热容理论是把固体中的原子看作彼此孤立地做热振动，并认为原子振动的能量是连续的。这样根据经典统计理论的能量均分定理（equipartition theorem），每一个简谐振动的平均动能和平均势能都等于 $\frac{1}{2}k_{\mathrm{B}}T$ ，故平均能量为 $k_{\mathrm{B}}T$，k_{B} 是玻尔兹曼常量。即一个简谐振动的能量为

$$\bar{\varepsilon}=\frac{1}{2}k_{\mathrm{B}}T+\frac{1}{2}k_{\mathrm{B}}T=k_{\mathrm{B}}T \tag{2.79}$$

那么单个简谐振子对热容的贡献为

$$c_V=\left(\frac{\partial\bar{\varepsilon}}{\partial T}\right)_V=k_{\mathrm{B}} \tag{2.80}$$

若固体有 N 个原子，每个原子有 3 个自由度，则有 $3N$ 个简谐振动模式，总的平均能量为

$$\bar{E}=N\left(\frac{3}{2}k_{\mathrm{B}}T+\frac{3}{2}k_{\mathrm{B}}T\right)=3Nk_{\mathrm{B}}T \tag{2.81}$$

如果 N 是 1mol 原子中的原子数，即 $N=N_0\approx 6.022\times10^{23}$，则根据式（2.81），固体的定容摩尔热容为

$$C_V=\left(\frac{\partial\bar{E}}{\partial T}\right)_V=3N_0k_{\mathrm{B}}=3R\approx 24.9\,\mathrm{J/(mol\cdot K)} \tag{2.82}$$

19 世纪 70 年代早期，韦伯（H. F. Weber）等科学家进一步的实验研究发现，一些元素热容具有反常性质，摩尔热容均小于 $3R$，且温度越低，摩尔热容越小，偏离杜隆-珀蒂定律。如金刚石，在常温下热容只有 6.06J/(mol·K)，在高温（约 1300K）时，金刚石的热容值竟达到 20.21J/(mol·K)，这个值非常接近杜隆-珀蒂定律的结果，这说明材料的热容随着温度的升高而增大，显示出逼近杜隆-珀蒂定律的趋势。

晶格热容的量子理论 为了解决杜隆-珀蒂定律与实验的矛盾，爱因斯坦（Einstein）①发展了普朗克的量子假说，建立了晶格的量子热容理论。由前面的学习我们知道，在量子力学中，一个简谐振子的能量本征值为 $\varepsilon_j=\left(n_i+\frac{1}{2}\right)\hbar\omega_j$ ，$n_i=0,1,2,\cdots$ ，$\hbar\omega_j$ 为声子的能量量子。由于平均声子数可以表示为 $\bar{n}_i=\frac{1}{\mathrm{e}^{\hbar\omega_j/(k_{\mathrm{B}}T)}-1}$ ，那么频率为 ω_j 的振子总的平均能量为

$$\bar{\varepsilon}=\left(\bar{n}_i+\frac{1}{2}\right)\hbar\omega_j=\frac{1}{2}\hbar\omega_j+\frac{\hbar\omega_j}{\mathrm{e}^{\hbar\omega_j/(k_{\mathrm{B}}T)}-1} \tag{2.83}$$

①阿尔伯特·爱因斯坦（Albert Einstein，1879 年 3 月 14 日—1955 年 4 月 18 日），美国和瑞士双国籍的物理学家，因对理论物理学的成就，特别是光电效应定律的发现而获得了 1921 年诺贝尔物理学奖。

人物链接：
划时代物理学的奠基人
——爱因斯坦

将式（2.83）对温度求微商就得到频率为 ω_j 的振子对晶格热容的贡献为

$$c_V=\left(\frac{\partial\bar{\varepsilon}}{\partial T}\right)_V=k_B\frac{\left(\frac{\hbar\omega_j}{k_BT}\right)^2 e^{\hbar\omega_j/(k_BT)}}{\left(e^{\hbar\omega_j/(k_BT)}-1\right)^2} \tag{2.84}$$

可见，谐振子对热容的贡献与振动频率 ω_j 有关。

对于高温极限的情形，$k_BT\gg\hbar\omega_j$，即 $\frac{\hbar\omega_j}{k_BT}\ll 1$，将式（2.84）中的指数项按 $\frac{\hbar\omega_j}{k_BT}$ 的级数展开，得到

$$c_V=\left(\frac{\partial\bar{\varepsilon}}{\partial T}\right)_V=k_B\frac{\left(\frac{\hbar\omega_j}{k_BT}\right)^2 e^{\hbar\omega_j/(k_BT)}}{\left(e^{\hbar\omega_j/(k_BT)}-1\right)^2}=k_B\frac{\left(\frac{\hbar\omega_j}{k_BT}\right)^2\left[1+\frac{\hbar\omega_j}{k_BT}+\frac{1}{2}\left(\frac{\hbar\omega_j}{k_BT}\right)^2+\cdots\right]}{\left[\frac{\hbar\omega_j}{k_BT}+\frac{1}{2}\left(\frac{\hbar\omega_j}{k_BT}\right)^2+\cdots\right]^2}\approx k_B \tag{2.85}$$

将式（2.85）与式（2.80）比较可知，在温度较高时，量子理论得到的结果与经典的杜隆-珀蒂定律一致。原因是当振子能量远大于能量量子（$\hbar\omega$）时，量子化的效应可以忽略不计。

对于低温极限的情形，$k_BT\ll\hbar\omega_j$，则 $e^{\hbar\omega_j/(k_BT)}\gg 1$，故式（2.84）化为

$$c_V=\left(\frac{\partial\bar{\varepsilon}}{\partial T}\right)_V=k_B\frac{\left(\frac{\hbar\omega_j}{k_BT}\right)^2 e^{\hbar\omega_j/(k_BT)}}{\left(e^{\hbar\omega_j/(k_BT)}-1\right)^2}\approx k_B\frac{\left(\frac{\hbar\omega_j}{k_BT}\right)^2 e^{\hbar\omega_j/(k_BT)}}{\left(e^{\hbar\omega_j/(k_BT)}\right)^2}=k_B\left(\frac{\hbar\omega_j}{k_BT}\right)^2 e^{-\hbar\omega_j/(k_BT)} \tag{2.86}$$

可以证明，当 $T\to 0$ 时，$c_V\to 0$。也就是说，根据量子理论，晶格热容将随 T 趋于零而趋于零。这是因为振动能量是量子化的，在 $k_BT\ll\hbar\omega_j$ 时，振动被“冻结”在基态，很难被热激发，因而对热容的贡献趋于零。

对于由 N 个原子组成的晶体，由于每个原子有 3 个自由度，因此晶体的平均能量为

$$\bar{E}=\sum_{j=1}^{3N}\bar{\varepsilon}=\sum_{j=1}^{3N}\left(\frac{1}{2}\hbar\omega_j+\frac{\hbar\omega_j}{e^{\hbar\omega_j/(k_BT)}-1}\right) \tag{2.87}$$

将式（2.87）对温度求微商就得到晶格的热容为

$$C_V=\left(\frac{\partial\bar{E}}{\partial T}\right)_V=\sum_{j=1}^{3N}c_V=\sum_{j=1}^{3N}\left(\frac{\partial\bar{\varepsilon}}{\partial T}\right)_V=\sum_{j=1}^{3N}k_B\frac{\left(\frac{\hbar\omega_j}{k_BT}\right)^2 e^{\hbar\omega_j/(k_BT)}}{\left(e^{\hbar\omega_j/(k_BT)}-1\right)^2} \tag{2.88}$$

式（2.88）说明，只要知道晶格的各个振动的频率，就可以求得晶格的热容。但实际上找到晶格所有的振动频率是一项难以进行的工作。然而如果我们能够找到晶格振动的频率分布函数，就可以把式（2.88）中的累加号变为积分号。设最大的角频率为 ω_{max}（截止频率），则有晶体中格波的总数目为

$$\int_0^{\omega_{\max}} g(\omega)\mathrm{d}\omega = 3N \tag{2.89}$$

式中，$g(\omega)\mathrm{d}\omega$ 为角频率在 ω 和 $\omega + \mathrm{d}\omega$ 之间的格波数。则热容表达式应为

$$C_V = \left(\frac{\partial \bar{E}}{\partial T}\right)_V = \int_0^{\omega_{\max}} k_{\mathrm{B}} \frac{\left(\dfrac{\hbar\omega}{k_{\mathrm{B}}T}\right)^2 \mathrm{e}^{\hbar\omega/(k_{\mathrm{B}}T)}}{\left(\mathrm{e}^{\hbar\omega/(k_{\mathrm{B}}T)} - 1\right)^2} g(\omega)\mathrm{d}\omega \tag{2.90}$$

这样，就把求解晶格的热容问题从求晶格的各个振动频率转化为求角频率的分布函数，问题将大为简化。由于对于具体的晶体，$g(\omega)$的计算依然十分复杂，所以在求固体热容时，通常采用爱因斯坦模型和德拜（Debye）①模型这两个比较成功的近似方法。

1. 爱因斯坦模型

爱因斯坦假定晶体中所有的原子都以相同的频率 ω_0 振动。这个假设实际上是不考虑频率的分布，忽略了简谐振子之间的差异，认为 $3N$ 个谐振子是全同的。那么

$$\begin{aligned} C_V &= \left(\frac{\partial \bar{E}}{\partial T}\right)_V = \int_0^{\omega_{\max}} k_{\mathrm{B}} \frac{\left(\dfrac{\hbar\omega_0}{k_{\mathrm{B}}T}\right)^2 \mathrm{e}^{\hbar\omega_0/(k_{\mathrm{B}}T)}}{\left(\mathrm{e}^{\hbar\omega_0/(k_{\mathrm{B}}T)} - 1\right)^2} g(\omega)\mathrm{d}\omega = 3N\cdot k_{\mathrm{B}} \frac{\left(\dfrac{\hbar\omega_0}{k_{\mathrm{B}}T}\right)^2 \mathrm{e}^{\hbar\omega_0/(k_{\mathrm{B}}T)}}{\left(\mathrm{e}^{\hbar\omega_0/(k_{\mathrm{B}}T)} - 1\right)^2} \\ &= 3Nk_{\mathrm{B}} f_{\mathrm{E}}\left(\frac{\hbar\omega_0}{k_{\mathrm{B}}T}\right) \end{aligned} \tag{2.91}$$

式中，$f_{\mathrm{E}}\left(\dfrac{\hbar\omega_0}{k_{\mathrm{B}}T}\right) = \dfrac{\left(\dfrac{\hbar\omega_0}{k_{\mathrm{B}}T}\right)^2 \mathrm{e}^{\hbar\omega_0/(k_{\mathrm{B}}T)}}{\left(\mathrm{e}^{\hbar\omega_0/(k_{\mathrm{B}}T)} - 1\right)^2}$ 为爱因斯坦热容函数。定义爱因斯坦特征温度 $\Theta_{\mathrm{E}} = \dfrac{\hbar\omega_0}{k_{\mathrm{B}}}$，于是式（2.91）化为

$$C_V = 3Nk_{\mathrm{B}} f_{\mathrm{E}}\left(\frac{\Theta_{\mathrm{E}}}{T}\right) = 3Nk_{\mathrm{B}}\left(\frac{\Theta_{\mathrm{E}}}{T}\right)^2 \frac{\exp\left(\dfrac{\Theta_{\mathrm{E}}}{T}\right)}{\left[\exp\left(\dfrac{\Theta_{\mathrm{E}}}{T}\right) - 1\right]^2} \tag{2.92}$$

式（2.92）称为爱因斯坦量子热容公式。爱因斯坦特征温度 Θ_{E} 是由理论 C_V-T 曲线尽可能地吻合实验观测点来确定的。对于大多数固体材料，Θ_{E} 在 100～300K。图 2.21 是金刚石热容的实验值与爱因斯坦模型计算值的比较。可以看出，爱因斯坦模型取得了很大的成功。根据式（2.92）我们还可以讨论温度对热容的影响规律。

①彼得·约瑟夫·威廉·德拜（Peter Joseph William Debye，1884 年 3 月 24 日—1966 年 11 月 2 日），美籍荷兰物理学家和化学家，因在 X 射线衍射和分子偶极矩理论方面的杰出贡献而获得了 1936 年诺贝尔化学奖。

人物链接：
写进固体物理教科书的
诺贝尔化学奖获得者
——德拜

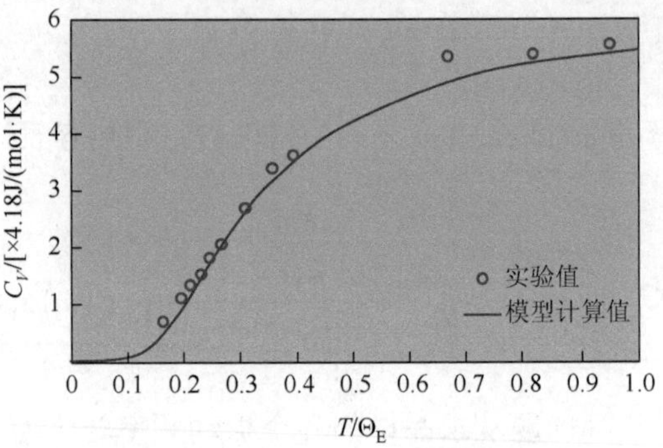

图 2.21　金刚石热容的实验值和爱因斯坦模型计算值的比较（$\Theta_E = 1320\text{K}$）

（1）当温度很高时，$T \gg \Theta_E$，则 $\frac{\Theta_E}{T} \ll 1$，此时

$$\exp\left(\frac{\Theta_E}{T}\right) = 1 + \frac{\Theta_E}{T} + \frac{1}{2!}\left(\frac{\Theta_E}{T}\right)^2 + \frac{1}{3!}\left(\frac{\Theta_E}{T}\right)^3 + \cdots \approx 1 + \frac{\Theta_E}{T} \tag{2.93}$$

则

$$C_V = 3Nk_B\left(\frac{\Theta_E}{T}\right)^2 \frac{\exp\left(\frac{\Theta_E}{T}\right)}{\left(\frac{\Theta_E}{T}\right)^2} \approx 3Nk_B \tag{2.94}$$

式（2.94）说明，量子理论所导出的热容值如按爱因斯坦的简化模型计算，在高温时与经典公式一致，并和热容曲线符合得较好。

（2）在低温时，$T \ll \Theta_E$，则 $\frac{\Theta_E}{T} \gg 1$，式（2.92）可化为

$$C_V = 3Nk_B\left(\frac{\Theta_E}{T}\right)^2 \exp\left(-\frac{\Theta_E}{T}\right) \tag{2.95}$$

当温度很低时，实验得出绝缘体的热容按 T^3 变化趋于零，然而式（2.95）中，C_V在低温时以 $\exp\left(-\frac{\Theta_E}{T}\right)$ 的规律减小，比 T^3 更快趋于零。这种偏离是由于爱因斯坦模型的基本假设存在不足。一方面是爱因斯坦模型把每个原子当作独立的简谐振子，这与实际情况不符，因为在实际固体中，各原子的振动不是彼此独立地绕平衡点振动，而是相互联系，即存在耦合作用，在温度低时这种联系尤其显著；另一方面，从格波的角度来看，爱因斯坦模型实质上忽略了各格波的频率差别，认为所有格波的频率相同。按照爱因斯坦特征温度的定义可以估算出爱因斯坦频率大约为 10^{13}Hz，相当于光学支频率。换句话说，爱因斯坦模型主要考虑了声子谱中的光学支波对热容的贡献，而忽略了声学支波的贡献。我们知道，当温度一定时，频率越高的格波，其平均声子数越少，具体计算表明，在很低温度下，频率 $\omega \leqslant 10k_BT/\hbar$ 的格波的振动能占整个晶格振动能的99%以上，这些格波的频率很低，属于长声学波的范围。也就是说，在低温条件下（即 $T \ll \Theta_E$），激发更

多的是频率低的长声学波，因此对热容起主要贡献的是长声学波。而爱因斯坦模型却只考虑了频率高的光学波的贡献，因此在极低温时下降很陡峭，与实验热容偏差较大。尽管模型仍有不足之处，但爱因斯坦引入能量量子化才是理解晶格振动问题的关键，这也间接印证了提出用声子概念讨论晶体性质的必要性。

2. 德拜模型

在德拜模型中，每一支格波都被看作各向同性连续介质中的弹性波，角频率和波矢呈线性关系，并且为简单计，还假设纵波和横波的波速相等，都等于 v_A，即 $v_l = v_t = v_A$，$\omega = v_A q$。

在 2.4 节已求得三维晶格振动的模式密度函数 $g(\omega)=\dfrac{3V}{2\pi^2\overline{v}^3}\omega^2$。其中 $\dfrac{1}{\overline{v}^3}=\dfrac{1}{3}\left(\dfrac{1}{v_l^3}+\dfrac{2}{v_t^3}\right)$。于是，三维晶格振动的模式密度函数可表示为

$$g(\omega)=\frac{3}{2\pi^2}\frac{V}{v_A^3}\omega^2 \tag{2.96}$$

将式（2.96）代入式（2.89）和式（2.90），可分别得到截止频率和热容，公式为

$$\omega_{max}=\left(6\pi^2\cdot\frac{N}{V}\right)^{\frac{1}{3}}v_A \tag{2.97}$$

$$C_V=\frac{3}{2\pi^2}\frac{V}{v_A^3}\int_0^{\omega_{max}}k_B\frac{\left(\dfrac{\hbar\omega}{k_BT}\right)^2 e^{\hbar\omega/(k_BT)}}{\left(e^{\hbar\omega/(k_BT)}-1\right)^2}\omega^2 d\omega \tag{2.98}$$

令 $\dfrac{\hbar\omega}{k_BT}=x$，此时式（2.98）化为

$$C_V=3k_B\frac{Vk_B^3T^3}{2\pi^2\hbar^3v_A^3}\int_0^{x_{max}}\frac{e^x x^4}{\left(e^x-1\right)^2}dx \tag{2.99}$$

式中，

$$x_{max}=\frac{\hbar\omega_{max}}{k_BT}=\frac{\Theta_D}{T}=\frac{\hbar v_A}{k_BT}\left(6\pi^2\cdot\frac{N}{V}\right)^{\frac{1}{3}} \tag{2.100}$$

在式（2.100）中我们定义了 $\Theta_D=\dfrac{\hbar\omega_{max}}{k_B}$，称为德拜特征温度（简称德拜温度）。德拜特征温度是固体的一个重要物理量，它只和固体本身的特性有关。由于对应于最大振动频率，所以德拜温度是物质原子间结合力的表征，Θ_D 越高，说明原子结合力越强。原子浓度 N/V 越高、声速越大的固体，其德拜特征温度就越高。如金刚石，属于面心立方晶系，原子浓度高，同时，碳原子间为 sp^3 杂化共价键，具有很强的结合力，其弹性模量大、密度小，根据式（2.48）可知其声速大，所以它的截止频率也高，对应的德拜特征温度高达 1860K。而一般固体材料的德拜温度大都在 200～400K，部分晶体的德拜温

度 Θ_D 如表 2.1 所示。德拜特征温度是经典热容理论适用的高温温度范围与量子热容理论适用的低温温度范围的分界温度。可以粗略地认为，当温度低于德拜温度时，声子开始"冻结"，则可以用量子理论处理问题；当温度高于德拜温度时，声子基本上被全部激发，则可以用经典理论近似处理。温度越高，用经典理论处理的误差越小。

表 2.1 部分晶体的德拜温度 Θ_D

金属	Θ_D / K	金属	Θ_D / K	金属	Θ_D / K	金属	Θ_D / K
Ag	215	Cu	315	Nb	275	Sn*	170
Al	394	Fe	420	Ni	375	Sn**	200
As	285	Ga	240	Os	400	Ta	225
Au	170	Gd	176	Pb	68	Th	100
B	1250	Ge	360	Pd	275	Ti	380
Ba	110	Hg	100	Pt	230	Tl	96
Be	1000	In	129	Rb	56	U	210
Bi	120	Ir	430	Re	416	V	390
C*	1860	K	100	Rh	360	W	310
Ca	230	La	132	Ru	382	Y	256
Cd	120	Mg	318	Sb	200	Zn	234
Co	385	Mn	400	Sc	359	Zr	250
Cr	450	Mo	380	Si	625		
Cs	40	Na	150	Sr	147		

注：①C*为金刚石；②Sn*为灰锡，Sn**为白锡。

把式（2.100）代入式（2.99），可得 1mol 固体物质的热容为

$$C_V = 9N_0k_B\left(\frac{T}{\Theta_D}\right)^3\int_0^{\Theta_D/T}\frac{e^x x^4}{\left(e^x-1\right)^2}dx = 3Rf_D\left(\frac{\Theta_D}{T}\right) \tag{2.101}$$

式中，$f_D\left(\frac{\Theta_D}{T}\right) = 3\left(\frac{T}{\Theta_D}\right)^3\int_0^{\Theta_D/T}\frac{e^x x^4}{\left(e^x-1\right)^2}dx$，称为德拜热容函数。

（1）当温度较高时，$T \gg \Theta_D$，$k_BT \gg \hbar\omega$，x 是个小量，则 $e^x \approx 1+x$，所以有

$$f_D\left(\frac{\Theta_D}{T}\right) = 3\left(\frac{T}{\Theta_D}\right)^3\int_0^{\Theta_D/T}\frac{e^x x^4}{\left(e^x-1\right)^2}dx \approx 3\left(\frac{T}{\Theta_D}\right)^3\int_0^{\Theta_D/T}(1+x)x^2dx \approx 1$$

最后一步积分忽略掉两项中的小项。因此式（2.101）可近似为

$$C_V = 3Rf_D\left(\Theta_D/T\right) \approx 3R = 24.9\text{J}/(\text{mol}\cdot\text{K}) \tag{2.102}$$

此即杜隆-珀蒂定律。可见，高温时德拜模型与爱因斯坦模型一样，都是与经典热容理论相符合的。

（2）当温度很低时，即 $T \ll \Theta_{\mathrm{D}}$， $k_{\mathrm{B}}T \ll \hbar\omega$，取 $\Theta_{\mathrm{D}}/T \to \infty$，于是式（2.101）中的积分变成

$$\int_0^{\infty} \frac{\mathrm{e}^x x^4}{\left(\mathrm{e}^x - 1\right)^2} \mathrm{d}x$$

因为

$$\frac{\mathrm{e}^x x^4}{\left(\mathrm{e}^x - 1\right)^2} = \frac{x^4}{\mathrm{e}^x\left(1-\mathrm{e}^{-x}\right)^2} = x^4\mathrm{e}^{-x}\left(1-\mathrm{e}^{-x}\right)^{-2} = x^4\mathrm{e}^{-x}\left(\frac{1}{1-\mathrm{e}^{-x}}\right)'\left(-\mathrm{e}^x\right)$$

$$= -x^4\left(1+\mathrm{e}^{-x}+\mathrm{e}^{-2x}+\mathrm{e}^{-3x}+\cdots\right)' = -x^4\left(-\mathrm{e}^{-x}-2\mathrm{e}^{-2x}-3\mathrm{e}^{-3x}-\cdots\right) = x^4\sum_{n=1}^{\infty} n\mathrm{e}^{-nx} \quad (2.103)$$

此式利用到泰勒展开式 $\frac{1}{1-x} = 1+x+x^2+x^3+\cdots$。

于是，积分变成

$$\int_0^{\infty} \frac{\mathrm{e}^x x^4}{\left(\mathrm{e}^x - 1\right)^2} \mathrm{d}x = \sum_{n=1}^{\infty}\int_0^{\infty} n\mathrm{e}^{-nx}x^4\mathrm{d}x = \sum_{n=1}^{\infty}\int_0^{\infty} -x^4\mathrm{d}\left(\mathrm{e}^{-nx}\right)$$

由于

$$\int_0^{\infty} -x^4\mathrm{d}\left(\mathrm{e}^{-nx}\right) = -\left(x^4\mathrm{e}^{-nx}\Big|_0^{\infty} - \int_0^{\infty} 4\mathrm{e}^{-nx}x^3\mathrm{d}x\right) = \int_0^{\infty} 4\mathrm{e}^{-nx}x^3\mathrm{d}x = 4\int_0^{\infty}\left(-\frac{1}{n}\right)x^3\mathrm{d}\left(\mathrm{e}^{-nx}\right)$$

$$= -\frac{4}{n}\left(x^3\mathrm{e}^{-nx}\Big|_0^{\infty} - \int_0^{\infty} 3\mathrm{e}^{-nx}x^2\mathrm{d}x\right) = \frac{4\times 3}{n}\int_0^{\infty} x^2\mathrm{e}^{-nx}\mathrm{d}x = \frac{4\times 3}{-n^2}\int_0^{\infty} x^2\mathrm{d}\left(\mathrm{e}^{-nx}\right)$$

$$= \frac{4\times 3}{n^2}\int_0^{\infty} 2x\mathrm{e}^{-nx}\mathrm{d}x = \frac{4\times 3\times 2}{n^2}\int_0^{\infty}\left(-\frac{1}{n}\right)x\mathrm{d}\left(\mathrm{e}^{-nx}\right)$$

$$= \frac{4\times 3\times 2}{n^3}\int_0^{\infty} \mathrm{e}^{-nx}\mathrm{d}x = \frac{4\times 3\times 2}{n^3(-n)}\int_0^{\infty} \mathrm{d}\left(\mathrm{e}^{-nx}\right)$$

$$= -\frac{4\times 3\times 2}{n^4}\mathrm{e}^{-nx}\Big|_0^{\infty} = \frac{4!}{n^4} \quad (2.104)$$

利用 $\sum_{n=1}^{\infty}\frac{1}{n^4} = \frac{\pi^4}{90}$，则有 $\int_0^{\infty} \frac{\mathrm{e}^x x^4}{\left(\mathrm{e}^x - 1\right)^2} \mathrm{d}x = \sum_{n=1}^{\infty}\int_0^{\infty} -x^4\mathrm{d}\left(\mathrm{e}^{-nx}\right) = \sum_{n=1}^{\infty}\frac{4!}{n^4} = \frac{24\pi^4}{90} = \frac{4\pi^4}{15}$，代入德拜热容函数公式，继而再代入式（2.101）计算得

$$C_V = 3R\cdot 3\left(\frac{T}{\Theta_{\mathrm{D}}}\right)^3\cdot\frac{4}{15}\pi^4 = \frac{12\pi^4}{5}R\left(\frac{T}{\Theta_{\mathrm{D}}}\right)^3 = bT^3 \quad (2.105)$$

式中，$b = \frac{12\pi^4}{5}\frac{R}{\Theta_{\mathrm{D}}^3}$。式（2.105）表明当 $T\to 0$ 时，C_V 按 T^3 趋于零，这就是热容著名的德拜三次方定律，它和实验的结果十分符合（图 2.22）。相比于爱因斯坦模型，德拜模型低温热容更加精确，温度越低，和实验结果符合得越好。

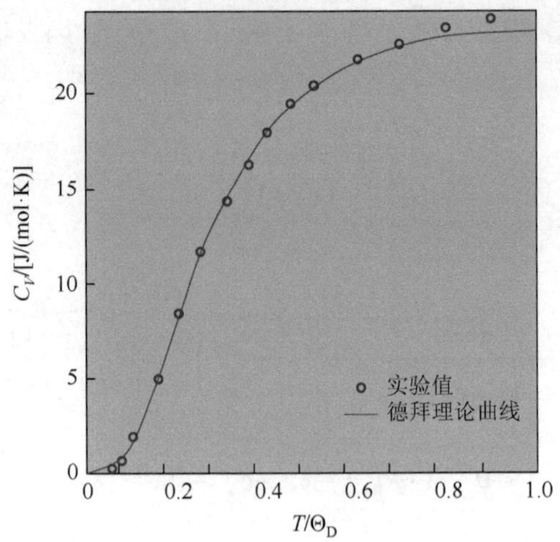

图 2.22　金属镱热容的实验值与德拜理论曲线的比较

德拜模型把晶体近似地看作连续介质，考虑弹性波振动对热容的贡献。因为在低温条件下波长较长的低频振动模式占主导地位，所以德拜模型低温和实验结果符合得很好。在更低的温度下德拜模型还不能完全符合事实，这是由于德拜理论只考虑了晶格振动对热容的贡献，而未考虑自由电子对热容的贡献。如在极低的温度下，由于晶格振动的能量已趋于零，这时自由电子的动能不可被忽略，并且成为对热容的主要贡献者。关于自由电子对热容的贡献将在第 3 章中介绍，这里暂不赘述。

德拜温度 Θ_D 是固体材料的一个重要的物理参数。按式（2.48）、式（2.97）和式（2.100）可得

$$\Theta_D = \frac{\hbar v_A}{k_B}\left(6\pi^2 \cdot \frac{N}{V}\right)^{\frac{1}{3}} = \frac{\hbar}{k_B} \cdot \sqrt{\frac{\text{弹性模量}}{\text{密度}}}\left(6\pi^2 \cdot \frac{N}{V}\right)^{\frac{1}{3}} \tag{2.106}$$

这样就可通过弹性模量和密度的测量来确定声速，进而由式（2.106）计算晶体的德拜温度 Θ_D。此外，由式（2.105）可知，根据热容的实验数据也可求得德拜温度 Θ_D。按照德拜模型，德拜温度 Θ_D 应当是和温度 T 无关的常数。然而随着低温测量技术的发展，人们发现晶体的德拜温度都随温度的变化而变化。图 2.23 给出了部分金属晶体实际拟合

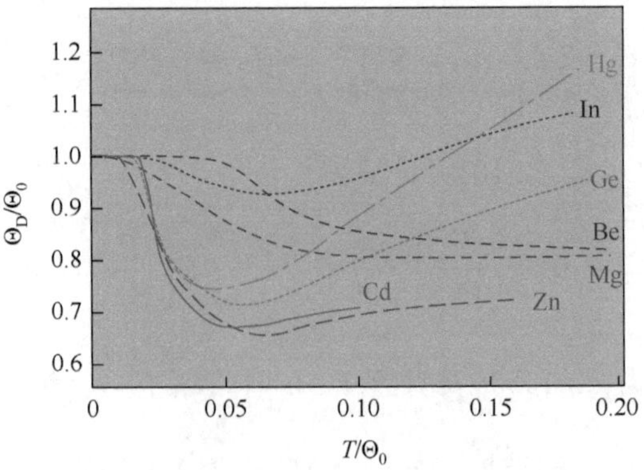

图 2.23　部分金属的德拜温度与温度的关系

德拜温度Θ_D在低温时随温度的变化关系，图中Θ_0为最低温度 0K 时的德拜温度Θ_D。这说明了德拜理论还有不足之处，一是它忽略了晶体的各向异性；二是只考虑了长声学支波，忽略了光学支波和高频声学波对热容的贡献。

2.6　晶格的状态方程与晶体的热膨胀

2.6.1　晶格的自由能

晶格的热力学参量中，晶格自由能是最基本的物理量，一旦求出晶格亥姆霍兹自由能（Helmholtz free energy）$F(V, T)$，其他热力学量或性质就可以由热力学关系导出。如熵 S、定容热容 C_V 等：

$$\begin{aligned} S &= -\left(\frac{\partial F}{\partial T}\right)_V \\ C_V &= T\left(\frac{\partial S}{\partial T}\right)_V = -T\left(\frac{\partial^2 F}{\partial T^2}\right)_V \end{aligned} \tag{2.107}$$

而且由 $F = U-TS$ 可得

$$\mathrm{d}F = \mathrm{d}U - \mathrm{d}(TS) = T\mathrm{d}S - p\mathrm{d}V - (T\mathrm{d}S + S\mathrm{d}T) = -p\mathrm{d}V - S\mathrm{d}T \tag{2.108}$$

通过压强 p 与自由能 F 的关系 $p = -\left(\frac{\partial F}{\partial V}\right)_T$，可得状态方程 $f(p,V,T)=0$。

对由 N 个原子组成的晶体，晶格的自由能可以表示为两部分之和，一部分为 $T=0$K 时晶格的结合能 $U(V)$，即静止能量，它只与晶体的体积有关，与温度无关，记作 F_1；还有一部分是 $T\neq 0$K 时由晶格振动决定的，即热振动自由能，记作 F_2。

由统计物理学知道，

$$F_2 = -k_B T \ln Z \tag{2.109}$$

式中，Z 为晶格振动的配分函数。配分函数实际是体系所有粒子在各个能级依最概然分布排布时候对体系状态的一个描述。若能求出晶格振动的配分函数 Z，即可根据式（2.109）求得热振动自由能。

对于振动频率为ω_j的格波，能量为$\varepsilon_j = \left(n_i + \frac{1}{2}\right)\hbar\omega_j$，配分函数为

$$Z_j = \sum_{n_i=0}^{\infty} \exp\left[-\left(n_i + \frac{1}{2}\right)\hbar\omega_j / (k_B T)\right] = \frac{\mathrm{e}^{-\hbar\omega_j/(2k_B T)}}{1-\mathrm{e}^{-\hbar\omega_j/(k_B T)}} \tag{2.110}$$

推导中利用了泰勒展开式$\frac{1}{1-x} = 1 + x + x^2 + x^3 + \cdots$。

忽略格波之间的相互作用能，总配分函数为

$$Z = \prod_j Z_j = \prod_j \frac{\mathrm{e}^{-\hbar\omega_j/(2k_B T)}}{1-\mathrm{e}^{-\hbar\omega_j/(k_B T)}} \tag{2.111}$$

将式（2.111）代入式（2.109）得到

$$F_2=\sum_j\left[\frac{1}{2}\hbar\omega_j+k_BT\ln\left(1-e^{-\hbar\omega_j/(k_BT)}\right)\right] \tag{2.112}$$

则晶格总的自由能为

$$F=F_1+F_2=U(V)+\sum_j\left[\frac{1}{2}\hbar\omega_j+k_BT\ln\left(1-e^{-\hbar\omega_j/(k_BT)}\right)\right] \tag{2.113}$$

2.6.2　晶格的状态方程

状态方程是指处于热力学平衡状态下的均匀系统状态参量之间的函数关系，如理想气体状态方程是指理想气体的状态参量 p, V, T 之间的关系，同样，晶格的状态方程也是指晶格的压强、体积和温度之间的关系。

当晶体体积 V 改变时，格波频率 ω 也将改变，所以式（2.113）中除 U 以外，各频率 ω_j 也是宏观参量 V 的函数，根据 $p=-\left(\frac{\partial F}{\partial V}\right)_T$，式（2.113）对 V 求微分，得到

$$p=-\left(\frac{dU}{dV}\right)_T-\sum_j\left(\frac{1}{2}\hbar+\frac{\hbar}{e^{\hbar\omega_j/(k_BT)}-1}\right)\frac{d\omega_j}{dV} \tag{2.114}$$

这是晶体状态方程的一般形式。

格林艾森（Grüneisen）假定表征频率随体积的变化量 $\frac{d\ln\omega_j}{d\ln V}$ 对所有的振动都相同，于是式（2.114）压强公式就变为

$$p=-\left(\frac{dU}{dV}\right)_T-\sum_j\left(\frac{1}{2}\hbar\omega_j+\frac{\hbar\omega_j}{e^{\hbar\omega_j/(k_BT)}-1}\right)\frac{1}{V}\frac{d\ln\omega_j}{d\ln V}=-\left(\frac{dU}{dV}\right)_T-\frac{1}{V}\sum_j\bar{E}_j\frac{d\ln\omega_j}{d\ln V} \tag{2.115}$$

式中，$\bar{E}_j=\left(\frac{1}{2}\hbar\omega_j+\frac{\hbar\omega_j}{e^{\hbar\omega_j/k_BT}-1}\right)$ 表示频率为 ω_j 的格波在温度为 T 时的平均振动能。

令

$$\gamma=-\frac{d\ln\omega_j}{d\ln V} \tag{2.116}$$

式中，γ 为格林艾森常数，是一个量纲一的量。由于温度升高，原子间距增大，作用力下降，振动频率降低，所以一般 ω 随 V 增加而减小，式（2.116）加一负号是为了保证 γ 为正值。这样式（2.115）就简化为

$$p=-\left(\frac{dU}{dV}\right)_T+\gamma\frac{\bar{E}}{V} \tag{2.117}$$

式（2.117）为格林艾森的近似晶体状态方程，其中

$$\bar{E}=\sum_j\bar{E}_j$$

为晶格振动总能量。由方程我们可以发现，压强由两部分组成：第一项与晶体结合能有关，起因于原子间的相互作用，与温度无关，称为冷压；第二项与晶格振动有关，是温度和体积的函数，称为热压。

2.6.3　用格林艾森近似晶体状态方程讨论晶体的热膨胀

热膨胀是在不施加压力的情况下，体积随温度发生变化。所以在式（2.117）状态方程中令 $p=0$，则得

$$\frac{\mathrm{d}U}{\mathrm{d}V}=\gamma\frac{\bar{E}}{V} \tag{2.118}$$

根据式（2.118），当原子平均振动能 $\bar{E}$ 随温度增加时，则 $\mathrm{d}U/\mathrm{d}V$ 必须取正值，也即晶体的体积必须发生一定的膨胀（ΔV），使图线达到正的斜率。$U(V)$曲线如图 2.24 所示。

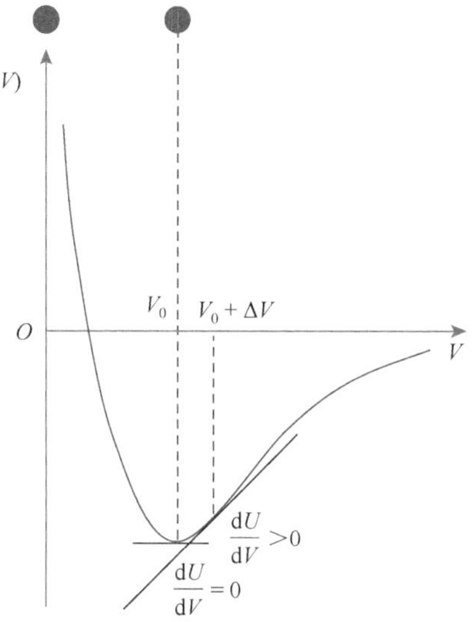

图 2.24　原子间的相互作用势能与晶体体积的关系

由于固体的热膨胀一般比较小，设原子不振动时的晶体平衡体积为 V_0，可以将式（2.118）左边的 $\mathrm{d}U/\mathrm{d}V$ 在 V_0 附近按泰勒级数展开，得到

$$\frac{\mathrm{d}U}{\mathrm{d}V}=\left(\frac{\mathrm{d}U}{\mathrm{d}V}\right)_{V_0}+\left(\frac{\mathrm{d}^2U}{\mathrm{d}V^2}\right)_{V_0}\left(V-V_0\right)+\cdots \tag{2.119}$$

公式右边 $\left(\mathrm{d}U/\mathrm{d}V\right)_{V_0}=0$（相当于 $U(V)$曲线的极小值处），如果再略去高次项（即只保留到 $\Delta V=V-V_0$ 的一次项），则式（2.119）可变为

$$\frac{\mathrm{d}U}{\mathrm{d}V}=\left(\frac{\mathrm{d}^2U}{\mathrm{d}V^2}\right)_{V_0}\left(V-V_0\right)=\frac{V-V_0}{V_0}\left[V_0\left(\frac{\mathrm{d}^2U}{\mathrm{d}V^2}\right)_{V_0}\right]=K\frac{V-V_0}{V_0}=K\frac{\Delta V}{V_0} \tag{2.120}$$

式中，$V_0\left(\frac{\mathrm{d}^2U}{\mathrm{d}V^2}\right)_{V_0}$ 正好是静止晶体的体积弹性模量 K，也就是压缩系数的倒数。将式（2.120）

代入式（2.118），得

$$K\frac{\Delta V}{V_0}=\gamma\frac{\bar{E}}{V} \tag{2.121}$$

将式（2.121）两端对温度 T 求导得

$$K\frac{1}{V_0}\frac{\mathrm{d}V}{\mathrm{d}T}=\gamma\frac{V\dfrac{\mathrm{d}\bar{E}}{\mathrm{d}T}-\bar{E}\dfrac{\mathrm{d}V}{\mathrm{d}T}}{V^2}=\gamma\frac{C_V}{V}-\gamma\frac{\bar{E}}{V^2}\frac{\mathrm{d}V}{\mathrm{d}T} \tag{2.122}$$

当温度改变时，式（2.122）第二个等号右边第二项是非常小的量，可以略去，于是得到体膨胀系数为

$$\alpha_V=\frac{1}{V_0}\frac{\mathrm{d}V}{\mathrm{d}T}=\frac{\gamma}{KV}C_V \tag{2.123}$$

式（2.123）常称为格林艾森定律。它表示当温度变化时，热膨胀与热振动成正比，即体膨胀系数 α_V 和热容 C_V 成正比。

以一维单原子链为例，式（2.8）是在简谐近似条件下所得色散关系 $\omega=2\left(\frac{\beta}{m}\right)^{\frac{1}{2}}\left|\sin\frac{qa}{2}\right|$，由式（2.11）可知，其中

$$\frac{aq}{2}=\frac{\pi}{N}l\text{，}l\text{ 为整数，}-\frac{N}{2}<l\leqslant\frac{N}{2}$$

由于热膨胀，晶格常数 a 变大，式（2.3）中恢复力常数 $\beta=\left(\frac{\mathrm{d}^2U}{\mathrm{d}r^2}\right)_a\equiv\ddot{U}(a)$ 是晶格常数的函数，进而导致格波的频率也是晶格常数（晶体体积）的函数。由式（2.116）计算得到

$$\gamma=-\frac{\mathrm{d}\ln\omega_j}{\mathrm{d}\ln V}\approx-\frac{1}{2}\frac{\mathrm{d}\ln\beta}{\mathrm{d}\ln a}=-\frac{1}{2}\frac{a}{\beta}\frac{\mathrm{d}\beta}{\mathrm{d}a}=-\frac{a}{2}\frac{1}{\beta}\frac{\mathrm{d}\beta}{\mathrm{d}a}=-\frac{a}{2}\frac{\dddot{U}(a)}{\ddot{U}(a)} \tag{2.124}$$

格林艾森常数与原子间相互作用势能函数泰勒展开式的三次方系数成正比。由此可知，若取简谐近似，即取 $\dddot{U}(a)=0$，则有 $\gamma=0$。于是，根据格林艾森定律，可得体膨胀系数 $\alpha_V=0$，所以简谐近似下的晶格振动是不能解释晶体热膨胀现象的。

解决的办法就是要将晶格的非简谐振动考虑进去。对于式（2.1），如果考虑到原子间的相互作用势能表达式中的 δ 的三次方项或更高次项，即考虑非简谐振动，$\dddot{U}(a)\neq0$，则

$$\gamma=-\frac{\mathrm{d}\ln\omega_j}{\mathrm{d}\ln V}\neq0$$

有热膨胀，因此热膨胀是非简谐效应产生的结果。γ 反映非简谐效应，γ 小，晶格振动的非简谐效应小；γ 大，则晶格振动的非简谐效应大。很多固体材料的测量结果证实了格林艾森关系，而且对于大多数固体，γ 值一般为 1～3。

2.6.4 用势能曲线讨论晶体的热膨胀

为了进一步说明热膨胀的微观物理本质，下面从双原子模型势能曲线加以解释。设 r_0 是原子的平衡位置，δ 是离开平衡位置的位移。把原子在 $r_0+\delta$ 点的势能 $U(r_0+\delta)$在平衡位置 r_0 附近按泰勒级数展开，有

$$U\left(r_0+\delta\right)=U\left(r_0\right)+\left(\frac{\mathrm{d}U}{\mathrm{d}r}\right)_{r_0}\delta+\frac{1}{2!}\left(\frac{\mathrm{d}^2U}{\mathrm{d}r^2}\right)_{r_0}\delta^2+\frac{1}{3!}\left(\frac{\mathrm{d}^3U}{\mathrm{d}r^3}\right)_{r_0}\delta^3+\cdots \tag{2.125}$$

等式右边第一项为常数，第二项为零。如果取 $U(r_0)=0$，并且令

$$f=\frac{1}{2!}\left(\frac{\mathrm{d}^2U}{\mathrm{d}r^2}\right)_{r_0},\quad g=\frac{1}{3!}\left(\frac{\mathrm{d}^3U}{\mathrm{d}r^3}\right)_{r_0}$$

忽略 δ^3 以上各项，式（2.125）变为

$$U\left(r_0+\delta\right)=f\delta^2+g\delta^3 \tag{2.126}$$

前面讨论晶格振动是在简谐近似下进行的，相互作用势能泰勒展开式中只保留到二次方项，即忽略了三次方项及以上各项，此时，$U(r)$为一条抛物线，如图 2.25 中虚线所示。在这种情形下势能曲线对原子的平衡位置（A 点）是左右对称的。温度提高，原子振幅增大，但无论振幅怎么增加，其平衡位置始终保持在 r_0，也就是说两原子间的平衡距离和温度无关，故简谐近似不产生热膨胀。

在相互作用势能展开式中，三次方和三次方以上的项称为非简谐项。如果保留 δ^3 这一非简谐项，则式（2.126）代表的势能曲线图形关于平衡点 A 不再是对称的，如图 2.25 中的实线所示。平衡位置的左边 $\delta<0$，比较陡峭，右边 $\delta>0$，较平缓。联系到原子间相互作用势能的微商是相互作用力，因此图中曲线上任一点的斜率反映了原子间相互作用力。某一温度时，对应图中水平横线，$\delta<0$ 排斥力大于 $\delta>0$ 吸引力，即作用力不再对称，非简谐振动使原子间产生净的相互斥力。随着温度的升高，振幅增大（或能量增加），平衡位置 B 将向右移动，平衡间距增大，显示了热膨胀。所以热膨胀是一种晶格振动的非简谐效应。

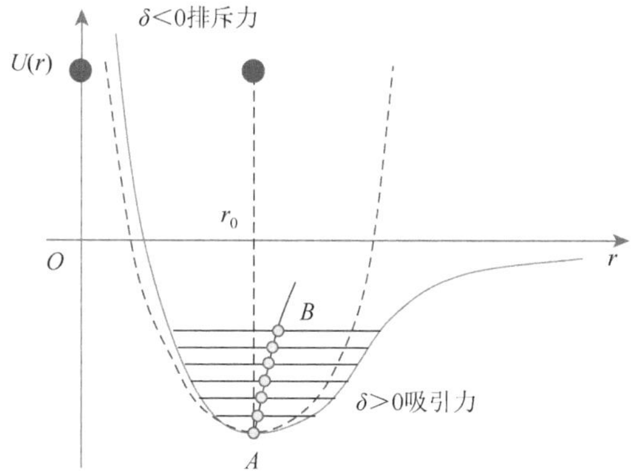

图 2.25　晶体中原子振动的非对称性示意图

2.7　晶体的热传导

2.7.1　晶体的热传导概述

当固体材料中温度分布不均匀时，将会有热能从高温处流向低温处，这种现象称为热传导。设热能从温度高的一端（T_1）传到温度低的一端（T_2），试样长度为 L，截面积为 S，如图 2.26 所示。则从 T_1 流向 T_2 的总的热能为

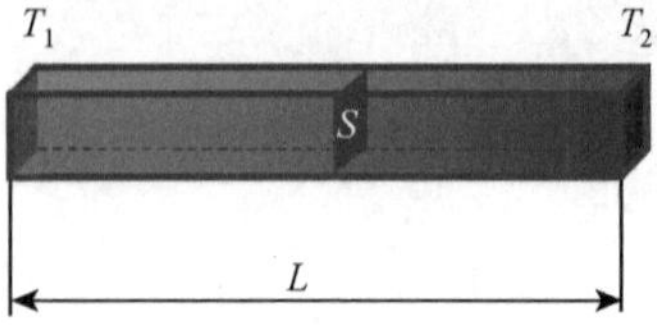

图 2.26　固体热传导示意图

$$Q=\lambda S\frac{T_1-T_2}{L}\tau \tag{2.127}$$

式中，τ 为热能从 T_1 传递到 T_2 所需的时间；$\frac{T_1-T_2}{L}$ 为固体试样中的温度梯度；λ 为热导率，又称导热系数，单位是 J/(m·K)，它是决定于材料性质的常数。

如果定义单位时间内通过单位截面积传导的热能为热流密度 q，则热流密度与温度梯度 $\mathrm{d}T/\mathrm{d}x$ 成正比，比例系数即为热导率 λ，这就是著名的傅里叶（Fourier）定律。

$$q=-\lambda\frac{\mathrm{d}T}{\mathrm{d}x} \tag{2.128}$$

式中，负号表示热能总是从高温流向低温。

固体的热传导，可以通过电子运动，也可以通过晶格振动或者声子的运动来实现。前者称为电子热导，后者称为晶格热导。绝缘体和半导体的热传导主要依靠晶格热导。本章我们只介绍晶格热导。

在简谐近似条件下，晶格的原子振动可以描述为一系列线性独立的谐振子，相应的振子之间不发生作用，因而不能交换能量。这样，在晶体中某种声子一旦被激发出来，它就不能把能量传递给其他频率的声子，只能以不变的频率和振幅在晶体中传播。由于声子之间没有相互作用，这样的声子气体可以在瞬间达到热平衡状态，也就是说热导率 λ 为无穷大，这显然是不符合事实的。所以要解释热传导现象，必须要考虑非简谐振动的效应。要考虑非简谐振动，在式（2.1）和式（2.125）中势能函数至少要保留到 δ^2 以上的高次项，由于 δ 的高次项与 δ^2 项比较起来为一小量，所以可把这些 δ 的高次项看成微扰项。由于微扰项的存在，这些谐振子就不再是相互独立的，而彼此之间要发生相互作用，即声子与声子间将相互交换能量。

借用理想气体碰撞导热的物理图像，晶体内存在温度梯度时，“声子气体”密度分布是不均匀的。温度高的那一端，晶体的晶格振动将具有较多的振动模式和较大的振动幅度，也即较多的声子被激发，“声子”密度高；低温处“声子”密度低。声子之间存在相互碰撞，因而“声子气体”在无规则运动的基础上产生定向的运动，即声子的扩散运动。相应的热量从晶体温度较高区域传到温度较低区域，最终使得温度较低的区域具有同样的“声子”密度，整个晶体达到平衡温度。

假设晶体内存在温度梯度 $\mathrm{d}T/\mathrm{d}x$，则在晶体中距离相差 l_x 的两个区域间的温度差 ΔT 可写成

$$\Delta T = -\frac{\mathrm{d}T}{\mathrm{d}x}l_x \tag{2.129}$$

声子移动 l_x 后，把热量 $c_V\Delta T$ 从距离 l_x 的一端携带到另一端，c_V 为单位体积热容量。若声子在晶体中沿着 x 方向的移动速率为 v_x，则单位时间内通过单位面积的热量，即热流密度 q 可表示为

$$q = c_V v_x \Delta T \tag{2.130}$$

把式（2.129）代入式（2.130），则

$$q = -c_V v_x l_x \frac{\mathrm{d}T}{\mathrm{d}x} \tag{2.131}$$

若 l_x 表示两次碰撞之间声子所走过的路程，即自由程，那么 $l_x = v_x\tau$，其中 τ 为声子两次碰撞间相隔的时间，称为自由时间。代入式（2.131）得

$$q = -c_V v_x^2 \tau \frac{\mathrm{d}T}{\mathrm{d}x} \tag{2.132}$$

这里 v_x^2 是对所有声子的平均值，由能量均分定理可知

$$\overline{v}_x^2 = \frac{1}{3}\overline{v}^2 \tag{2.133}$$

对于长声学声子，群速度 v 为常数，因此式（2.132）可写为

$$q = -\frac{1}{3}c_V \overline{v}^2 \tau \frac{\mathrm{d}T}{\mathrm{d}x} = -\frac{1}{3}c_V v\left(v\tau\right)\frac{\mathrm{d}T}{\mathrm{d}x} = -\frac{1}{3}c_V v l \frac{\mathrm{d}T}{\mathrm{d}x} \tag{2.134}$$

把式（2.134）与式（2.128）相比较，热导率 λ 可写为

$$\lambda = \frac{1}{3}c_V v l \tag{2.135}$$

这就是用经典理论推导出来的晶格热导率公式。

2.7.2　声子与声子碰撞的 N 过程、U 过程

格波之间通过晶格势能展开式的高次项（非谐项）产生相互作用。非谐作用中的势能三次方项对应于三个声子过程，如两个声子碰撞产生另一个声子或一个声子劈裂成两个声子；非谐作用中的势能四次方项则对应于四个声子相互作用的过程；等等。如同真实粒子一样，声子在碰撞过程中必须遵守能量守恒定律和动量（或准动量）守恒定律。在热导问题中，声子的碰撞起着限制声子平均自由程的作用。设两个相互碰撞的声子的频率和波矢分别为 ω_1、$\boldsymbol{q}_1$ 和 ω_2、$\boldsymbol{q}_2$，而第三个声子的频率和波矢分别为 ω_3 和 $\boldsymbol{q}_3$，则有

$$\left.\begin{aligned} \hbar\omega_1 + \hbar\omega_2 &= \hbar\omega_3 \\ \hbar\boldsymbol{q}_1 + \hbar\boldsymbol{q}_2 &= \hbar\boldsymbol{q}_3 \end{aligned}\right\} \tag{2.136a}$$

或

$$\left.\begin{aligned}\hbar\omega_1+\hbar\omega_2=\hbar\omega_3\\ \boldsymbol{q}_1+\boldsymbol{q}_2=\boldsymbol{q}_3\end{aligned}\right\}\tag{2.136b}$$

因为晶格振动的波矢 $\boldsymbol{q}$ 具有周期性，即波矢为 $\boldsymbol{q}$ 的晶格振动状态与波矢为 $\boldsymbol{q}+\boldsymbol{K}_h$ 的振动状态完全相同。所以式（2.136a）和式（2.136b）也可以写成

$$\left.\begin{aligned}\hbar\omega_1+\hbar\omega_2=\hbar\omega_3\\ \hbar\boldsymbol{q}_1+\hbar\boldsymbol{q}_2=\hbar\boldsymbol{q}_3+\hbar\boldsymbol{K}_h\end{aligned}\right\}\tag{2.137a}$$

或

$$\left.\begin{aligned}\hbar\omega_1+\hbar\omega_2=\hbar\omega_3\\ \boldsymbol{q}_1+\boldsymbol{q}_2=\boldsymbol{q}_3+\boldsymbol{K}_h\end{aligned}\right\}\tag{2.137b}$$

式中，$\boldsymbol{K}_h$ 为倒格子矢量。

对于式（2.136a）或式（2.136b），即 $\boldsymbol{K}_h=0$，在碰撞过程中，声子的动量没有发生变化，这种过程称为正常过程或正规过程，简称 N 过程（normal process）。正常过程包括声子的吸收，也包括声子的发射，分别对应于图 2.27（a）和（b）。

由图 2.27 可见，正常过程表示当 $\boldsymbol{q}_1$ 和 $\boldsymbol{q}_2$ 都比较小，或者它们的夹角比较大，以至于合成的 $\boldsymbol{q}_3$ 落在第一布里渊区内。这种碰撞声子系统能量守恒，动量也守恒。由于正常过程并没有使声子的动量衰减，只改变了动量分布，基本上不影响热流的方向，因此 N 过程对热阻是没有贡献的。

对于式（2.137 a）或式（2.137 b），即 $\boldsymbol{K}_h\neq0$ 的情形，通常称为反常过程或倒逆过程（也称翻转过程），简称 U 过程（umklapp process）。同样，倒逆过程也存在着吸收声子和发射声子的情形，分别对应于图 2.27（c）和（d）。当 $\boldsymbol{q}_1$、$\boldsymbol{q}_2$ 的数值较大时，$\boldsymbol{q}_1+\boldsymbol{q}_2$ 有可能落到第一布里渊区之外。由于声子状态是波矢的周期函数，在这种情况下，总可以找到一定的倒格矢 $\boldsymbol{K}_h$（而且是唯一的 $\boldsymbol{K}_h$），使得 $\boldsymbol{q}_1+\boldsymbol{q}_2-\boldsymbol{K}_h$ 回到第一布里渊区内。在 U 过程中，声子系统（$\boldsymbol{q}_1$、$\boldsymbol{q}_2$ 和 $\boldsymbol{q}_3$）能量依然守恒，但声子的动量发生了很大的变化。由图 2.27 可见，$\boldsymbol{q}_3$ 与 $\boldsymbol{q}_1$、$\boldsymbol{q}_2$ 的方向几乎相反（即倒逆之意）。倒逆过程衰减了声子定向运动的动量，破坏了热流的方向，对热传导起了阻滞作用，能使系统达到热平衡。因此声子-声子的相互作用的 U 过程是非金属本征热阻产生的原因。

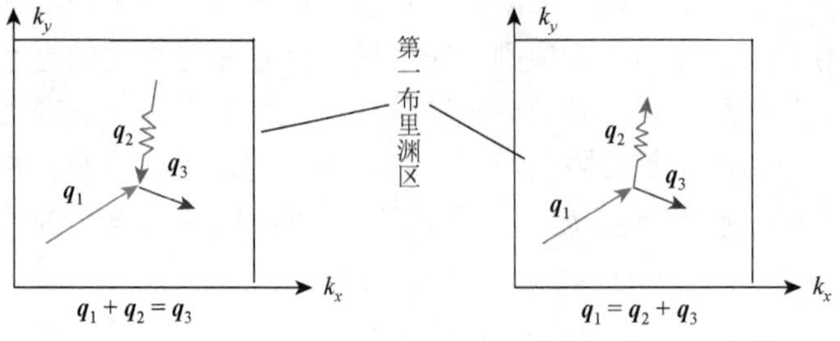

(a) N过程中声子的吸收　　(b) N过程中声子的发射

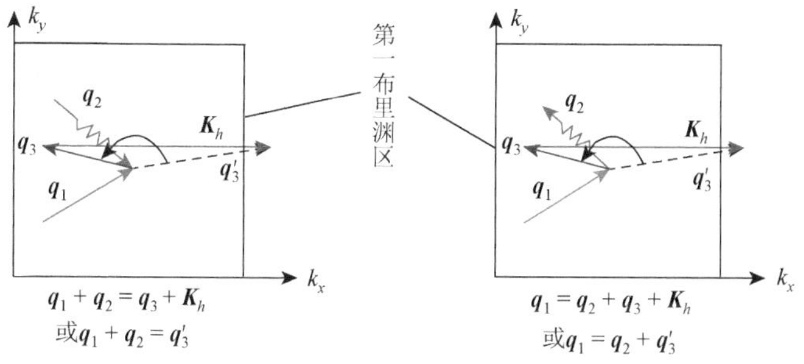

(c) U过程中声子的吸收　(d) U过程中声子的发射

图 2.27　N 过程和 U 过程中声子的吸收和发射

至此，我们可以对热导率进行如下讨论。在热导率公式 $\lambda = \frac{1}{3}c_V vl$ 中，按照德拜模型，平均速度为声速，是常数，那么热导率就仅与热容 C_V 及平均自由程 l 有关。平均自由程主要与声子之间的碰撞以及晶体边界、杂质、缺陷对声子的散射有关，密切依赖温度。

在高温（$T \gg \Theta_D$）下，对于所有晶格振动模式，平均声子数正比于温度 T，即

$$\bar{n} = \frac{1}{\exp\left(\frac{\hbar\omega_j}{k_B T}\right) - 1} \approx \frac{k_B T}{\hbar\omega_j} \tag{2.138}$$

由于在高温下，被激发的声子数目很大并且动量较高，有很大的概率产生 U 过程，所以平均自由程 l 与温度 T 成反比。考虑到高温情况下晶体摩尔热容是与温度无关的常数 $3R$（经典极限情况），声子平均速度声速是常数，因此有热导率与温度 T 成反比，即

$$\lambda \propto \frac{1}{T} \tag{2.139}$$

在低温（$T \ll \Theta_D$）下，则可以得到

$$\bar{n} = \frac{1}{\exp\left(\frac{\hbar\omega_j}{k_B T}\right) - 1} \approx \exp\left(-\frac{\hbar\omega_j}{k_B T}\right) \tag{2.140}$$

可见在低温下，声子数少且动量较小，能产生 U 过程的声子非常少，平均自由程 l 将变得很大，但由于受到晶体结构的限制也不可能无限大，此时，$c_V \propto T^3$，因此晶体的热导率 λ 也将按 T^3 变化，即

$$\lambda \propto T^3 \tag{2.141}$$

此外，实际晶体中的杂质、缺陷等对声子的散射作用，也将使得平均自由程 l 不会变得非常大，热导率有有限值。图 2.28 给出锗晶体和 LiF 晶体同位素效应对热导率的影响，可以看出，热导率随温度先升高后降低的变化趋势，符合式（2.141）和式（2.139）的规律。

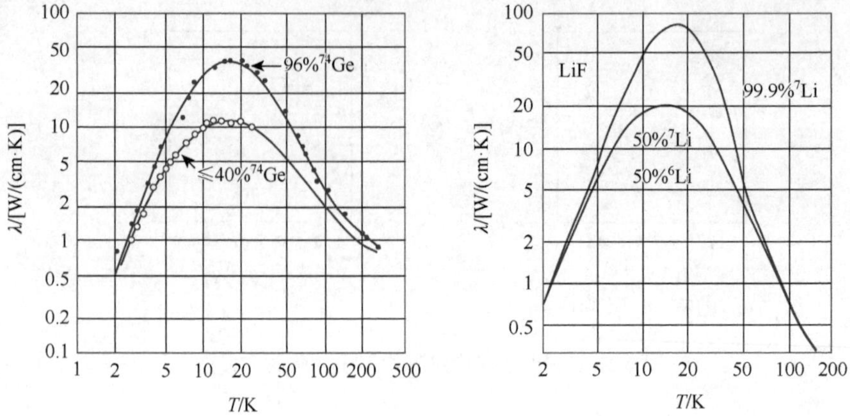

(a) 锗晶体同位素效应对热导率的影响　　(b) LiF晶体同位素效应对热导率的影响

图 2.28　锗晶体和 LiF 晶体同位素效应对热导率的影响

图 2.28（a）给出了不同温度下含有 96%的 ^{74}Ge 和含有不足 40%的 ^{74}Ge 样品的热导率曲线；图 2.28（b）给出的则是含有 99.9% ^{7}Li 与含有 50% ^{7}Li 和 50% ^{6}Li 样品的热导率曲线。图中曲线表明，杂质越高，热导率越低。这是由于杂质、缺陷参与声子散射，平均自由程减小，热导率降低。

表 2.2 给出了几种典型的非金属材料的热导率和声子平均自由程。室温下这些晶体中声子的平均自由程只有几十纳米，即几百个原子间距内就会发生碰撞，所以不难理解晶体热导率的数值有限。

表 2.2　几种典型的非金属材料的热导率和声子平均自由程

材料	$T = 273$K		$T = 77$K		$T = 20$K	
	热导率 λ_a /[W/(m·K)]	声子平均自由程 l/m	热导率 λ_a /[W/(m·K)]	声子平均自由程 l/m	热导率 λ_a /[W/(m·K)]	声子平均自由程 l/m
硅	150	4.3×10^{-8}	1500	2.7×10^{-6}	4200	4.1×10^{-4}
锗	70	3.3×10^{-8}	300	3.3×10^{-7}	1300	4.5×10^{-5}
石英晶体（SiO_2）	14	9.7×10^{-9}	66	1.5×10^{-7}	760	7.5×10^{-5}
CaF_2	11	7.2×10^{-9}	39	1.0×10^{-7}	85	1.0×10^{-5}
NaCl	6.4	6.7×10^{-9}	29	5.0×10^{-8}	45	2.3×10^{-6}
LiF	10	3.3×10^{-9}	150	4.0×10^{-7}	8000	1.2×10^{-3}

习　　题

2.1　质量相同的两种原子形成一维双原子链，最近邻原子间的恢复力常数为 $\beta_1 = c$ 和 $\beta_2 = 10c$，且最近邻原子间距均等于 a。

（1）求出色散关系；

（2）计算 $q=0$，$q=\pi/2a$ 处格波的频率值，大致画出色散关系图。

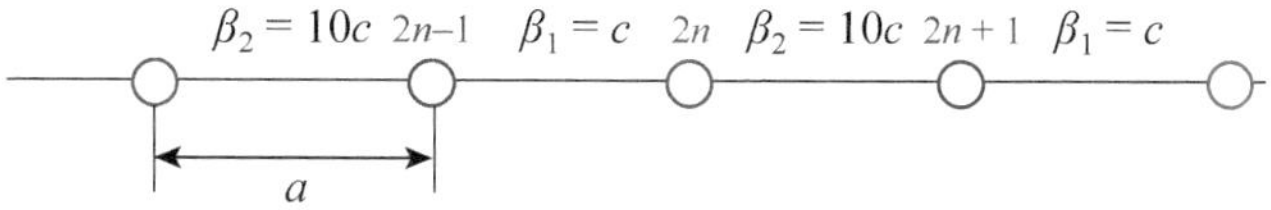

2.2　对于一维双原子链，在第一布里渊区内绘出色散关系 ω-q 示意图，并说明光学模式和声学模式所反映的物理意义。

2.3　证明：在热平衡时，频率为 ω 的格波在温度 T 时平均激发的声子数为

$$\bar{n}=\frac{1}{e^{\hbar\omega/(k_BT)}-1}$$

2.4　周期性边界条件的物理含义是什么？引入这个条件后导致什么结果？如果晶体是无限大，q 的取值将会怎样？

2.5　对一维简单晶格：

（1）计算晶格振动的模式密度；

（2）按照德拜模型，计算晶格振动的模式密度、德拜温度，并讨论晶格热容在高、低温极限下的规律。

2.6　对二维简单晶格，按德拜模型，求出晶体的零点振动能、振动能、晶格热容，并讨论高、低温极限。

2.7　已知金刚石的弹性模量为 $1\times10^{12}N/m^2$，密度为 $3.5g/cm^3$，试计算金刚石的德拜温度。

2.8（1）高温时，频率为 ω 的格波的声子数目与温度有何关系？

（2）爱因斯坦模型在低温下与实验存在偏差的根源是什么？

（3）在极低温度下，德拜模型为什么与实验较为相符？

2.9　为什么声子碰撞时的准动量守恒不同于普通粒子碰撞时的动量守恒？N 过程和 U 过程的物理图像是什么？它是否违背了普通的动量守恒定律，为什么？

2.10　简要说明简谐近似下晶体不会发生热膨胀的物理原因，势能的非谐项起了哪些作用。

第3章　金属自由电子论基础

在第 2 章中，我们主要讨论了晶格振动的基本规律，在本章中我们将讨论金属中自由电子的运动模型（能量状态），在此基础上进一步讨论热平衡条件下电子气的某些物理性质。

3.1　德鲁德-洛伦兹的经典自由电子理论

3.1.1　德鲁德-洛伦兹电子

在固体的研究中，金属因其良好的导电性、导热性而具有相当特殊的地位。1897 年汤姆孙（Thomson）发现了电子，约在 1900 年左右，德鲁德（Drude）①首先提出，金属原子核外电子可分为内层电子和价电子，原子的内层电子状态变化很小，可以将原子核和内层电子看成离子实，形成规则的点阵，而价电子脱离了相应的离子实的束缚，在固体中自由运动，电子的状态变化最大，对晶体性能影响最大，称为自由电子，故得自由电子模型之名。该模型认为，金属中存在着大量能够自由运动的电子，这些自由电子组成自由电子气，行为像理想气体分子一样，因此不考虑电子和电子之间的库仑排斥相互作用；电子和离子实之间的库仑相互作用忽略不计，电子气是通过和离子实组成的晶格发生碰撞达到热平衡的。由于电子气除了在同离子实发生不断碰撞的瞬间外，其余时间在离子实之间的运动被认为是自由的，所以电子和离子实之间的碰撞过程可以用一个电子与离子实相继作用两次碰撞之间所间隔的平均自由时间 τ（又称为弛豫时间，$1/\tau$ 表示电子和离子实之间的碰撞概率）及平均速度 v 来描述。

1904 年，洛伦兹（Lorentz）②对德鲁德的自由电子模型作了改进。认为自由电子运动速度的热平衡分布遵循麦克斯韦-玻尔兹曼分布规律，据此就可用经典力学定律对金属自由电子气模型作出定量计算。这样就构成了德鲁德-洛伦兹自由电子气理论，又称为经典自由电子理论。

德鲁德-洛伦兹自由电子在固体中构成传导电子。根据金属的原子价和密度，可以算出单位体积中自由电子数，即自由电子浓度。设有单位体积金属，密度为 ρ，原子价为 Z，原子量为 M，则其自由电子浓度 n 为

---

①保罗·卡尔·路德维希·德鲁德（Paul Karl Ludwig Drude，1863 年 7 月 12 日—1906 年 7 月 5 日），德国物理学家，专攻光学。

②亨德里克·安东·洛伦兹（Hendrik Antoon Lorentz，1853 年 7 月 18 日—1928 年 2 月 4 日），荷兰物理学家、数学家，经典电子论的创立者，因关于磁场对辐射现象影响的研究与他的学生塞曼一起获得了 1902 年的诺贝尔物理学奖。

人物链接：
经典自由电子论的创立者
——德鲁德和洛伦兹

$$n = Z\frac{\rho N_0}{M} \tag{3.1}$$

式中，N_0为阿伏伽德罗常量。

表 3.1 列出了某些金属元素的自由电子浓度 n，其典型值为 10^{22}～10^{23} 个/cm^3。从表中可以看出，金属中自由电子的浓度实际上比标准状况下经典理想气体的浓度（25℃时空气的分子浓度为 2.7×10^{19} 个/cm^3）大了约 1000 倍。德鲁德却大胆假设这种高浓度的电子气为理想气体，并用理想气体的运动学理论来讨论它。

表 3.1　一些金属元素的自由电子浓度

元素	Z	$n/(10^{22}$ 个$/cm^3)$	元素	Z	$n/(10^{22}$ 个$/cm^3)$	元素	Z	$n/(10^{22}$ 个$/cm^3)$
Li（78K）	1	4.70	Mg	2	8.61	Al	3	18.1
Na（5K）	1	2.65	Ca	2	4.61	Ga	3	15.4
K（5K）	1	1.40	Sr	2	3.55	In	3	11.5
Rb（5K）	1	1.15	Ba	2	3.15	Tl	3	10.5
Cs（5K）	1	0.91	Zn	2	13.2	Sn	4	14.8
Cu	1	8.47	Fe	2	17.0	Pb	4	13.2
Ag	1	5.86	Mn（α）	2	16.5	Bi	5	14.1
Au	1	5.90	Cd	2	9.27	Sb	5	16.5
Be	2	24.7	Hg（78K）	2	8.65			

在没有外电场作用时，固体中的自由电子沿着各个方向运动的概率相等，故不会产生电流。当给固体施加外电场后，自由电子获得了附加速度，于是便沿外加电场方向发生定向运动，从而形成了电流。自由电子在定向运动过程中，因不断与正离子发生碰撞而使电子运动受阻，这便是产生电阻的原因。

3.1.2　经典自由电子理论的成功与失败

德鲁德-洛伦兹的经典自由电子理论成功地说明了描述导电过程的欧姆定律以及描述电导率和热导率之间关系的维德曼-弗兰兹定律等现象。

金属的电导率　根据上述经典自由电子理论可以导出电导率的基本公式。设在外电场 $\mathscr{E}$ 的作用下，金属中质量为 m、电荷为 e 的电子在电场反方向上将获得加速度为

$$a = -\frac{e}{m}\mathscr{E} \tag{3.2}$$

当电子与离子实相互碰撞时，电子沿各个方向散射的概率相等，失去了定向运动。碰撞后，由于外电场的继续作用，电子又会获得定向运动而自由地前进，直到和下一个离子实碰撞，这种过程在周期性晶体点阵中反复不断地进行。在两次碰撞之间电子在外加电场中做匀加速运动，某时刻 t 电子的漂移速度为

$$v_{dt} = v_i(0) + at = v_i(0) - \frac{e}{m}\mathscr{E}t \tag{3.3}$$

式中，$v_i(0)$为未加电场时的电子速度。由于未加电场时电子运动呈现无规则随机状态，平均速度$\langle v_i(0)\rangle = 0$，将式（3.3）取平均，得电子的平均漂移速度为

$$\bar{v} = \left\langle v_i(0) - \frac{e}{m}\mathscr{E}t \right\rangle = \langle v_i(0)\rangle - \left\langle \frac{e}{m}\mathscr{E}t \right\rangle = -\frac{e}{m}\mathscr{E}\langle t\rangle = -\frac{e}{m}\mathscr{E}\tau \tag{3.4}$$

式中，τ为平均自由时间。

设单位体积固体中的自由电子数为 n，则有

$$j = ne\bar{v} = \frac{ne^2\tau}{m}\mathscr{E} = \frac{ne^2}{m}\frac{l}{\bar{v}}\mathscr{E} \tag{3.5}$$

式（3.5）利用到电子运动的自由程 l 与自由时间 τ 的关系式$\tau = l/\bar{v}$ 。

与欧姆定律的微分形式$j = \sigma \cdot E$ 相比较，得出电导率 σ 的基本公式为

$$\sigma = \frac{j}{\mathscr{E}} = \frac{ne^2}{m}\tau = \frac{ne^2}{m}\frac{l}{\bar{v}} \tag{3.6}$$

经典自由电子理论推导的电导率公式表明，电导率的大小正比于电子浓度 n（单位体积固体中的自由电子数）和单位电场强度产生的加速度 e/m 以及弛豫时间 τ 的乘积。

利用气体定律还可以估计电子气的压力 p_e。对于单价金属，300K 时，$p_e = 8.314\times 300 = 2494/V$（Pa），其中 V 是金属摩尔体积。例如，1mol 体积铜大约为 7.1cm^3，那么 $p_e = nRT/V = 8.314\times300/(7.1\times10^{-6})\text{Pa} = 3.513\times10^8\text{Pa} = 3467\text{atm}$（$1\text{atm} = 1.01325\times10^5\text{Pa}$）。由此可见，金属内部电子气的压力很大，也就是说点阵结构的应力很大，所以金属应当具有很高的强度。

根据经典自由电子理论，即自由电子的行为如同理想气体一样，服从玻尔兹曼统计分布。根据经典统计力学的能量按自由度均分原理，每个电子具有 3 个平动自由度，每个自由度具有的热运动平均平动动能等于$\frac{1}{2}k_B T$，因此应用能量均分定律可以计算每个电子的动能

$$\varepsilon = \frac{1}{2}m\bar{v}^2 = \frac{3}{2}k_B T \tag{3.7}$$

式中，$\bar{v}$ 为自由电子平均速度；k_B 为玻尔兹曼常量；T 为热力学温度；m 为电子质量。

由式（3.7）可以估计电子平均热运动速度。当 $T\to0$K 时，自由电子平均速度$\bar{v}\to0$，金属中自由电子的动能为零，故电子气被冻结；当 $T = 300$K 时，电子平均动能随温度迅速上升到约为 0.04eV，故金属中自由电子气无规则热运动的平均速度由零迅速增加至 10^7cm/s。然而在后面章节的学习中我们将会发现，即使在 $T\to0$K 时，金属中的自由电子依然具有很高的能量，以大约 10^8cm/s 的速度运动；高于 0K 时，由于平均动能随温度变化小，自由电子的平均运动速度也不会显著变化。由此可见，经典自由电子理论在处理电子问题上具有局限性。

维德曼-弗兰兹定律 人们在研究纯金属的导热系数时发现一个引人注意的事实，这就

是金属的电导率越高，则其热导率也越高。维德曼（Wiedemann）和弗兰兹（Franz）[①]于 1853 年根据实验结果总结出这样的经验规律，即在不太低的温度下，金属的热导率对电导率的比值是一个常数，不随金属而改变。即

$$\frac{\lambda}{\sigma}=W \tag{3.8}$$

式中，λ 为金属的热导率；σ 为金属的电导率；W 为维德曼-弗兰兹常数。式（3.8）称为维德曼-弗兰兹定律（Wiedemann-Franz law）。

洛伦兹研究在不同温度下维德曼-弗兰兹关系时，发现在各温度下 λ 与 σ 的比值除以相应的热力学温度，得到的数值对各金属和各温度都是常数。即

$$\frac{\lambda}{\sigma T}=L \tag{3.9}$$

式中，L 为洛伦兹数（Lorentz number）。式（3.9）称为洛伦兹关系，又称为维德曼-弗兰兹-洛伦兹定律。

从经典自由电子理论可以导出洛伦兹关系。根据理想气体分子运动论的知识，可类比得自由电子气的热导率公式为

$$\lambda_{\mathrm{e}}=\frac{1}{3}c_V^{\mathrm{e}}\overline{v}l \tag{3.10}$$

式中，c_V^{e} 为单位体积自由电子对热容的贡献；$\overline{v}$ 为自由电子运动的平均速度；l 为自由电子运动的平均自由程。

设金属中自由电子的浓度为 n。根据经典统计理论的平均动能按自由度均分原理，有 $E=\frac{1}{2}m\overline{v}^2=\frac{3}{2}k_{\mathrm{B}}T$，由于不考虑电子与电子之间的相互作用，电子气系统的内能即为所有电子的动能之和，因此可得单位体积的电子热容为 $c_V^{\mathrm{e}}=\frac{3}{2}nk_{\mathrm{B}}$。把自由电子气热导率公式（3.10）和电导率公式（3.6）相除，得到

$$\frac{\lambda_{\mathrm{e}}}{\sigma}=\frac{\frac{1}{3}c_V^{\mathrm{e}}\overline{v}l}{\frac{ne^2l}{m\overline{v}}}=\frac{c_V^{\mathrm{e}}m\overline{v}^2}{3ne^2}\approx\frac{\frac{3}{2}nk_{\mathrm{B}}\cdot 3k_{\mathrm{B}}T}{3ne^2}=\frac{3}{2}\left(\frac{k_{\mathrm{B}}}{e}\right)^2 T \tag{3.11}$$

可见，按经典理论可推导出 $\frac{\lambda_{\mathrm{e}}}{\sigma T}$ 为一常数，符合洛伦兹关系。只不过这里得到的洛伦兹数 $L=\frac{3}{2}\left(\frac{k_{\mathrm{B}}}{e}\right)^2$，略小于实验数据。只有当量子自由电子理论引入后，$L=\frac{\pi^2}{3}\left(\frac{k_{\mathrm{B}}}{e}\right)^2=2.45\times10^{-8}\ \Omega\cdot\mathrm{W/K^2}$，与实验值非常吻合。部分金属的维德曼-弗兰兹温度关系曲线如图 3.1 所示。

①古斯塔夫·海因里希·维德曼（Gustav Heinrich Wiedemann，1826 年 10 月 2 日—1899 年 3 月 24 日），德国物理学家、杰出的电磁学专家。

鲁道夫·弗兰兹（Rudolph Franz，1826 年 12 月 16 日—1902 年 12 月 31 日），德国物理学家。

人物链接：
维德曼-弗兰兹定律——
热导电导同源

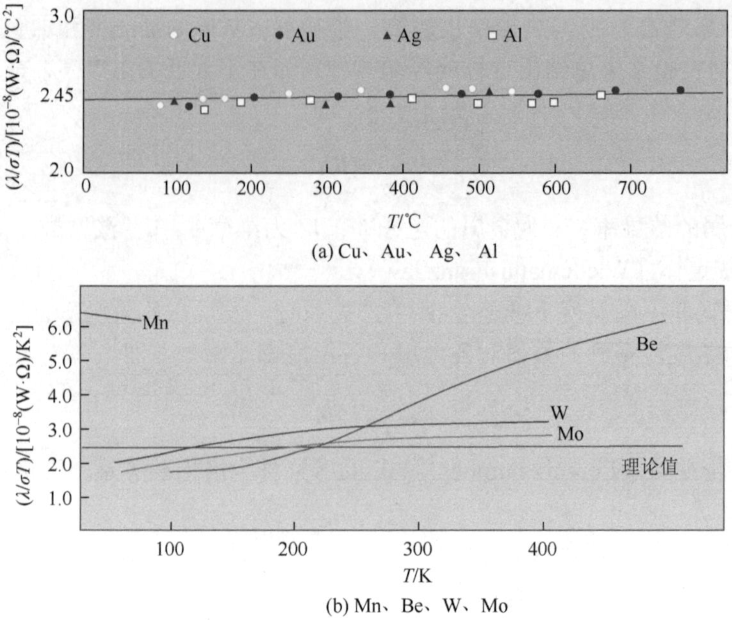

(a) Cu、Au、Ag、Al

(b) Mn、Be、W、Mo

图 3.1　部分金属的维德曼-弗兰兹温度关系曲线

很多研究工作证明，维德曼-弗兰兹常数 W 和洛伦兹数 L 只对较高的温度下（即大于德拜温度）电导率较高的金属才近似为常数［图 3.1（a）］。在较低温度下电导率较低的部分金属，洛伦兹数随温度而变化，如图 3.1（b）所示。这是因为金属中的导热不仅有自由电子的贡献，还有声子的贡献，即实验测得的热导率是由两部分组成，于是有

$$\frac{\lambda}{\sigma T}=\frac{\lambda_e}{\sigma T}+\frac{\lambda_{ph}}{\sigma T}=L+\frac{\lambda_{ph}}{\sigma T} \tag{3.12}$$

图 3.1 中 Be 由于德拜温度很高，不符合维德曼-弗兰兹定律。Mn 为过渡金属，电子严重偏离自由电子模型，也与维德曼-弗兰兹定律不符。

即便维德曼-弗兰兹-洛伦兹定律是近似的，但它建立了热导率和电导率之间的联系，也是很有意义的，因为实验中测定热导率比测定电导率困难，而且结果的准确率也较低。

经典自由电子理论遇到的困难 经典自由电子理论虽然成功地说明了导电的欧姆定律、导电与导热的关系等问题，但它在说明以下几个问题时遇到了困难。如为什么电子密度较大的二价金属（如 Be、Mg、Zn 等）和三价金属（如 Al、In 等）的电导率反而低于一价金属（如 Cu、Ag、Au 等）？为什么电子平均自由程比相邻原子间距大许多？电子比热容测量值只是经典理论值的百分之一；金属霍尔系数按经典自由电子理论只能为负值，但在某些金属中发现有正值；无法解释半导体、绝缘体与金属导电性的巨大差异；等等。下面仅举两个例子作简要说明。

（1）电子气的热容问题。洛伦兹把金属中的自由电子看作理想气体，服从玻尔兹曼统计分布。由式（3.7）可知，1mol 电子气的动能为

$$u=\frac{3}{2}N_0k_BT \tag{3.13}$$

电子气对热容量的贡献为

$$\left(\frac{\partial u}{\partial T}\right)_V = \frac{3}{2}R\,[\mathrm{J/(mol\cdot K)}] \tag{3.14}$$

这个数值同晶格振动的贡献相比是同数量级的，可是实验上金属的电子比热容只有这个数值的百分之一左右。

（2）电子气的自由程问题。由经典自由电子气模型得到的金属电导率公式，即式（3.6）可知，$\sigma = \frac{1}{\rho} = \frac{ne^2}{m}\tau = \frac{ne^2}{m}\frac{l}{\bar{v}}$。考虑到金属元素的自由电子浓度一般在 10^{22}～10^{23} 个/cm^3 量级，金属电阻率一般在 $10^{-6}\Omega\cdot\mathrm{cm}$ 量级，由此可以估算金属电子的弛豫时间在 10^{-14}～10^{-13}s。前面式（3.7）估计出当 $T = 300\mathrm{K}$ 时，电子的热运动平均速度大约为 10^7cm/s，因此，电子的平均自由程为 10^{-7}～10^{-6}cm，这与晶格常数基本自洽。然而，铜在低温 4.2K 时，实验测得其电子的平均自由程大约为 0.3cm。按照经典理论分析，这么大的电子自由程就意味着电子沿直线传播可以自由地越过很多离子实和其他电子而不受碰撞，这是经典观念难以理解的。

以上诸问题，只有在把量子力学引入到经典自由电子理论中以后，才能逐步得以解决。

3.2　量子力学的基本理论

1900 年以前，物理学的发展处于经典物理学阶段，它由牛顿（Newton）的力学、麦克斯韦（Maxwell）的电磁场理论、吉布斯（Gibbs）的热力学和玻尔兹曼（Boltzmann）的统计物理学等组成。这些理论在当时已构成了一个相当完善的体系，常见的物理现象都可以从中得到说明。但是事物总是不断向前发展的，人们的认识也在不断加深。在经典物理学取得成就的同时，科学家们又发现了用经典物理学无法解释的一些新现象，如黑体辐射、光电效应、电子衍射等。1900 年，普朗克（Planck）首次提出能量量子化的假设，解释了黑体辐射现象；1905 年，爱因斯坦提出光子学说，合理地解释了光电效应；1907 年，爱因斯坦又把能量量子化的概念用于讨论固体中原子的振动，证明当温度趋于 0K 时，固体热容也趋于零（这个结论与实验结果一致，却与经典的能量均分定理不同）；1924 年，德布罗意（de Broglie）受到光的波粒二象性的启发，提出实物粒子也有波动性的假设；1927 年，戴维孙（Davisson）和革末（Germer）通过单晶体电子衍射实验、汤姆孙（G.P.Thomson）①利用多晶体电子衍射实验分别证实了德布罗意的假设。

---

①约瑟夫 · 约翰 · 汤姆孙（Joseph John Thomson，1856 年 12 月 18 日—1940 年 8 月 30 日），英国物理学家，电子的发现者，因对气体导电的理论和实验研究而获得了 1906 年诺贝尔物理学奖。

乔治 · 佩吉特 · 汤姆孙（George Paget Thomson，1892 年 5 月 3 日—1975 年 9 月 10 日），英国物理学家，约瑟夫 · 约翰 · 汤姆孙的儿子，因有关电子被晶体衍射现象的实验发现与美国物理学家戴维孙一起获得了 1937 年诺贝尔物理学奖。

人物链接：
与电子结缘的父子，诺贝尔物理学奖获得者——约翰 · 汤姆孙和佩吉特 · 汤姆孙

3.2.1　微观粒子的状态和波函数

1924 年，德布罗意首先提出了实物粒子（静止质量不为零的微观粒子及由它们组成的实物）的波粒二象性。他指出：整个世纪以来，在光学上，比起关注波动的研究方法，是过于忽略了粒子的研究方法；在实物粒子理论上，是否发生了相反的错误呢？是不是我们关于“粒子”的图像想得太多，而过分地忽略了波的图像呢？根据这种类比，当时还是博士研究生的德布罗意提出设想，每一个实物粒子也联系着一种平面单色波，就好像电磁场联系着光子一样。如果实物粒子的动量为 $\boldsymbol{p}$ 、能量为 E ，则它对应的波的波长 λ 和频率 ν 为

$$\lambda = \frac{h}{p}, \qquad \nu = \frac{E}{h} \tag{3.15}$$

式（3.15）称为德布罗意关系式，它所表示的与实物粒子相联系的波称为德布罗意波或物质波。如果以角频率 ω 来代替 ν $(\omega = 2\pi\nu)$，用波矢量 $\boldsymbol{k}$ 来代替波长 $\lambda\left(\boldsymbol{k} = \frac{2\pi}{\lambda}\boldsymbol{n}\right)$，$\boldsymbol{n}$ 为波传播方向的单位矢量，则式（3.15）可以写成

$$\boldsymbol{k} = \frac{\boldsymbol{p}}{\hbar}, \qquad \omega = \frac{E}{\hbar} \tag{3.16}$$

由式（3.16）可以看出，把反映实物粒子性质的动量、能量和反映波性质的波长、频率联系起来的量是 $\hbar$，约化的普朗克常量：

$$\hbar = \frac{h}{2\pi} \tag{3.17}$$

不难发现，能量量子化和波粒二象性都是通过普朗克常量联系起来的，或者说，量子化和波粒二象性有着深刻的联系。事实上，波粒二象性就是量子化的根源。

在经典力学中，一个质点的“态”是指这个质点的运动状态，即这个质点出现在什么地方？如何运动？如果我们知道这个质点在某时刻的位置和速度（或者动量），那么这个质点在这个时刻的“态”就完全确定了。对于微观粒子来说，情形完全不同。1927 年，海森伯（Heisenberg）在研究波粒二象性时得到一个重要结果，即微观粒子不可能同时具有确定的坐标和动量，这生动地说明了微观粒子不是沿轨道运动的。在量子力学中，微观粒子的运动状态是用波函数 $\psi(x, y, z, t)$来描述的。

我们知道，频率为 ν 、波长为 λ 的平面简谐波波动方程可以写成

$$\psi = A\exp\left[\mathrm{i}2\pi\left(x/\lambda - \nu t\right)\right] \tag{3.18}$$

它表示的是一条波线上距原点为 x 点处媒质质元在任一时刻 t 的位移，A 表示波的振幅。而对于微观粒子，如果是自由粒子，不受外力作用，故做匀速直线运动，其能量和动量皆不随时间或位置改变。按式（3.15）德布罗意关系式，其波长和频率也都是恒定的。由于具有恒定波长和频率的波是单色平面波，因此我们可以用类似平面简谐波波动方程来处理微观粒子的波。对于每个动量为 p_x、能量为 E 的微观粒子所组成的粒子束，把德

布罗意关系式［式（3.15）］代入平面简谐波波动方程，即可得到微观粒子一维运动德布罗意波的波函数

$$\psi = A\exp\left[\left(\mathrm{i}2\pi/h\right)\left(xp_x - Et\right)\right] \tag{3.19}$$

可见量子理论中自由粒子物质波波函数 ψ 的形式是从经典平面简谐波波动表达式演变过来的。不一样的是，对于物质波来说，ψ 不再代表媒质中质元的振动位移。

描写自由粒子的德布罗意平面波是波函数的一个特例。如果粒子受到随时间或位置变化的力场的作用，它的动量和能量不再是常量，这时粒子就不能用平面波来描述，而必须用较复杂的波来描述。在一般情况下，波函数 $\psi(\boldsymbol{r}, t)$是复数形式，即 $\psi(\boldsymbol{r}, t) = f(\boldsymbol{r}, t) + \mathrm{i}g(\boldsymbol{r}, t)$，$f(\boldsymbol{r}, t)$和 $g(\boldsymbol{r}, t)$是坐标的实函数。$\psi(\boldsymbol{r}, t)$的共轭复数 $\psi^*(\boldsymbol{r}, t)$定义为 $\psi^*(\boldsymbol{r}, t) = f(\boldsymbol{r}, t) - \mathrm{i}g(\boldsymbol{r}, t)$。若要求 $\psi^*(\boldsymbol{r}, t)$，只需在 $\psi(\boldsymbol{r}, t)$中出现 i 的地方都用–i 代替即可。由于

$$\psi^*\psi = \left[f\left(\boldsymbol{r},t\right) + \mathrm{i}g\left(\boldsymbol{r},t\right)\right]\left[f\left(\boldsymbol{r},t\right) - \mathrm{i}g\left(\boldsymbol{r},t\right)\right] = f^2\left(\boldsymbol{r},t\right) + g^2\left(\boldsymbol{r},t\right) \tag{3.20}$$

因此，$\psi^*\psi$ 是实数，而且是正值。为了书写方便，有时也用$|\psi|^2$代替 $\psi^*\psi$。

1926 年，玻恩（Born）提出了波函数的统计解释。这就是波函数在空间某点的强度（波函数模的平方$|\psi|^2$，波函数与其共轭复数的积）和在该点找到粒子的概率成正比。所以通常将用波函数 ψ 描述的波称为概率波，波函数也称为概率幅。只有在大量粒子的情况下，概率分布才能通过粒子数分布表现出来，所以概率波描述的是大量粒子的统计行为。例如，在电子的衍射实验中，如果入射粒子流的强度很大，即单位时间内有许多电子被晶体反射，则照片上很快就出现衍射花样。如果入射粒子流的强度很小，电子一个一个地从晶体表面反射，这时照片上就出现一个一个的小点，显示出电子的“颗粒性”。开始时，它们看起来似乎是毫无规律地散布着，随着时间的延长，小点数目逐渐增多，它们在照片上的分布就形成了衍射花样，这显示出了电子的波动性。由此可见，实验所显示的电子的波动性是许多电子在同一实验中的统计结果，或者是一个电子在许多次相同实验中的统计结果。由于粒子必定要在空间中的某一点出现，所以粒子在空间各点出现的概率总和等于 1，因而粒子在空间各点出现的概率只取决于波函数在空间各点的相对强度，而不取决于强度的绝对大小。如果把波函数在空间各点的振幅同时加大一倍，并不影响粒子在空间各点的概率，换句话说，将波函数乘上一个不为零常数后，所描写的粒子的状态并不改变。量子力学中波函数的这种性质是其他波动过程（如声波、光波等）所没有的。对于声波、光波等，体系的状态随振幅的大小而改变。如果把各处的振幅同时加大为两倍，那么声与光的强度到处都加大为四倍，这就是另一个状态了。

设波函数 $\psi(x, y, z, t)$描写粒子的状态，在空间一点(x, y, z)和时刻 t，波的强度是$|\psi|^2 = \psi^*\psi$，ψ^*表示 ψ 的共轭复数。以 $\mathrm{d}W(x, y, z, t)$表示在时间 t、在坐标 x 到 $x + \mathrm{d}x$、y 到 $y + \mathrm{d}y$、z 到 $z + \mathrm{d}z$ 的无限小区域内找到粒子的概率，则 $\mathrm{d}W(x, y, z, t)$除了和这个区域的体积 $\mathrm{d}\tau = \mathrm{d}x\mathrm{d}y\mathrm{d}z$ 成比例外，也和在这个区域内每一点找到粒子的概率成比例。所以有

$$\mathrm{d}W\left(x,y,z,t\right) = C\left|\psi\left(x,y,z,t\right)\right|^2\mathrm{d}\tau \tag{3.21}$$

式中，C 是比例常数。定义 $w\left(x,y,z,t\right) = \dfrac{\mathrm{d}W\left(x,y,z,t\right)}{\mathrm{d}\tau}$ 为概率密度，则有

$$w(x,y,z,t)=\frac{\mathrm{d}W(x,y,z,t)}{\mathrm{d}\tau}=C\left|\psi(x,y,z,t)\right|^2 \tag{3.22}$$

对式（3.22）在整个空间积分得到粒子在整个空间中出现的概率。由于粒子存在于空间中，这个概率等于 1，所以有

$$\int_\infty \mathrm{d}W(x,y,z,t)=C\int_\infty\left|\psi(x,y,z,t)\right|^2\mathrm{d}\tau=1 \quad 或 \quad C=\frac{1}{\int_\infty\left|\psi(x,y,z,t)\right|^2\mathrm{d}\tau} \tag{3.23}$$

式中，积分号下的“∞”号表示对整个空间积分。

因为波函数乘上一个常数后，并不改变在空间各点找到粒子的概率，即不改变波函数所描写的状态。所以波函数

$$\varPhi(x,y,z,t)=\sqrt{C}\psi(x,y,z,t) \tag{3.24}$$

和 $\psi(x, y, z, t)$所描写的是同一状态。同样可得，在时刻 t、在点(x, y, z)附近体积元内 $\mathrm{d}\tau = \mathrm{d}x\mathrm{d}y\mathrm{d}z$ 找到粒子的概率为

$$\mathrm{d}W(x,y,z,t)=\left|\varPhi(x,y,z,t)\right|^2\mathrm{d}\tau \tag{3.25}$$

概率密度为

$$w(x,y,z,t)=\left|\varPhi(x,y,z,t)\right|^2 \tag{3.26}$$

对概率密度在整个空间积分有

$$\int_\infty \mathrm{d}W(x,y,z,t)=\int_\infty\left|\varPhi(x,y,z,t)\right|^2\mathrm{d}\tau=1 \tag{3.27}$$

满足上式的波函数称为归一化波函数，式（3.27）称为归一化条件，把 ψ 换成 $\varPhi$ 的步骤称为归一化，使 ψ 换成 $\varPhi$ 的常数 $\sqrt{C}$ 称为归一化常数。

由于波函数描述的波是概率波，所以波函数 ψ 必须满足下列三个条件：

（1）波函数必须是单值的，即在空间每一点 ψ 只能有一个值。

（2）波函数必须是连续的，即 ψ 的值不出现突跃；ψ 对 x, y, z 的一阶微商也是连续的。

（3）波函数必须是平方可积的，即 ψ 在整个空间的积分$\int\psi^*\psi\mathrm{d}\tau$ 为一个有限数，通常要求波函数归一化，即$\int\psi^*\psi\mathrm{d}\tau = 1$。

符合以上三个条件的波函数称为合格波函数或品优波函数。

对经典波来说，干涉和衍射等现象是波叠加的结果。对微观粒子来说，干涉和衍射就应该是概率波叠加的结果。

设 ψ_1 和 ψ_2 是体系的可能状态，那么它们的线性叠加

$$\psi=c_1\psi_1+c_2\psi_2 \tag{3.28}$$

也是这个体系的一个可能状态。式中，c_1、c_2 为任意复常数。或者说，当体系处于态 ψ_1 和态 ψ_2 的线性叠加态 ψ 时，体系既可能处于态 ψ_1，也可能处于态 ψ_2，但处于态 ψ_1 和态 ψ_2 的概率是确定的。

显然，连续地进行叠加，就会得到更一般的结论，即 ψ 态可能是许多态 $\psi_1, \psi_2, \cdots, \psi_n, \cdots$的线性叠加，即

$$\psi=c_1\psi_1+c_2\psi_2+\cdots+c_n\psi_n+\cdots=\sum_n c_n\psi_n \tag{3.29}$$

式中，$c_1, c_2, \cdots, c_n, \cdots$为任意复常数，它们与 r 无关，也不是 t 的函数。这时，态叠加原理表述为：当 $\psi_1, \psi_2, \cdots, \psi_n, \cdots$是体系的可能状态时，它们的线性叠加态 ψ 也是体系的一个可能状态；或者说，当体系处于线性叠加态 ψ 时，体系部分地处于态 ψ_1，部分地处于态 ψ_2，…，部分地处于态 ψ_n 等态中。例如，原子中的电子可能以 s 轨道存在，也可能以 p 轨道存在，将 s 和 p 轨道的波函数进行线性组合，所得的杂化轨道（sp, sp^2, sp^3 等）也是该电子可能存在的状态，它们适合原子周围势场改变的条件。系数 $c_1, c_2, \cdots, c_n$ 等数值的大小反映决定 ψ 的性质中 ψ_i 的贡献；c_i 越大，相应 ψ_i 的贡献越大。可由 c_i 值求出和力学量 F 对应的平均值$\langle\lambda\rangle$。

态叠加原理是波粒二象性的一种反映。它是概率幅的叠加，即一次函数的叠加，不是波函数的概率密度（二次函数）的叠加，所以也称为态的线性叠加原理。

下面以电子的双窄缝衍射实验来说明态叠加原理（图 3.2）。用 ψ_1 表示电子穿过上面窄缝 S_2 到达屏 B 的状态，用 ψ_2 表示电子穿过下面窄缝 S_1 到达屏 B 的状态。电子在屏 B 上一点 P 出现的概率密度是

$$\begin{aligned}|\psi|^2 &= |c_1\psi_1 + c_2\psi_2|^2 = \left(c_1^*\psi_1^* + c_2^*\psi_2^*\right)\left(c_1\psi_1 + c_2\psi_2\right) \\ &= |c_1\psi_1|^2 + |c_2\psi_2|^2 + c_1^*c_2\psi_1^*\psi_2 + c_1c_2^*\psi_1\psi_2^*\end{aligned} \tag{3.30}$$

式中，最后一个等号右边第一项为电子穿过窄缝 S_2 出现在 P 点的概率密度；第二项为电子穿过窄缝 S_1 出现在 P 点的概率密度；第三项、第四项为 ψ_1 和 ψ_2 的干涉效应项。式(3.30)表明，电子穿过双窄缝后在 P 点出现的概率密度$|\psi|^2$ 一般不等于电子穿过上面窄缝到达 P 点的概率密度$|c_1\psi_1|^2$ 与穿过窄缝 S_1 到达 P 点的概率密度$|c_2\psi_2|^2$ 之和，而是等于$|c_1\psi_1|^2 + |c_2\psi_2|^2$ 再加上干涉效应项 $c_1^*c_2\psi_1^*\psi_2 + c_1c_2^*\psi_1\psi_2^*$。衍射图样的产生证实了干涉效应项的存在，说明概率波的叠加是波函数的叠加，也即概率幅的叠加，而不是概率的叠加。因此不能说一个电子究竟通过了两个窄缝中的哪一个，而只能说，这是电子通过双窄缝的结果。这时电子既处于 ψ_1 态，又处于 ψ_2 态，而且 ψ_1 和 ψ_2 又相互有干涉效应，即电子处于状态 $\psi = c_1\psi_1 + c_2\psi_2$ 中。在经典物理中这是不可思议的事情，但在微观领域成了现实。

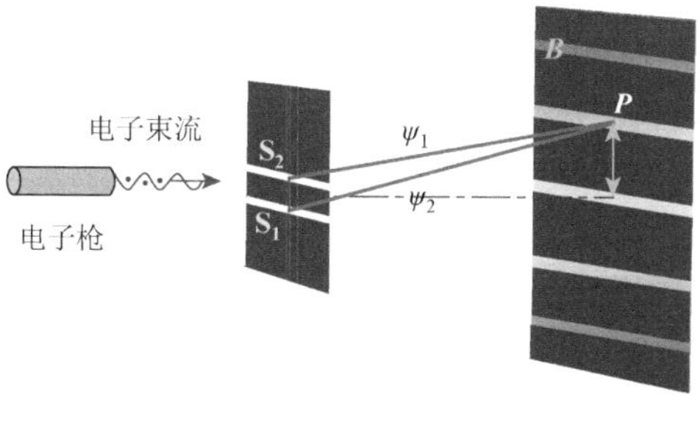

图 3.2　电子双窄缝衍射实验

3.2.2　薛定谔方程

在经典力学中，当质点在某一时刻的状态为已知时，由质点的运动方程就可以求出

以后任一时刻质点的状态。在量子力学中情况也是这样，当微观粒子在某一时刻的状态为已知时，以后时刻粒子所处的状态也由一个方程决定。所不同的是，在经典力学中质点的状态用质点的坐标和速度来描写，这时质点的运动方程就是牛顿运动方程；而在量子力学中微观粒子的状态则是用波函数来描述的，这时决定粒子状态变化的方程是描写微观粒子的波动方程——薛定谔（Schrödinger）方程。可见薛定谔方程在量子力学中的地位与牛顿运动方程在经典力学中的地位相当。不过牛顿运动方程是从大量的实验事实中总结抽象出来的定律，而薛定谔方程则是受到微观粒子具有波动性这一实验事实以及自由粒子的波函数应该满足的方程的启发，经过类比、推理而得到的。薛定谔方程本身并不是实验规律，也没有什么更基本的原理可以证明它的正确性。在这个意义上讲，薛定谔方程是量子力学的一条基本假设。但将这个方程应用于分子、原子等微观体系所得到的大量结果和实验符合，这就说明了它的正确性。薛定谔因在创立量子理论方面的贡献而荣获 1933 年诺贝尔物理学奖。

下面我们从自由粒子波函数的复数形式出发来看建立薛定谔方程的基本思路。设有确定动量为 $\boldsymbol{p}$ 的自由粒子，由于其波函数为平面波，

$$\psi(\boldsymbol{r},t)=A\exp\left[\frac{\mathrm{i}}{\hbar}(\boldsymbol{p}\cdot\boldsymbol{r}-Et)\right] \tag{3.31}$$

显然这个波函数就是要建立的自由粒子波动方程的一个特殊解。为此将式（3.31）对时间和空间变量分别求偏微商，得到

$$\frac{\partial\psi}{\partial t}=-\frac{i}{\hbar}E\psi \tag{3.32}$$

$$\frac{\partial^2\psi}{\partial x^2}=-\frac{p_x^2}{\hbar^2}\psi,\quad \frac{\partial^2\psi}{\partial y^2}=-\frac{p_y^2}{\hbar^2}\psi,\quad \frac{\partial^2\psi}{\partial z^2}=-\frac{p_z^2}{\hbar^2}\psi \tag{3.33a}$$

$$\frac{\partial^2\psi}{\partial x^2}+\frac{\partial^2\psi}{\partial y^2}+\frac{\partial^2\psi}{\partial z^2}=\nabla^2\psi=-\frac{\boldsymbol{p}^2}{\hbar^2}\psi \tag{3.33b}$$

式中，$\nabla=\frac{\partial^2}{\partial x^2}+\frac{\partial^2}{\partial y^2}+\frac{\partial^2}{\partial z^2}$ 是对粒子坐标求二阶微分的拉普拉斯（Laplace）算符。式（3.32）中含有能量，式（3.33）中含有动量。

由于在非相对论情况下，其运动速度远小于光速，质量为 m 的自由粒子能量和动量的关系为

$$E=\frac{\boldsymbol{p}^2}{2m} \tag{3.34}$$

因此，可以得到自由粒子波函数所满足的微分方程

$$\mathrm{i}\hbar\frac{\partial\psi}{\partial t}=-\frac{\hbar^2}{2m}\nabla^2\psi \tag{3.35}$$

这就是自由粒子的波动方程，或称为自由粒子的薛定谔方程。

如果粒子在势场 $U(\boldsymbol{r},t)$ 作用下，则此时粒子的总能量等于动能加势能

$$E=\frac{\boldsymbol{p}^2}{2m}+U(\boldsymbol{r},t) \tag{3.36}$$

两边同乘以 ψ 即可得在这种情况下粒子的薛定谔方程为

$$\mathrm{i}\hbar\frac{\partial\psi}{\partial t}=\hat{H}\psi=E\psi \tag{3.37}$$

这是将自由粒子所满足的波动方程式（3.35）进行推广所得的在一般势场中粒子满足的波动方程，它揭示了微观世界中物质运动的基本规律。式中，$\hat{H}=-\frac{\hbar^2}{2m}\nabla^2+U(\boldsymbol{r},t)$ 为体系的哈密顿（Hamilton）算符，对应于体系的总能量 E。关于算符的概念，将在第 4 章进行较为详细的介绍。

薛定谔方程式（3.37）中含有波函数对时间变量 t 的一阶微商，称为含时薛定谔方程。当体系处在变化的外场中，$U(\boldsymbol{r}, t)$是时间的函数，哈密顿量依赖于时间，含时薛定谔方程能得到精确解析解的情况非常少，绝大多数时间相关问题是靠近似方法求解。

我们再来考虑一个特殊的情形：作用于粒子上的力场不随时间改变，即势场 $U(\boldsymbol{r})$与时间无关，仅是坐标的函数。此时，薛定谔方程存在一个分离变量的特解

$$\psi(\boldsymbol{r},t)=\varphi(\boldsymbol{r})f(t) \tag{3.38}$$

将式（3.38）代入薛定谔方程式（3.37）中得到

$$\mathrm{i}\hbar\varphi(\boldsymbol{r})\frac{\partial}{\partial t}f(t)=\left[-\frac{\hbar^2}{2m}\nabla^2+U(\boldsymbol{r})\right]\varphi(\boldsymbol{r})f(t) \tag{3.39}$$

两边除以 $\varphi(\boldsymbol{r})f(t)$得到

$$\mathrm{i}\hbar\frac{1}{f(t)}\frac{\partial}{\partial t}f(t)=\frac{1}{\varphi(\boldsymbol{r})}\left[-\frac{\hbar^2}{2m}\nabla^2+U(\boldsymbol{r})\right]\varphi(\boldsymbol{r}) \tag{3.40}$$

由于式（3.40）左边只是 t 的函数，右边又只是 $\boldsymbol{r}$ 的函数，并且 t 和 $\boldsymbol{r}$ 是相互独立的变量，所以只有当等式两边都等于同一个常数时，等式才成立。以 E 表示这个常数，由量纲分析可知，E 具有能量的量纲。则

$$\mathrm{i}\hbar\frac{\partial}{\partial t}f(t)=Ef(t) \tag{3.41}$$

$$\left[-\frac{\hbar^2}{2m}\nabla^2+U(\boldsymbol{r})\right]\varphi(\boldsymbol{r})=E\varphi(\boldsymbol{r}) \tag{3.42}$$

式（3.41）的解为

$$f(t)=C\exp\left(-\frac{\mathrm{i}}{\hbar}Et\right) \tag{3.43}$$

式中，C 为积分常数。式（3.42）必须在知道 $U(\boldsymbol{r})$的具体表达式后才可解出 $\varphi(\boldsymbol{r})$。

将式（3.43）代入式（3.38），得到薛定谔方程式的特解为

$$\psi(\boldsymbol{r},t)=C\varphi(\boldsymbol{r})\exp\left(-\frac{\mathrm{i}}{\hbar}Et\right) \tag{3.44}$$

与有确定能量和动量的自由粒子波函数式（3.31）比较可知，式（3.44）中作为常数引入的 E 就是粒子的能量。由此可见，体系处于式（3.44）波函数所描写的状态时，具有确定的能量，不随时间改变，这种状态称为定态，式（3.44）波函数称为定态波函数，

式（3.44）是波函数中与坐标有关的部分 $\varphi(\boldsymbol{r})$所满足的方程，称为定态薛定谔方程。在定态时，概率密度分布也不随时间变化。因为

$$\psi^*(\boldsymbol{r},t)\psi(\boldsymbol{r},t)=C^*\varphi^*(\boldsymbol{r})\exp\left(\frac{\mathrm{i}}{\hbar}Et\right)\cdot C\varphi(\boldsymbol{r})\exp\left(-\frac{\mathrm{i}}{\hbar}Et\right)=C^2\varphi^*(\boldsymbol{r})\varphi(\boldsymbol{r}) \tag{3.45}$$

例如，在氢原子中电子的概率密度是不随时间变化的，电子的能量也有确定的值，称为能级。因此，氢原子中的电子在原子核的电场中运动，可以看作一个定态问题。其实在玻尔的原子轨道理论中，原子的定态是作为一个假设提出来的，而现在我们已从量子力学的角度对它做出了解释。以后凡是求解定态问题，就只需求定态薛定谔方程式（3.42）的解 $\varphi(\boldsymbol{r})$和能量 E，相应的定态波函数就是式（3.44）。

3.3　索末菲的量子自由电子理论

1925 年，泡利提出了不相容原理。1926 年，薛定谔提出了量子力学的基本方程薛定谔方程，它描述微观粒子的状态随时间变化的规律。同年，费米-狄拉克（Fermi-Dirac）① 量子统计分布被提出。1927 年，海森伯测不准原理指出，电子的运动是不可能同时测准其位置和动量的，只能用电子出现的概率来表示电子的位置。至此，量子革命基本完成。

1927 年，索末菲（Sommerfeld）②首先把量子力学观点引入到经典自由电子理论中。该理论同经典德鲁德自由电子模型一样的是，仍认为金属中的价电子是可以在整个晶体中运动的自由电子，自由电子之间无相互作用，好比理想气体一样；不同的是，不考虑电子和离子实之间的碰撞，把金属内部势场看作恒定势场，价电子各自在势能等于平均势能的势场中运动，通常取平均势能为能量零点；索末菲自由电子受泡利不相容原理的制约，每个能级只能容纳自旋取向相反的两个电子；索末菲自由电子气的运动不再服从经典玻尔兹曼统计分布，而是服从费米-狄拉克量子统计分布，这是索末菲量子自由电子理论与经典自由电子理论的根本区别。

索末菲量子自由电子理论成功地解决了自由电子气的热容和平均自由程等经典模型所无法解释的问题。

---

①恩里科·费米（Enrico Fermi，1901 年 9 月 29 日—1954 年 11 月 28 日），美籍意大利物理学家，因证明了可由中子辐照而产生的新放射性元素的存在，以及有关慢中子引发的核反应的发现而获得了 1938 年诺贝尔物理学奖。

保罗·阿德里安·莫里斯·狄拉克（Paul Adrien Maurice Dirac，1902 年 8 月 8 日—1984 年 10 月 20 日），英国理论物理学家，量子力学的奠基者之一，因发现了原子理论新的多产的形式即量子力学的基本方程——狄拉克方程与薛定谔一起获得了 1933 年诺贝尔物理学奖。

人物链接：
统计力学的革命——费米-狄拉克统计规律

②阿诺尔德·约翰内斯·威廉·索末菲（Arnold Johannes Wilhelm Sommerfeld，1868 年 12 月 5 日—1951 年 4 月 26 日），德国物理学家，他对原子结构、原子光谱理论及金属的电子论有巨大贡献。因被诺贝尔奖提名 80 多次，而成为物理学界名副其实的“无冕之王”，又因指导的学生多人获得诺贝尔物理学奖和化学奖，而被誉为“最牛物理教师”和“大师之师”。

人物链接：
被诺贝尔奖遗忘的伟大物理学家——索末菲

3.3.1　索末菲自由电子气的能量状态

由于电子并不能自发挣脱出金属表面，这表明当电子运动到表面处时，它的总能量远小于表面处的势能，因而受到阻挡。要使金属中的自由电子逸出体外，就必须对它做一定的功。因此每个电子的能量状态就是在一定深度势阱中运动的粒子所具有的能态。

1. 一维金属晶体中自由电子的能级

假设在长度为 L 的金属丝中有一个自由电子在运动，且金属晶体的电子与离子没有相互作用，其势能不是位置的函数，即电子的势能在晶体内到处都一样，可取 $U(x)=0$；由于电子不能逸出金属丝外，则在金属的边界处，可取自由电子的势能 $U(0)=U(L)=\infty$。这样就可以把自由电子在金属内的运动看作一维无限深方势阱中的运动，如图 3.3 所示。

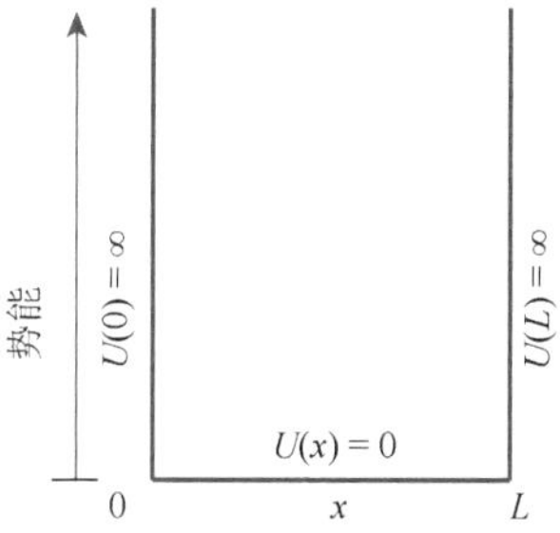

图 3.3　一维无限深方势阱运动模型

$$\begin{cases} U(x)=0, & 0<x<L \\ U(x)=\infty, & x\leqslant 0, x\geqslant L \end{cases} \tag{3.46}$$

由于自由电子的势能函数 U 是一个与时间 t 无关的稳定的势场，所以要讨论的是自由电子在能量取确定值的状态（定态）下运动的情况。因此，在势阱中的电子的运动状态应满足一维定态薛定谔方程式，即式（3.42）对应的一维下势阱势能为零的情形。

$$-\frac{\hbar^2}{2m}\frac{\partial^2\psi}{\partial x^2}=E\psi(x) \tag{3.47}$$

根据式（3.16）和式（3.34），自由电子能量为

$$E=\frac{p^2}{2m}=\frac{\hbar^2}{2m}k^2 \tag{3.48}$$

则方程式（3.47）变为

$$-\frac{\hbar^2}{2m}\frac{\partial^2\psi}{\partial x^2}=\frac{\hbar^2}{2m}k^2\psi(x) \tag{3.49a}$$

化简可得

$$\frac{\partial^2\psi(x)}{\partial x^2}+k^2\psi(x)=0 \tag{3.49b}$$

设方程的通解为

$$\psi(x)=A\mathrm{e}^{\mathrm{i}kx}+B\mathrm{e}^{-\mathrm{i}kx} \tag{3.50}$$

式中，A、B 为常数，可由边界条件确定。这个通解是两个沿相反方向传播的平面波的叠加。

为确保电子不能逸出到晶体（势阱）之外，电子波函数的驻波边界条件应当是

$$x=0,\ \psi(x)=0;\ x=L,\ \psi(x)=0 \tag{3.51}$$

由 $x=0$，$\psi(x)=0$ 得 $A+B=0$，于是式（3.50）可改写为

$$\psi(x) = \mathrm{i}2A\sin(kx) = A'\sin(kx) \tag{3.52}$$

由 $x = L$，$\psi(x) = 0$ 得 kL 必须是 π 的整数倍，即

$$kL = n\pi \text{ 或 } k = n\pi/L \tag{3.53}$$

式中，n 为任意不为 0 的正整数。

将式（3.53）代入式（3.52），得波函数为

$$\psi(x) = A'\sin\left(\frac{n\pi}{L}x\right) \tag{3.54}$$

由波函数在 $x \in (0, L)$ 归一化的条件，可求出常数 A' 即

$$\begin{gathered}\int_0^L |\psi(x)|^2 \mathrm{d}x = |A'|^2 \int_0^L \sin^2\left(\frac{n\pi x}{L}\right)\mathrm{d}x = 1 \\ A' = \sqrt{2/L}\end{gathered} \tag{3.55}$$

将式（3.55）代入式（3.54），可得一维自由电子波函数的驻波解为

$$\psi(x) = \sqrt{\frac{2}{L}}\sin\left(\frac{n\pi}{L}x\right) \tag{3.56}$$

一维无限深方势阱中给出的波函数全部为束缚态，即粒子只能束缚在阱内，阱外波函数为零。由于波动性的存在，波函数可以为正值，可以为负值，也可以为零。波函数等于零的点称为节点，由图 3.4（a）可见，两端为节点，波函数为 0，除端点外 $\psi(x)$ 共有 $n-1$ 个节点。图 3.4（b）两端概率密度为 0，粒子不能逸出势阱，阱内 $|\psi(x)|^2$ 有 n 个极大值，两个极大值之间有一零点，共 $n-1$ 个零点。这说明各位置粒子出现概率不同，能级越高，峰值数增多，$|\psi(x)|^2$ 相同处越多，驻波波长越短。按经典观点，不受外力的粒子做匀速直线运动，粒子势阱内 0～L 出现概率应该处处相等。按波函数归一化条件，图 3.4（b）各曲线下面积相等。当 n 很大时，概率密度 $|\psi(x)|^2$ 趋近于经典均匀分布，如图 3.4（c）所示。

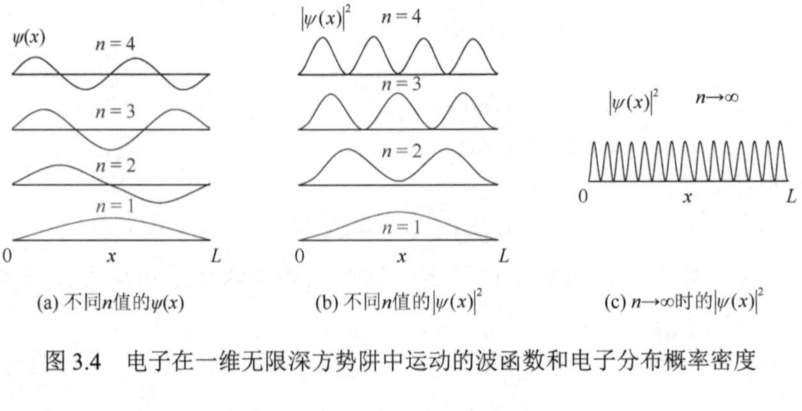

(a) 不同 n 值的 $\psi(x)$　　(b) 不同 n 值的 $|\psi(x)|^2$　　(c) $n\to\infty$ 时的 $|\psi(x)|^2$

图 3.4　电子在一维无限深方势阱中运动的波函数和电子分布概率密度

将（3.53）式代入式（3.48）可以得到自由电子的能量

$$E_n = \frac{\hbar^2}{2m}k^2 = \frac{\hbar^2}{2m}\left(\frac{n\pi}{L}\right)^2 = \frac{\pi^2\hbar^2}{2mL^2}n^2 = n^2 E_1 \tag{3.57}$$

式中，$n = 1, 2, 3, \cdots$为自由电子能级的量子数，能量带下标 n 表示能量由量子数 n 决定，这正好表明金属丝中自由电子的能量不是连续的，而是量子化的。需要指出的是，这里的 n 不要和单个原子中的主量子数 n 混淆，此处的 n 仅代表自由电子可取的能级。每一个可能的能量称为一个能级，每个能级可容纳两个自旋方向相反的电子。电子的最小能量 E_1 不等于 0，称为基态能或零点能。由于波矢一定，位置就不确定，因此粒子不可能不动，所以零点能的存在与不确定关系是相互协调一致的。图 3.5 为一维无限深方势阱的能级图。从图 3.5（a）中可以看出，不受约束的自由电子的色散关系是一条抛物线，如图 3.5（a）中虚线所示；而约束在无限势阱中的电子，由于波矢被离散化了，能量只能取分立的点，这体现了受限系统能量量子化的特点。图 3.5（b）示意了自由电子可取的能级。

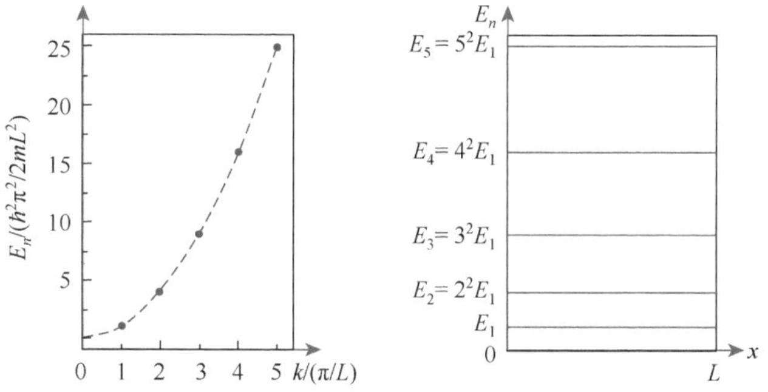

(a) 自由电子色散关系　　(b) 自由电子可取的能级

图 3.5　一维无限深方势阱的能级图

相邻能级的相对间距为

$$\frac{\Delta E_n}{E_n} = \frac{(n+1)^2 - n^2}{n^2} = \frac{2n+1}{n^2} \tag{3.58}$$

当 $n\to\infty$时，相邻能级的$\dfrac{\Delta E_n}{E_n} \approx \dfrac{2}{n} \to 0$，能级随状态能量的增加越来越密。当 n 很大时，能级可视为连续，这是经典物理的情况，即经典物理可以看作量子物理中量子数 $n\to\infty$时的近似。同时，当材料在宏观尺寸 L 下，金属中相邻能级的能量差很小，对应于经典情况，自由电子能量连续；当金属尺寸降低到纳米量级时，相邻能级能量差可达 1eV 的数量级。电子能级结构的差别，造成同一种化学成分的金属在不同的几何尺度范围中显示出完全不同的宏观性质。例如，普通银为良导体，而纳米银在粒径小于 20nm 时，却是绝缘体。这也是纳米材料量子尺寸效应的表现形式之一。

2. 三维金属晶体中自由电子的能级

三维空间自由电子的稳态运动问题和一维情况很类似。设一电子在边长为 L 的立方体金属块中运动，如图 3.6 所示。

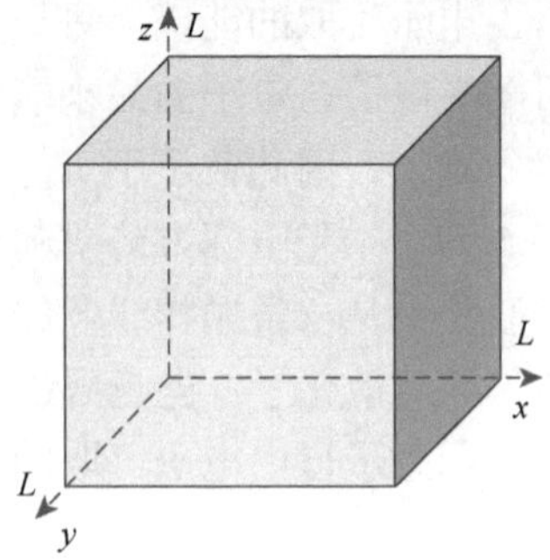

图 3.6　三维立方体无限深势阱运动模型

取势阱内 $U(x, y, z) = 0$，则三维定态薛定谔方程式为

$$-\frac{\hbar^2}{2m}\left(\frac{\partial^2}{\partial x^2}+\frac{\partial^2}{\partial y^2}+\frac{\partial^2}{\partial z^2}\right)\psi(x,y,z)=E\psi(x,y,z) \tag{3.59}$$

式（3.59）为二阶偏微分方程，采用分离变量法求解，令

$$\psi(x,y,z)=\psi_x(x)\psi_y(y)\psi_z(z) \tag{3.60}$$

将式（3.60）分别对 x, y, z 取二阶导数，得

$$\frac{\partial^2\psi(x,y,z)}{\partial x^2}=\psi_y(y)\psi_z(z)\frac{\partial^2\psi_x(x)}{\partial x^2} \tag{3.61}$$

$$\frac{\partial^2\psi(x,y,z)}{\partial y^2}=\psi_x(x)\psi_z(z)\frac{\partial^2\psi_y(y)}{\partial y^2} \tag{3.62}$$

$$\frac{\partial^2\psi(x,y,z)}{\partial z^2}=\psi_x(x)\psi_y(y)\frac{\partial^2\psi_z(z)}{\partial z^2} \tag{3.63}$$

将式（3.60）～式（3.63）代入式（3.59）得

$$-\frac{\hbar^2}{2m}\left[\psi_y(y)\psi_z(z)\frac{\partial^2\psi_x(x)}{\partial x^2}+\psi_x(x)\psi_z(z)\frac{\partial^2\psi_y(y)}{\partial y^2}+\psi_x(x)\psi_y(y)\frac{\partial^2\psi_z(z)}{\partial z^2}\right]=E\psi_x(x)\psi_y(y)\psi_z(z) \tag{3.64}$$

式（3.64）两边同除以 $\psi_x(x)\psi_y(x)\psi_z(x)$并利用 $E = E_x + E_y + E_z$ 可得

$$-\frac{\hbar^2}{2m}\left[\frac{\partial^2\psi_x(x)/\partial x^2}{\psi_x(x)}+\frac{\partial^2\psi_y(y)/\partial y^2}{\psi_y(y)}+\frac{\partial^2\psi_z(z)/\partial z^2}{\psi_z(z)}\right]=E_x+E_y+E_z \tag{3.65}$$

式（3.65）中三项都是单变量函数，故

$$-\frac{\hbar^2}{2m}\frac{\partial^2\psi_x(x)}{\partial x^2}=E_x\psi_x(x) \tag{3.66}$$

$$-\frac{\hbar^2}{2m}\frac{\partial^2\psi_y(y)}{\partial y^2}=E_y\psi_y(y) \tag{3.67}$$

$$-\frac{\hbar^2}{2m}\frac{\partial^2\psi_z(z)}{\partial z^2}=E_z\psi_z(z) \tag{3.68}$$

这些方程与一维无限深方势阱中自由电子的运动方程相同，同样可令

$$E_x=\frac{\hbar^2}{2m}k_x^2 \tag{3.69}$$

$$E_y=\frac{\hbar^2}{2m}k_y^2 \tag{3.70}$$

$$E_z=\frac{\hbar^2}{2m}k_z^2 \tag{3.71}$$

那么式（3.66）～式（3.68）可化简得

$$\frac{\partial^2\psi_x(x)}{\partial x^2}+k_x{}^2\psi_x(x)=0 \tag{3.72}$$

$$\frac{\partial^2\psi_y(y)}{\partial y^2}+k_y{}^2\psi_y(y)=0 \tag{3.73}$$

$$\frac{\partial^2\psi_z(z)}{\partial z^2}+k_z{}^2\psi_z(z)=0 \tag{3.74}$$

设方程（3.72）～方程（3.74）的通解分别为

$$\psi_x(x)=A_x\mathrm{e}^{\mathrm{i}k_xx}+B_x\mathrm{e}^{-\mathrm{i}k_xx} \tag{3.75}$$

$$\psi_y(y)=A_y\mathrm{e}^{\mathrm{i}k_yy}+B_y\mathrm{e}^{-\mathrm{i}k_yy} \tag{3.76}$$

$$\psi_z(z)=A_z\mathrm{e}^{\mathrm{i}k_zz}+B_z\mathrm{e}^{-\mathrm{i}k_zz} \tag{3.77}$$

式中，$A_x, B_x, A_y, B_y, A_z, B_z$ 为常数，可由驻波边界条件确定。

为确保电子不能逸出到晶体（势阱）之外，驻波边界条件应当为

$$x=0,\psi(x)=0;\qquad x=L,\psi(x)=0 \tag{3.78}$$

$$y=0,\psi(y)=0;\qquad y=L,\psi(y)=0 \tag{3.79}$$

$$z=0,\psi(z)=0;\qquad z=L,\psi(z)=0 \tag{3.80}$$

同一维情形一样，可以分别求解得到

$$\psi_x(x)=A'_x\sin(k_xx)=A'_x\sin\left(\frac{n_x\pi}{L}x\right) \tag{3.81}$$

$$\psi_y(y)=A'_y\sin(k_yy)=A'_y\sin\left(\frac{n_y\pi}{L}y\right) \tag{3.82}$$

$$\psi_z(z)=A'_z\sin(k_zz)=A'_z\sin\left(\frac{n_z\pi}{L}z\right) \tag{3.83}$$

式中，n_x, n_y, n_z 为任意不为 0 的整数。

因此，三维自由电子波函数的驻波解为

$$\psi(x,y,z)=A\sin(k_xx)\sin(k_yy)\sin(k_zz)=A\sin\left(\frac{n_x\pi}{L}x\right)\sin\left(\frac{n_y\pi}{L}y\right)\sin\left(\frac{n_z\pi}{L}z\right) \tag{3.84}$$

式中，$A=A'_xA'_yA'_z$ 为归一化常数，可由归一化条件

$$\int_0^V\left|\psi(x,y,z)\right|^2\mathrm{d}V=1 \tag{3.85}$$

确定，$A=\left(\frac{2}{L}\right)^{\frac{3}{2}}=\left(\frac{8}{V}\right)^{\frac{1}{2}}$，其中，$V$ 为立方体金属块的体积。

电子的能量为

$$E=\frac{\hbar^2}{2m}\left(k_x^2+k_y^2+k_z^2\right)=\frac{\pi^2\hbar^2}{2mL^2}\left(n_x^2+n_y^2+n_z^2\right) \tag{3.86}$$

所以电子的状态由一组不为 0 的整数（n_x, n_y, n_z）来确定，能量是量子化的。

以上所解得的电子波函数和能量均是在固定边界条件下所求的驻波解。它所描述的金属块中的电子在势垒的反射下做来回往复的运动，尽管电子并不是静止的，但电子的平均动量或平均速度等于零，这意味着电子在整个晶体中不能运动，这与实际情况不符。

此外，对于驻波态的解，当 L 趋于无穷大时，得不到平面波。由此可见，利用驻波解来描述金属中电子的输运问题是不适宜的。

为此，人们通常采用周期性边界条件，也就是第 2 章所介绍的玻恩-冯 · 卡门条件，即可得到其对应的行波解。将无限多个线度都是 L 的势阱连接起来，在各个势阱相应的位置上电子的状态相同，如图 3.7 所示。

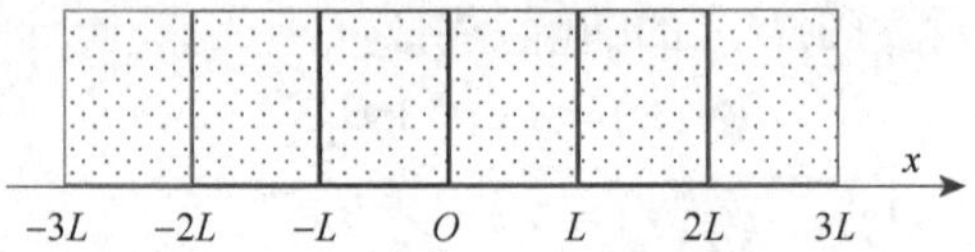

图 3.7　玻恩-冯 · 卡门周期性边界条件

在三维情况下，自由电子定态波函数 $\psi(\boldsymbol{r})$就是前进的平面波，故有

$$\psi(\boldsymbol{r}) = A\mathrm{e}^{\mathrm{i}\boldsymbol{k}\cdot\boldsymbol{r}} = A\mathrm{e}^{\mathrm{i}(k_x x + k_y y + k_z z)} \tag{3.87}$$

代入式（3.85）中有

$$\int_0^V |\psi(x,y,z)|^2 \mathrm{d}V = \int_0^V A\mathrm{e}^{\mathrm{i}\boldsymbol{k}\cdot\boldsymbol{r}} A\mathrm{e}^{-\mathrm{i}\boldsymbol{k}\cdot\boldsymbol{r}} \mathrm{d}V = 1 \tag{3.88}$$

解得

$$A = \left(\frac{1}{V}\right)^{1/2} = \left(\frac{1}{L}\right)^{3/2}$$

所以三维空间运动的自由电子定态波函数的行波解为

$$\psi(\boldsymbol{r}) = \left(\frac{1}{L}\right)^{3/2} \mathrm{e}^{\mathrm{i}(k_x x + k_y y + k_z z)}$$

考虑到周期性边界条件，因此有

$$\psi(x+L,y,z) = \psi(x,y,z) \ \Rightarrow\ \mathrm{e}^{\mathrm{i}k_x L} = 1 \tag{3.89}$$

$$\psi(x,y+L,z) = \psi(x,y,z) \ \Rightarrow\ \mathrm{e}^{\mathrm{i}k_y L} = 1 \tag{3.90}$$

$$\psi(x,y,z+L) = \psi(x,y,z) \ \Rightarrow\ \mathrm{e}^{\mathrm{i}k_z L} = 1 \tag{3.91}$$

其中，$L = N_1\boldsymbol{a}_1 = N_2\boldsymbol{a}_2 = N_3\boldsymbol{a}_3$，$\boldsymbol{a}_1, \boldsymbol{a}_2, \boldsymbol{a}_3$ 为正空间原胞基矢，N_1, N_2, N_3 为沿正空间三个基矢方向的原胞个数。由此可求得波矢

$$k_x = \frac{2\pi n_x}{L} = \frac{2\pi n_x}{N_1 a_1} = \frac{n_x}{N_1} b_1 \tag{3.92}$$

$$k_y = \frac{2\pi n_y}{L} = \frac{2\pi n_y}{N_2 a_2} = \frac{n_y}{N_2} b_2 \tag{3.93}$$

$$k_z = \frac{2\pi n_z}{L} = \frac{2\pi n_z}{N_3 a_3} = \frac{n_z}{N_3} b_3 \tag{3.94}$$

式中，n_x, n_y, n_z 为整数（包括零）。可见，周期性边界条件这个限制条件也导致了波矢 $\boldsymbol{k}$ 的量子化。每一组 n_x, n_y, n_z 确定一个波矢 $\boldsymbol{k}$，对应两个量子态。同样，自由电子在 x, y, z 方向上运动的能量分别为

$$E_x = \frac{\hbar^2}{2m}k_x^2 = \frac{2\pi^2\hbar^2}{mL^2}n_x^2 \tag{3.95}$$

$$E_y = \frac{\hbar^2}{2m}k_y^2 = \frac{2\pi^2\hbar^2}{mL^2}n_y^2 \tag{3.96}$$

$$E_z = \frac{\hbar^2}{2m}k_z^2 = \frac{2\pi^2\hbar^2}{mL^2}n_z^2 \tag{3.97}$$

那么自由电子在三维空间运动的能量为

$$E = E_x + E_y + E_z = \frac{\hbar^2}{2m}\left(k_x^2 + k_y^2 + k_z^2\right) = \frac{2\pi^2\hbar^2}{mL^2}\left(n_x^2 + n_y^2 + n_z^2\right) \tag{3.98}$$

由式（3.98）分析可知，决定自由电子在三维空间中运动状态的波矢 $\boldsymbol{k}$ 需要用一组三个量子数（n_x, n_y, n_z）来表示，因此，金属晶体中自由电子的能量是量子化的，其各分立能级组成不连续的能谱。而且晶体尺寸 L 很大，导致能级间能量差很小，故又称为准连续的能谱。

另一个值得注意的现象是，当电子处在不同的量子态时，有着不同的波函数，但却对应同一能级。例如，当电子的（n_x, n_y, n_z）分别对应为（112）（121）（211）时，它们的波函数虽然不同，分别是

$$\psi_{112}(x,y,z) = A\mathrm{e}^{\mathrm{i}\left(\frac{2\pi}{L}x+\frac{2\pi}{L}y+\frac{4\pi}{L}z\right)} \tag{3.99}$$

$$\psi_{121}(x,y,z) = A\mathrm{e}^{\mathrm{i}\left(\frac{2\pi}{L}x+\frac{4\pi}{L}y+\frac{2\pi}{L}z\right)} \tag{3.100}$$

$$\psi_{211}(x,y,z) = A\mathrm{e}^{\mathrm{i}\left(\frac{4\pi}{L}x+\frac{2\pi}{L}y+\frac{2\pi}{L}z\right)} \tag{3.101}$$

但它们都对应同一能级

$$E_n = \frac{2\pi^2\hbar^2}{mL^2}\left(n_x^2 + n_y^2 + n_z^2\right) = \frac{12\pi^2\hbar^2}{mL^2} \tag{3.102}$$

这种电子处在不同的量子态而具有相同的能量，即几个不同的状态对应同一能级的现象，称为简并。上例中三种不同状态对应同一能量数值 $\frac{12\pi^2\hbar^2}{mL^2}$，则称电子是三重简并。如果将自旋量子数（$S$）考虑在内，则为六重简并。金属中自由电子至少是两重简并，因为每个量子态可容纳两个自旋方向相反的电子。

3.3.2　自由电子的能级密度

1. 波矢空间

以波矢 $\boldsymbol{k}$ 的三个分量 k_x, k_y, k_z 为坐标轴的空间称为波矢空间，又称为状态空间或 $\boldsymbol{k}$ 空间，也就是前面介绍的倒易空间，只不过波矢点占据的体积要远小于倒格点占据的体积

（相对大小关系见图 2.8）。由式（3.92）～式（3.94）可知，自由电子波矢在波矢空间由代表点（k_x, k_y, k_z）来表示，可表示为$\boldsymbol{k} = k_x\boldsymbol{i} + k_y\boldsymbol{j} + k_z\boldsymbol{k} = \dfrac{n_x}{N_1}\boldsymbol{b}_1 + \dfrac{n_y}{N_2}\boldsymbol{b}_2 + \dfrac{n_z}{N_3}\boldsymbol{b}_3$。如图 3.8 所示，点的坐标是以 $2\pi/L$ 为长度单位得出的整数组，可见电子态在 $\boldsymbol{k}$ 空间中是均匀分布的。

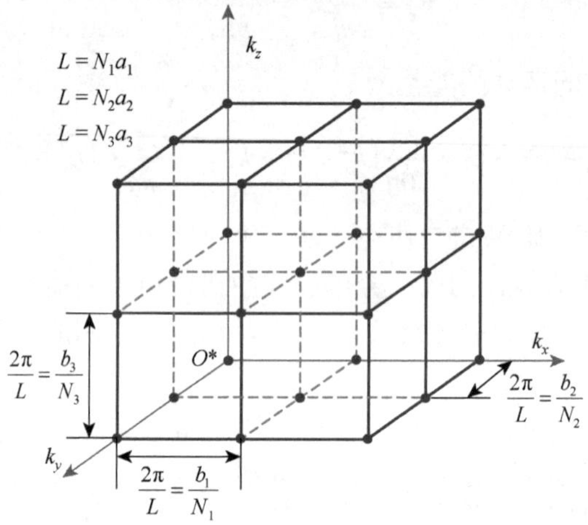

图 3.8　三维立方格子的 $\boldsymbol{k}$ 空间示意图

在波矢空间，每个（波矢）状态代表点占有的体积为

$$\left(\frac{2\pi}{L}\right)^3 = \frac{8\pi^3}{V} \tag{3.103}$$

则波矢空间单位体积中状态代表点数（称为 $\boldsymbol{k}$ 空间的状态密度）为

$$\left(\frac{L}{2\pi}\right)^3 = \frac{V}{8\pi^3} \tag{3.104}$$

由于每个（波矢）状态可容纳自旋相反的两个电子，所以单位体积中可容纳的电子数为

$$2\times\left(\frac{V}{8\pi^3}\right) \tag{3.105}$$

2. 自由电子的能级密度

在第 2 章中，为了能够把对晶格各个振动模式求和的计算转化为对频率的积分，引入了晶格振动模式密度的概念，即晶体在频率 ω 附近单位频率间隔 $\mathrm{d}\omega$ 内的格波数，也称为声子的能级密度。相似地，这里为了计算金属中自由电子的能量分布，或者计算某个能量范围内自由电子数，需要了解自由电子的能级密度，即单位能量间隔内所能容纳的电子数。

$$N(E)=\lim_{\Delta E\to 0}\frac{\Delta Z}{\Delta E}=\frac{\mathrm{d}Z}{\mathrm{d}E} \tag{3.106}$$

由式（3.98）可知，$E=\frac{\hbar^2}{2m}\left(k_x^2+k_y^2+k_z^2\right)$，这就是说，在 $\boldsymbol{k}$ 空间，自由电子能量等于某个定值的等能面是一个球面，其半径为 $k=\sqrt{2mE}/\hbar$，如图 3.9 所示。

不同能量的等能面是一系列同心的球面，则能量在 $E\sim E+\mathrm{d}E$ 的状态数就是半径为 $\boldsymbol{k}$ 和 $\boldsymbol{k}+\mathrm{d}\boldsymbol{k}$ 两个球面之间的状态数，由于两个球面之间的体积近似等于 $4\pi k^2\mathrm{d}k$，同时考虑到一个波矢状态可以填充两个电子，所以 $\mathrm{d}Z$ 为

$$\mathrm{d}Z=2\frac{V}{8\pi^3}\cdot 4\pi k^2\mathrm{d}k=\frac{V}{4\pi^3}\cdot 4\pi\frac{2mE}{\hbar^2}\frac{\sqrt{2m}}{\hbar}\frac{\mathrm{d}E}{2\sqrt{E}}=\frac{V}{2\pi^2}\left(\frac{2m}{\hbar^2}\right)^{3/2}E^{\frac{1}{2}}\mathrm{d}E \tag{3.107}$$

所以自由电子的能级密度 $N(E)$为

$$N(E)=\frac{\mathrm{d}Z}{\mathrm{d}E}=\frac{V}{2\pi^2}\left(\frac{2m}{\hbar^2}\right)^{3/2}E^{1/2}=C\sqrt{E} \tag{3.108}$$

式中，$C=\frac{V}{2\pi^2}\left(\frac{2m}{\hbar^2}\right)^{3/2}$。由式（3.108）可见，随着能量增加，其能级密度增大，而且与 $E^{1/2}$ 呈线性关系，见图 3.10。

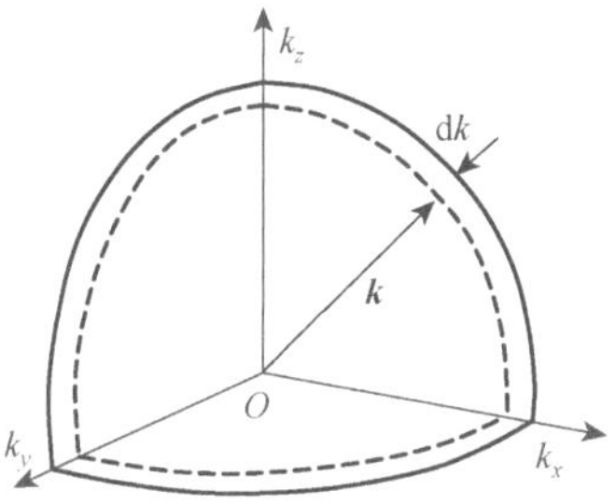

图 3.9 $\boldsymbol{k}$ 空间的等能面为一系列同心的球面

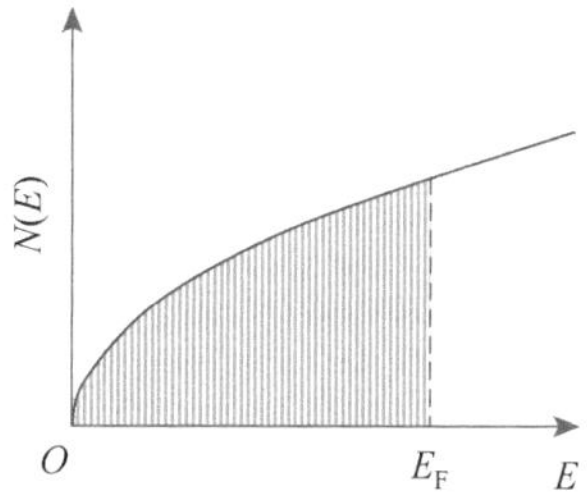

图 3.10 自由电子的能级密度与能量的关系

3.4 费米统计与电子气的费米能量

3.4.1 费米分布函数

德鲁德所描述的电子气体好比理想气体，不受泡利不相容原理的制约，根据最小能量作用原理，所有电子都将排列在基态附近。而索末菲电子气则受泡利不相容原理的制约，即每个能级只能容纳自旋取向相反的两个电子。和德鲁德电子气相比，索末菲电子气不具有连续的能量，且每个电子的能态不能具有完全相同的量子数 n_x, n_y, n_z 和自旋 S。因此，自由电子的能量分布不再服从经典力学的麦克斯韦-玻尔兹曼分布规律，而是遵循量子统计规律，即服从费米-狄拉克分布规律。

费米分布函数 $f(E)$表示在温度 T 时能级 E 的一量子态上平均分布的电子数。因量子

态上最多为一个电子所占据，所以费米-狄拉克统计的物理含义是能量为 E 的每个量子态被电子占据的概率。

$$f(E)=\frac{1}{\exp\left[(E-E_F)/(k_BT)\right]+1} \tag{3.109}$$

式中，E_F 为费米能或化学势，它表示电子由低到高填满能级时其最高能级的能量，如果把电子系统看作一个热力学系统，费米能 E_F 就是电子的化学势，它等于体积不变时增加一个电子所引起的系统自由能的改变；k_B 为玻尔兹曼常量；T 为热力学温度。

费米分布函数具有图 3.11 所示的形式。

若 $E = E_F$，因 $(E-E_F)/(k_BT) = 0$，则 $f(E) = 1/2$；

若 $E < E_F$，当 $(E-E_F)/(k_BT) \approx -1$，则 $1/2 < f(E) < 1$，当 $(E-E_F)/(k_BT) \to -\infty$，则 $f(E) = 1$；

若 $E > E_F$，当 $(E-E_F)/(k_BT) \approx 1$，则 $f(E) < 1/2$，当 $(E-E_F)/(k_BT) \to \infty$，则 $f(E) = 0$。

当 $T = 0$K 时，费米分布函数的图像形如图 3.11 中实线。电子从基态低能级填充到某一最高能级，这一能级用 E_F^0 表示。$E \leqslant E_F^0$ 的能级全部为电子占据，$f(E) = 1$；$E > E_F^0$ 的能级上没有电子，则 $f(E) = 0$。因此费米能 E_F^0 表示 0K 时系统电子所能填充到的最高能级。

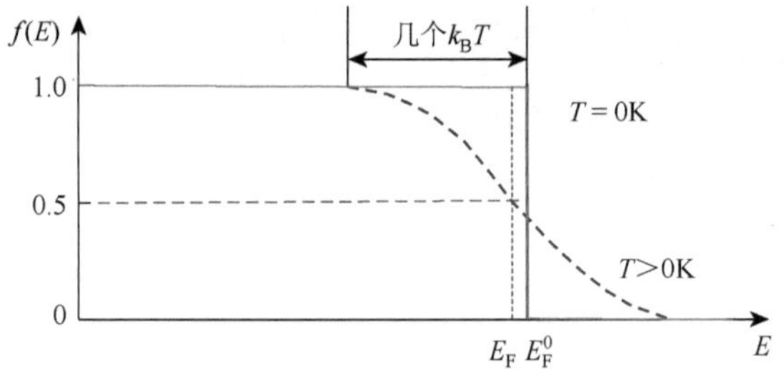

图 3.11 费米分布函数与温度的关系图

当 $T \neq 0$K 时，费米分布函数的图像形如图 3.11 中虚线。$f(E_F) = 1/2$，这表明在费米能级上，有一半量子态上有电子，或者说对应费米能级，任一量子态，被电子填充和不被填充的概率是相等的。高于 E_F 的能级上有电子占据，低于 E_F 的能级上有空状态。由式（3.109）可得费米能级附近几 k_BT 能量范围费米分布函数的取值情况，见表 3.2。

表 3.2 费米能级附近费米分布函数取值

E	$f(E)$	E	$f(E)$
E_F-k_BT	0.73	E_F+k_BT	0.27
E_F-2k_BT	0.88	E_F+2k_BT	0.12
E_F-3k_BT	0.95	E_F+3k_BT	0.05

可见，分布函数的变化区域主要集中在 E_F 附近正负几 k_BT 范围内。这说明金属在熔点温度以下，虽然自由电子都受到热激发，但只有能量在 E_F 附近几 k_BT 范围内的电子吸收能量，可以从 E_F 以下能级跃迁到 E_F 以上能级。

平衡时，电子的分布情况可用电子分布密度来描述，其表达式为

$$\sigma(E)=f(E)N(E) \tag{3.110}$$

电子分布密度又称为电子占据态密度，它表示在温度 T 下，单位体积金属中占据或分布在能量为 E 附近单位能量间隔里的电子数目。图 3.12 为温度 T 下电子分布密度曲线。图中虚线表示在 $T=0\mathrm{K}$ 时的费米能级的界线，而阴影部分则表示在温度 T 下电子的占据情况。可以发现，当温度变化时，只有一小部分电子受到温度的影响，即原来占据在 I 区的电子因热激发而跃迁到 II 区上去，在费米能级处电子出现的概率为 50%。

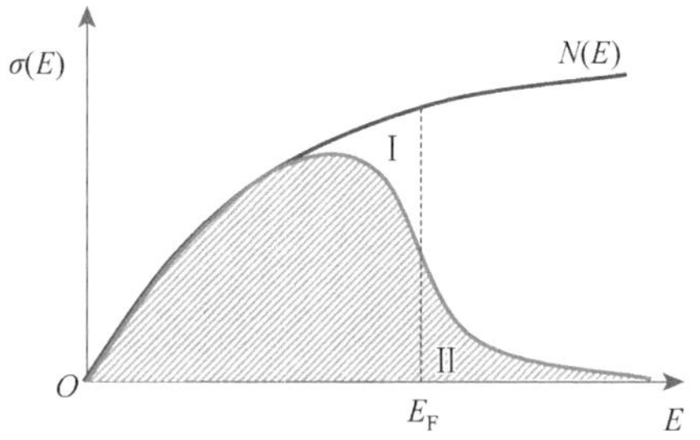

图 3.12　温度 T 下电子分布密度曲线

$\boldsymbol{k}$ 空间费米分布的情形可以用二维图示意地表示，如图 3.13 所示，它具体地给出了电子热激发从 0K 到 TK 时费米分布的变化。图 3.13（a）表示 0K 时填充电子与未填充电子区域的分界面，称为费米面。费米面内所有的轨道都被填充，费米面外边都是空轨道。费米面上电子的能量为费米能 E_{F}^0。图 3.13（b）表示 TK 时部分能量低于 E_{F}^0 的电子得到了热激发能而转移到 E_{F}^0 以外的能量更高的状态。图中两虚线间的区域表示部分被电子填充的状态，这个区域应包括等能面 $E=E_{\mathrm{F}}$ 上下几 $k_{\mathrm{B}}T$ 的能量范围。这一点对金属是非常重要的，因为虽然金属中有大量自由电子，但是，金属的许多性质并不是由全部自由电子决定的，而是只取决于费米面附近的那一小部分电子。

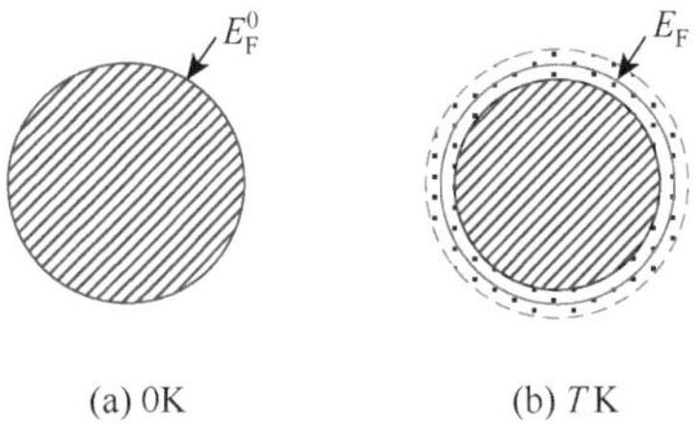

图 3.13　费米面与热激发

3.4.2　电子气的费米能量

由式（3.110）电子分布密度公式，结合式（3.108）电子的能级密度 $N(E)$以及式（3.109）费米分布函数，可以求出在能量 E 和 $E+\mathrm{d}E$ 之间分布的电子数 $\mathrm{d}N$

$$\mathrm{d}N=\sigma(E)\mathrm{d}E=f(E)N(E)\mathrm{d}E=\frac{C\sqrt{E}\mathrm{d}E}{\exp\left[(E-E_{\mathrm{F}})/(k_{\mathrm{B}}T)\right]+1} \tag{3.111a}$$

下面讨论在热力学零度时及温度不为零时电子气的费米能量和每个电子的平均能量。

（1）当 $T=0\mathrm{K}$ 时，也就是电子气处于基态时的情形，E_{F}^0 以上不填充电子，E_{F}^0 以下

$f(E)=1$。则式（3.111a）变为

$$\mathrm{d}N=\sigma(E)\mathrm{d}E=C\sqrt{E}\mathrm{d}E \tag{3.111b}$$

式中，$C=\dfrac{V}{2\pi^2}\left(\dfrac{2m}{\hbar^2}\right)^{3/2}$。令系统自由电子数为 N，则

$$N=\int_0^{E_F^0}\sigma(E)\mathrm{d}E=\int_0^{E_F^0}C\sqrt{E}\mathrm{d}E=\frac{2}{3}C\left(E_F^0\right)^{3/2} \tag{3.112}$$

$$E_F^0=\left(\frac{3N}{2C}\right)^{2/3}=\left(\frac{3N}{2\dfrac{V}{2\pi^2}\left(\dfrac{2m}{\hbar^2}\right)^{3/2}}\right)^{\frac{2}{3}}=\frac{\hbar^2}{2m}\left(3n\pi^2\right)^{2/3} \tag{3.113}$$

式中，$n=N/V$，为单位体积的自由电子数（电子浓度）。由此可知，费米能 E_F^0 只是电子浓度 n 的函数。一般金属，$n\approx10^{28}/\mathrm{m}^3$，$m=9.11\times10^{-31}\mathrm{kg}$，则费米能 E_F^0 大约为几电子伏特至十几电子伏特，多数为 5eV 左右。例如，金属钠为 3.2eV，铝为 11.7eV。

0K 时自由电子气系统中每个电子具有的平均能量（平均动能）为

$$\overline{E}_0=\frac{\int E\mathrm{d}N}{N}=\frac{\int_0^{E_F^0}E\left(C\sqrt{E}\right)\mathrm{d}E}{N}=\frac{2C}{5N}E_F^{0\frac{5}{2}}=\frac{3}{5}E_F^0 \tag{3.114}$$

式（3.114）说明，0K 时自由电子的平均能量不为零，而且具有与 E_F^0 数量级相同的能量。这与德鲁德最初的经典自由电子理论模型全然不同。按经典的模型，电子的平均能量为 $\dfrac{3}{2}k_BT$，热力学温度为零度时（$T=0$K），自由电子能量为零。之所以产生这种不同，是因为电子必须满足泡利不相容原理，每个状态只容许填充两个自旋方向相反的电子，因此，即使 $T=0$K，也不可能所有的电子都填充在最低的能量状态。

（2）在 $T\neq0$K 时，能量 E 大于 E_F 的能级可能有电子，能量 E 小于 E_F 的能级可能是空的，系统的总电子数 N 等于从零到无限大范围内各个能级上电子数的总和，即

$$N=\int_0^{\infty}f(E)N(E)\mathrm{d}E=\int_0^{\infty}f(E)\cdot C\sqrt{E}\mathrm{d}E \tag{3.115}$$

经过分部积分后，得到

$$N=\frac{2}{3}Cf(E)E^{3/2}\bigg|_0^{\infty}-\frac{2}{3}C\int_0^{\infty}E^{3/2}\frac{\partial f(E)}{\partial E}\mathrm{d}E \tag{3.116}$$

因为 $E\to0$ 时，$E^{3/2}\to0$；$E\to\infty$时，$f(E)\to0$，所以 $\dfrac{2}{3}Cf(E)E^{3/2}\bigg|_0^{\infty}=0$，则

$$N=-\frac{2}{3}C\int_0^{\infty}E^{3/2}\frac{\partial f(E)}{\partial E}\mathrm{d}E \tag{3.117}$$

令 $g(E)=\dfrac{2}{3}CE^{3/2}$，则

$$N=-\int_0^{\infty}g(E)\frac{\partial f(E)}{\partial E}\mathrm{d}E \tag{3.118}$$

式中，$-\dfrac{\partial f(E)}{\partial E}=\dfrac{1}{k_B T}\cdot\dfrac{1}{\left(e^{(E-E_F)/(k_B T)}+1\right)\left(e^{-(E-E_F)/(k_B T)}+1\right)}$，这是一个关于 $E-E_F$ 的偶函数，且 $-\dfrac{\partial f(E)}{\partial E}$ 只有在 E_F 附近有较大的值（图 3.14），当$|E-E_F|$大于几 $k_B T$ 时，函数的值迅速趋于 0。由式（3.118）可知，右端为两项乘积，根据前面的分析，若 E 离 E_F 较远，其中一项 $-\dfrac{\partial f(E)}{\partial E}$ 趋于 0，此时考虑另外一项 $g(E)$没有太大意义，因此仅需考虑 E_F 附近的 $g(E)$ 取值。将 $g(E)$在 $E = E_F$ 附近按泰勒级数展开，并保留到二次项，得

$$g(E)=g(E_F)+g'(E_F)(E-E_F)+\frac{1}{2!}g''(E_F)(E-E_F)^2+\cdots$$

则式（3.118）中电子总数 N 可写成

$$N=I_0 g(E_F)+I_1 g'(E_F)+I_2 g''(E_F)+\cdots \tag{3.119}$$

式中，

$$\left.\begin{aligned}I_0&=-\int_0^\infty \frac{\partial f(E)}{\partial E}dE\\ I_1&=-\int_0^\infty (E-E_F)\frac{\partial f(E)}{\partial E}dE\\ I_2&=-\frac{1}{2!}\int_0^\infty (E-E_F)^2\frac{\partial f(E)}{\partial E}dE\\ &\ \vdots\end{aligned}\right\} \tag{3.120}$$

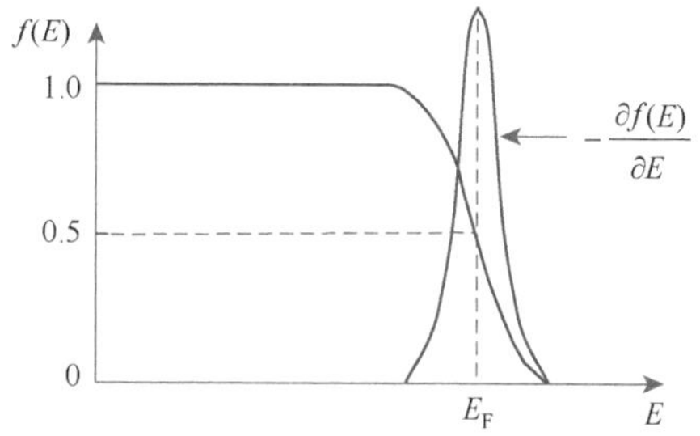

图 3.14 费米分布图中的 $-\dfrac{\partial f(E)}{\partial E}$ 曲线

令$(E-E_F)/(k_B T)=\eta$，由于 E_F 通常为几电子伏特到十几电子伏特，相对于 $k_B T$ 来说大得多，则积分下限变为$-E_F/(k_B T)\to-\infty$，又 $f(E)=\dfrac{1}{e^\eta+1}$。那么有

$$I_0=-\int_0^\infty\left(\frac{\partial f(E)}{\partial E}\right)dE=-\int_{-E_F/(k_B T)}^\infty\left(\frac{\partial f(E)}{\partial \eta}\right)d\eta=-\int_{-\infty}^\infty\left(\frac{\partial f(E)}{\partial \eta}\right)d\eta$$

由于 $\dfrac{\partial f(E)}{\partial \eta}=-\dfrac{e^\eta}{\left(e^\eta+1\right)^2}=-\dfrac{e^{-\eta}}{\left(e^{-\eta}+1\right)^2}$，则

$$I_0=-\int_{-\infty}^{\infty}\left(\frac{\partial f(E)}{\partial \eta}\right)\mathrm{d}\eta=\int_{-\infty}^{\infty}\frac{\mathrm{e}^{\eta}}{\left(\mathrm{e}^{\eta}+1\right)^2}\mathrm{d}\eta=-\frac{1}{\mathrm{e}^{\eta}+1}\bigg|_{-\infty}^{\infty}=1 \tag{3.121}$$

又由于$\frac{\partial f(E)}{\partial \eta}$是$\eta$的偶函数，则$\eta\frac{\partial f(E)}{\partial \eta}$是$\eta$的奇函数，奇函数在对称区间求定积分，则

$$I_1=-k_{\mathrm{B}}T\int_{-E_{\mathrm{F}}/(k_{\mathrm{B}}T)}^{\infty}\eta\frac{\partial f(E)}{\partial \eta}\mathrm{d}\eta=-k_{\mathrm{B}}T\int_{-\infty}^{\infty}\eta\frac{\partial f(E)}{\partial \eta}\mathrm{d}\eta=0 \tag{3.122}$$

$$\begin{aligned}
I_2&=\frac{\left(k_{\mathrm{B}}T\right)^2}{2}\int_{-\infty}^{\infty}\frac{\mathrm{e}^{-\eta}}{\left(\mathrm{e}^{-\eta}+1\right)^2}\eta^2\mathrm{d}\eta=\left(k_{\mathrm{B}}T\right)^2\int_{0}^{\infty}\frac{\mathrm{e}^{-\eta}}{\left(\mathrm{e}^{-\eta}+1\right)^2}\eta^2\mathrm{d}\eta\\
&=\left(k_{\mathrm{B}}T\right)^2\int_{0}^{\infty}\eta^2\left(\frac{1}{1+\mathrm{e}^{-\eta}}\right)'\mathrm{d}\eta=\left(k_{\mathrm{B}}T\right)^2\int_{0}^{\infty}\eta^2\left(1-\mathrm{e}^{-\eta}+\mathrm{e}^{-2\eta}-\mathrm{e}^{-3\eta}+\cdots\right)'\mathrm{d}\eta\\
&=\left(k_{\mathrm{B}}T\right)^2\int_{0}^{\infty}\eta^2\left(\mathrm{e}^{-\eta}-2\mathrm{e}^{-2\eta}+3\mathrm{e}^{-3\eta}-\cdots\right)\mathrm{d}\eta\\
&=\left(k_{\mathrm{B}}T\right)^2\int_{0}^{\infty}\eta^2\mathrm{d}\left(-\mathrm{e}^{-\eta}+\mathrm{e}^{-2\eta}-\mathrm{e}^{-3\eta}+\cdots\right)\\
&=\left(k_{\mathrm{B}}T\right)^2\left[\eta^2\left(-\mathrm{e}^{-\eta}+\mathrm{e}^{-2\eta}-\mathrm{e}^{-3\eta}+\cdots\right)\Big|_0^{\infty}-\int_{0}^{\infty}\left(-\mathrm{e}^{-\eta}+\mathrm{e}^{-2\eta}-\mathrm{e}^{-3\eta}+\cdots\right)2\eta\mathrm{d}\eta\right]\\
&=\left(k_{\mathrm{B}}T\right)^2\left[-\int_{0}^{\infty}\left(-\mathrm{e}^{-\eta}+\mathrm{e}^{-2\eta}-\mathrm{e}^{-3\eta}+\cdots\right)2\eta\mathrm{d}\eta\right]\\
&=\left(k_{\mathrm{B}}T\right)^2\left[2\int_{0}^{\infty}\eta d\left(-\mathrm{e}^{-\eta}+\frac{1}{2}\mathrm{e}^{-2\eta}-\frac{1}{3}\mathrm{e}^{-3\eta}+\cdots\right)\right]\\
&=\left(k_{\mathrm{B}}T\right)^2\left[2\eta\left(-\mathrm{e}^{-\eta}+\frac{1}{2}\mathrm{e}^{-2\eta}-\frac{1}{3}\mathrm{e}^{-3\eta}+\cdots\right)\Bigg|_0^{\infty}-2\int_{0}^{\infty}\left(-\mathrm{e}^{-\eta}+\frac{1}{2}\mathrm{e}^{-2\eta}-\frac{1}{3}\mathrm{e}^{-3\eta}+\cdots\right)\mathrm{d}\eta\right]\\
&=\left(k_{\mathrm{B}}T\right)^2\left[-2\int_{0}^{\infty}\left(-\mathrm{e}^{-\eta}+\frac{1}{2}\mathrm{e}^{-2\eta}-\frac{1}{3}\mathrm{e}^{-3\eta}+\cdots\right)\mathrm{d}\eta\right]\\
&=\left(k_{\mathrm{B}}T\right)^2\left[-2\left(\mathrm{e}^{-\eta}-\frac{1}{2^2}\mathrm{e}^{-2\eta}+\frac{1}{3^2}\mathrm{e}^{-3\eta}-\cdots\right)\Bigg|_0^{\infty}\right]\\
&=\left(k_{\mathrm{B}}T\right)^2\left[2\left(1-\frac{1}{2^2}+\frac{1}{3^2}-\cdots\right)\right]
\end{aligned} \tag{3.123}$$

利用$\sum_{n=1}^{\infty}\frac{1}{n^2}=\frac{\pi^2}{6}$可知$\sum_{n=1}^{\infty}(-1)^{n+1}\frac{1}{n^2}=\frac{\pi^2}{12}$，结合式（3.121）～式（3.123），式（3.119）变为

$$N=g\left(E_{\mathrm{F}}\right)+\left(k_{\mathrm{B}}T\right)^2\cdot 2\cdot\frac{\pi^2}{12}g''\left(E_{\mathrm{F}}\right)+\cdots \tag{3.124}$$

由于$g\left(E\right)=\frac{2}{3}CE^{3/2}$，代入式（3.124）可得

$$N=\frac{2}{3}CE_{\mathrm{F}}^{3/2}\left[1+\frac{\pi^2}{8}\left(\frac{k_{\mathrm{B}}T}{E_{\mathrm{F}}}\right)^2\right] \tag{3.125}$$

由式（3.112）可知，系统的总电子数为 $N=\frac{2}{3}C\left(E_{\mathrm{F}}^{0}\right)^{3/2}$，因而有

$$N=\frac{2}{3}CE_{\mathrm{F}}^{3/2}\left[1+\frac{\pi^2}{8}\left(\frac{k_{\mathrm{B}}T}{E_{\mathrm{F}}}\right)^2\right]=\frac{2}{3}C\left(E_{\mathrm{F}}^{0}\right)^{3/2} \tag{3.126}$$

即

$$E_{\mathrm{F}}=E_{\mathrm{F}}^{0}\left[1+\frac{\pi^2}{8}\left(\frac{k_{\mathrm{B}}T}{E_{\mathrm{F}}}\right)^2\right]^{-\frac{2}{3}} \tag{3.127}$$

考虑到 $k_{\mathrm{B}}T \ll E_{\mathrm{F}}$，即 $\frac{\pi^2}{8}\cdot\left(\frac{k_{\mathrm{B}}T}{E_{\mathrm{F}}}\right)^2 \ll 1$，使用函数幂级数展开近似公式 $(1+x)^n \approx 1+nx$，并将加和第二项中分母的 E_{F} 近似看作 E_{F}^{0} 得

$$E_{\mathrm{F}} \approx E_{\mathrm{F}}^{0}\left[1-\frac{\pi^2}{12}\left(\frac{k_{\mathrm{B}}T}{E_{\mathrm{F}}^{0}}\right)^2\right]=\left(\frac{3N}{2C}\right)^{\frac{2}{3}}\left[1-\frac{\pi^2}{12}\left(\frac{k_{\mathrm{B}}T}{E_{\mathrm{F}}^{0}}\right)^2\right] \tag{3.128}$$

式（3.128）利用到式（3.113）得到的 $E_{\mathrm{F}}^{0}=\left(\frac{3N}{2C}\right)^{2/3}$。

由于金属的费米能量 E_{F}^{0} 大约为几电子伏特至十几电子伏特，所以在一般温度 T 时，$k_{\mathrm{B}}T \ll E_{\mathrm{F}}^{0}$ 的条件总是能够满足的，式（3.128）表明，在温度 $T\neq 0\mathrm{K}$ 条件下，E_{F} 相比于 E_{F}^{0} 下降了一个很小的值，E_{F} 和 E_{F}^{0} 的数值是相近的，这说明温度对金属自由电子的费米能级影响不大。可以这样来理解温度升高费米能级下降：当温度 $T\neq 0\mathrm{K}$ 即温度升高时，费米面附近的电子获取了能量，跃迁到费米面以外，E_{F}^{0} 上下能级电子占有概率关于 E_{F}^{0} 是对称的，即 E_{F}^{0} 以上电子能态占有率的增加和 E_{F}^{0} 以下电子能态占有率的减少是相同的（图 3.12），但是由于电子的能态密度随 E 的增加而增大，即 E_{F}^{0} 以上的 $N(E)$ 大于 E_{F}^{0} 以下的 $N(E)$（图 3.10），因此 E_{F}^{0} 以上要多填充一些电子。若保持 $E_{\mathrm{F}}=E_{\mathrm{F}}^{0}$，那么系统的电子数就要增加，但实际上系统的电子数是一定的，因此 E_{F} 必须略低于 E_{F}^{0}。此外，也可以这样来理解：温度升高会引起晶体的体积膨胀，由于体积变大时，电子的数目不变，因此电子的浓度变小，由式（3.113）可知，费米能级降低。

$T\neq 0\mathrm{K}$ 时，N 个自由电子气系统中每个电子的平均能量为

$$\overline{E}_T=\frac{\int E\mathrm{d}N}{N}=\frac{C\int_0^{\infty}f(E)E^{3/2}\mathrm{d}E}{N} \tag{3.129}$$

经过分部积分后得

$$\overline{E}_T=-\frac{2}{5}\frac{C}{N}\int_0^{\infty}\frac{\partial f(E)}{\partial E}E^{5/2}\mathrm{d}E \tag{3.130}$$

令 $g(E)=\frac{2}{5}\frac{C}{N}E^{5/2}$，则

$$\overline{E}_T=-\int_0^{\infty}g(E)\frac{\partial f(E)}{\partial E}\mathrm{d}E \tag{3.131}$$

采用和前面求 $T\neq 0\mathrm{K}$ 时费米能级完全相似的方法，将 $g(E)$在 $E=E_\mathrm{F}$ 附近按泰勒级数展开，并保留到二次项，则积分可写成

$$\overline{E}_T=I_0 g\left(E_\mathrm{F}\right)+I_1 g'\left(E_\mathrm{F}\right)+I_2 g''\left(E_\mathrm{F}\right)+\cdots \tag{3.132}$$

式中，I_0, I_1, I_2 同式（3.120）。

由前面计算有 $I_0=1$，$I_1=0$，$I_2=\dfrac{\pi^2}{6}(k_\mathrm{B}T)^2$；又 $g\left(E_\mathrm{F}\right)=\dfrac{2}{5}\dfrac{C}{N}E_\mathrm{F}^{5/2}$，$g'\left(E_\mathrm{F}\right)=\dfrac{C}{N}E_\mathrm{F}^{3/2}$，$g''\left(E_\mathrm{F}\right)=\dfrac{3}{2}\dfrac{C}{N}E_\mathrm{F}^{1/2}$。由此可得到

$$\begin{aligned}\overline{E}_T&=I_0 g\left(E_\mathrm{F}\right)+I_1 g'\left(E_\mathrm{F}\right)+I_2 g''\left(E_\mathrm{F}\right)+\cdots\\&\approx\frac{2}{5}\frac{C}{N}E_\mathrm{F}^{5/2}+\frac{\pi^2}{6}(k_\mathrm{B}T)^2\left(\frac{3}{2}\frac{C}{N}E_\mathrm{F}^{1/2}\right)=\frac{2}{5}\frac{C}{N}\left[E_\mathrm{F}^{5/2}+\frac{5}{8}\pi^2\left(k_\mathrm{B}T\right)^2E_\mathrm{F}^{1/2}\right]\\&=\frac{2}{5}\frac{C}{N}E_\mathrm{F}^{5/2}\left[1+\frac{5}{8}\pi^2\left(\frac{k_\mathrm{B}T}{E_\mathrm{F}}\right)^2\right]\end{aligned}\tag{3.133}$$

将加和第二项中分母的 E_F 近似看作 E_F^0，并将式（3.128）得到的 E_F 代入式（3.133），得

$$\begin{aligned}\overline{E}_T&=\frac{2}{5}\frac{C}{N}\left(\frac{3N}{2C}\right)^{5/3}\left[1-\frac{\pi^2}{12}\left(\frac{k_\mathrm{B}T}{E_\mathrm{F}^0}\right)^2\right]^{5/2}\times\left[1+\frac{5\pi^2}{8}\left(\frac{k_\mathrm{B}T}{E_\mathrm{F}^0}\right)^2\right]\\&=\frac{3}{5}E_\mathrm{F}^0\left[1-\frac{\pi^2}{12}\left(\frac{k_\mathrm{B}T}{E_\mathrm{F}^0}\right)^2\right]^{5/2}\times\left[1+\frac{5\pi^2}{8}\left(\frac{k_\mathrm{B}T}{E_\mathrm{F}^0}\right)^2\right]\end{aligned}\tag{3.134}$$

考虑到 $k_\mathrm{B}T\ll E_\mathrm{F}^0$，$\dfrac{\pi^2}{12}\left(\dfrac{k_\mathrm{B}T}{E_\mathrm{F}^0}\right)^2\ll 1$，使用函数幂级数展开近似公式$(1+x)^n\approx 1+nx$，并忽略掉高次项，则可得到

$$\begin{aligned}\overline{E}_T&=\frac{3}{5}E_\mathrm{F}^0\left[1-\frac{5\pi^2}{24}\left(\frac{k_\mathrm{B}T}{E_\mathrm{F}^0}\right)^2\right]\times\left[1+\frac{5\pi^2}{8}\left(\frac{k_\mathrm{B}T}{E_\mathrm{F}^0}\right)^2\right]\\&\approx\frac{3}{5}E_\mathrm{F}^0\left[1+\frac{5}{12}\pi^2\left(\frac{k_\mathrm{B}T}{E_\mathrm{F}^0}\right)^2\right]=\overline{E}_0\left[1+\frac{5}{12}\pi^2\left(\frac{k_\mathrm{B}T}{E_\mathrm{F}^0}\right)^2\right]\end{aligned}\tag{3.135}$$

由式（3.135）可以看出，在一般温度 T 时，金属电子气中每个电子的平均能量与 0K 时电子的平均能量相差$\left(\dfrac{k_\mathrm{B}T}{E_\mathrm{F}^0}\right)^2$的数量级。

总之，对于自由电子来说，在 $T=0\mathrm{K}$ 时，N 个电子的基态可从能量最低的 $\boldsymbol{k}=0$ 态开始，每个 $\boldsymbol{k}$ 态两个电子，按能量从低到高依次填充而得到。由于在 $\boldsymbol{k}$ 空间，自由电子能量等于某个定值的等能面是一个球面，电子占据区最后成为一个球，称为费米球（Fermi sphere），其半径称为费米矢量或费米半径，记为 $\boldsymbol{k}_\mathrm{F}$。由式（3.113）可知，$T=0\mathrm{K}$ 时，有

$$k_\mathrm{F}^0=\left(3n\pi^2\right)^{\frac{1}{3}}\tag{3.136}$$

费米球的表面为占据态和未占据态的分界面，也就是图 3.13 所介绍的费米面。费米面上的电子称为费米电子，费米电子的能量称为费米能量，为

$$E_F^0 = \frac{\hbar^2}{2m}\left(k_F^0\right)^2 \tag{3.137}$$

费米动量为

$$p_F^0 = \hbar k_F^0 \tag{3.138}$$

费米面上电子的速度称为费米速度，为

$$v_F^0 = \hbar k_F^0 / m \tag{3.139}$$

费米温度定义为

$$T_F^0 = E_F^0 / k_B \tag{3.140}$$

它的物理意义可以理解为电子的费米能相当于多高温度下的热振动能。

对于普通金属，这些参数的大体数值是 $k_F^0 \approx 10^8 \mathrm{cm}^{-1}$， $E_F^0 \approx 2 \sim 10\mathrm{eV}$， $v_F^0 \approx 10^8 \mathrm{cm/s}$， $T_F^0 \approx 10^4 \sim 10^5\mathrm{K}$。一些金属元素的自由电子费米参量详见表 3.3。非基态时，即 $T \neq 0\mathrm{K}$ 时，费米球面的半径 k_F 比热力学零度时的费米半径 k_F^0 小。

表 3.3　一些金属元素的自由电子费米波矢 k_F^0、费米能量 E_F^0、费米速度 v_F^0 和费米温度 T_F^0

元素	k_F^0 /$10^8\mathrm{cm}^{-1}$	E_F^0 /eV	v_F^0 /(10^8cm/s)	T_F^0 /10^4K
Li	1.12	4.74	1.29	5.51
Na	0.92	3.24	1.07	3.77
K	0.75	2.12	0.86	2.46
Rb	0.70	1.85	0.81	2.15
Cs	0.65	1.59	0.75	1.84
Cu	1.36	7.00	1.57	8.16
Ag	1.20	5.49	1.39	6.38
Au	1.21	5.53	1.40	6.42
Be	1.94	14.3	2.25	16.6
Mg	1.36	7.08	1.58	8.23
Ca	1.11	4.69	1.28	5.44
Sr	1.02	3.93	1.18	4.57
Ba	0.98	3.64	1.13	4.23
Nb	1.18	5.32	1.37	6.18
Fe	1.71	11.1	1.98	13.0
Mn	1.70	10.9	1.96	12.7
Zn	1.58	9.47	1.83	11.0
Cd	1.40	7.47	1.62	8.68
Hg	1.37	7.13	1.58	8.29
Al	1.75	11.7	2.03	13.6
Ga	1.66	10.4	1.92	12.1
In	1.51	8.63	1.74	10.0

续表

元素	k_F^0 /10^8cm^{-1}	E_F^0 /eV	v_F^0 /(10^8cm/s)	T_F^0 /10^4K
Tl	1.46	8.15	1.69	9.46
Sn	1.64	10.2	1.90	11.8
Pb	1.58	9.47	1.83	11.0
Bi	1.61	9.90	1.87	11.5
Sb	1.70	10.9	1.96	12.7

3.5　自由电子气的热容量和金属电导率

热力学证明，电子热激活允许的平均能量为 k_BT 数量级，在室温下 k_BT 大约为 0.025eV，而量子电子理论证明，费米能随温度变化极小，金属 E_F 为几电子伏特，即 $k_BT\approx 10^{-2}E_F$。这进一步说明在 0K 以上，只有少数能量接近费米能的自由电子才可能受热激发跃迁到较高的能级中去，称这部分自由电子数为有效电子数，而绝大多数的自由电子是不能跃迁到费米能级以上去的。所以利用索末菲的量子自由电子气模型，特别是根据金属电子的费米属性，我们便可以很容易地解释金属的热容、电导和热导等物理性质。

3.5.1　自由电子气的热容量

根据热力学，由式（3.135）及式（3.114）可得电子气中每个电子对热容量的贡献为

$$c_V=\left(\frac{\partial\overline{E}}{\partial T}\right)_V=\frac{5}{6}\overline{E}_0\pi^2\frac{k_B^2T}{\left(E_F^0\right)^2}=\frac{\pi^2}{2}k_B\frac{k_BT}{E_F^0}=\frac{\pi^2}{2}k_B\frac{T}{T_F^0} \tag{3.141}$$

设原子的价电子数为 Z，那么电子的摩尔热容为

$$C_V^e=N_0Z\frac{\pi^2}{2}k_B\frac{T}{T_F^0}=\frac{Z\pi^2R}{2T_F^0}T=\gamma T \tag{3.142}$$

式中，$\gamma=\dfrac{Z\pi^2R}{2T_F^0}$ 称为金属的电子比热系数，其数量级（单位）为 mJ/(mol·K^2)。

常温下，由于 $k_BT\ll E_F^0$（或 $T\ll T_F^0$），所以电子的热容量很小。这是由于金属中虽然有大量的自由电子，但是温度变化时，只有费米面附近极少部分电子才能够因受热激发跃迁到较高的能级，参与到体系的吸、放热过程中。假定只有能量在 $E_F^0-k_BT$ 和 E_F^0 之间的电子才能被激发，激发的电子数可近似计算为

$$\begin{aligned}N'&=\int_{E_F^0-k_BT}^{E_F^0}N(E)f(E)\mathrm{d}E\approx N\left(E_F^0\right)f\left(E_F^0\right)\cdot k_BT\\&=C\sqrt{E_F^0}\cdot\frac{1}{2}\cdot k_BT=\frac{3N}{2E_F^0}\cdot\frac{1}{2}k_BT=\frac{3}{4}N\frac{k_BT}{E_F^0}\approx 10^{-2}N\end{aligned} \tag{3.143}$$

式（3.143）说明，常温下有效电子数占自由电子总数的百分之几，这一效果有时被

称为费米冻结，即金属中的电子气遵循费米统计规律，大部分电子被冻结在费米能级之内，只有少量被激发。如果金属的温度能上升到费米温度，那么所有自由电子都能被激发，那时索末菲电子气的热容就将会接近德鲁德的理想电子气的热容。但是由于金属的费米温度为 10^4～10^5K，升高到如此的温度，金属固态已然不存在了。

当 $T \ll \Theta_D$ 时，由式（3.142）和式（2.105）相比可得，自由电子和晶格振动对摩尔热容量的贡献之比为

$$\frac{C_V^e}{C_V^a}=\frac{\gamma T}{bT^3}=\frac{\dfrac{Z\pi^2 R}{2T_F^0}T}{\dfrac{12\pi^4}{5}R\left(\dfrac{T}{\Theta_D}\right)^3}=\frac{\dfrac{Z\pi^2 Rk_B}{2E_F^0}T}{\dfrac{12\pi^4}{5}R\left(\dfrac{T}{\Theta_D}\right)^3}=\frac{5Z}{24\pi^2}\frac{k_B}{E_F^0}\frac{\Theta_D^3}{T^2} \tag{3.144}$$

式（3.144）表明，随着温度的降低，比值 $\dfrac{C_V^e}{C_V^a}$ 增加。当取 $\Theta_D = 300$K，$E_F^0 = 1$eV，$Z = 1$ 时，可得 $\dfrac{C_V^e}{C_V^a}=\dfrac{50}{T^2}$。由此可见，当温度很低时，电子热容量与晶格热容量同数量级，因此必须考虑电子对热容量的贡献。当温度低于几开（K）时，电子对热容量的贡献甚至占据了主导地位。所以，在温度很低时，固体的摩尔热容量是电子运动和晶格振动两部分的贡献之和，即

$$C_V = C_V^e + C_V^a = \gamma T + bT^3 \tag{3.145}$$

综上所述，可将固体的摩尔热容与温度的关系绘于图 3.15。即在高于德拜温度时，固体的摩尔热容符合经典的杜隆-珀蒂定律，见式（2.82）；对于电子热容，虚线部分示意出了费米温度为 10^4～10^5K 时，索末菲电子气的热容就接近经典的德鲁德理想电子气热容，见式（3.14）；低温时，固体的摩尔热容见式（3.145）。

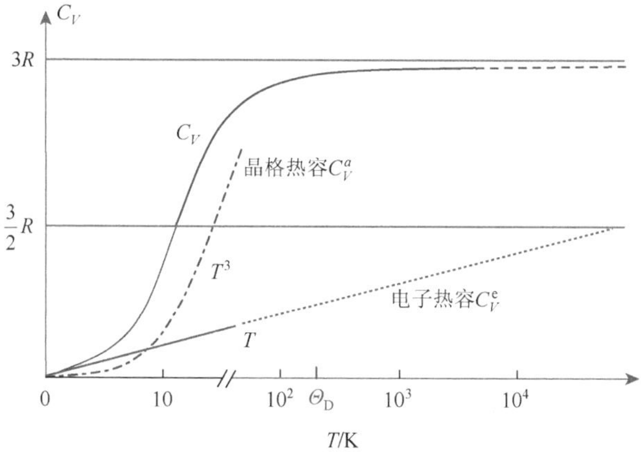

图 3.15　晶格热容 C_V^a、电子热容 C_V^e 与温度 T 的关系

将式（3.145）改写成

$$\frac{C_V}{T}=\gamma+bT^2 \tag{3.146}$$

图 3.16（a）给出了低温下金属 Cu 的热容实验曲线，利用实验数据作图 3.16（b），C_V/T 对 T^2 的关系曲线为一直线，符合式（3.146）。该直线在纵坐标轴上的截距就是 γ，直线的斜率就是 b。可以看出，金属铜的 γ 实验值为 0.67mJ/(mol·K^2)，但是利用式 $\gamma=\frac{Z\pi^2 R}{2T_F^0}$ 所得到的理论值却是 0.50mJ/(mol·K^2)，两者符合得不是很好。

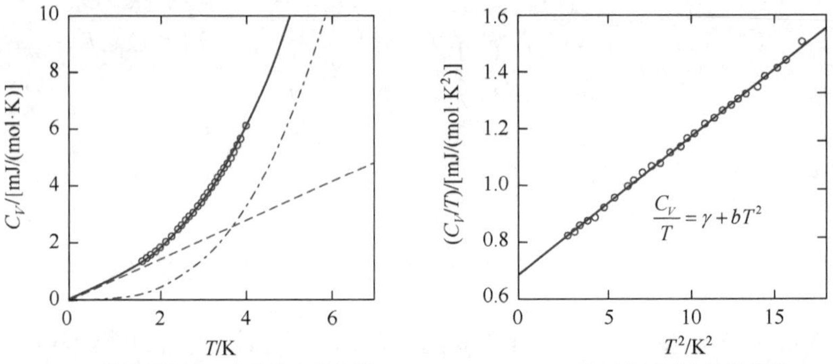

(a) 低温下金属Cu的热容实验曲线　　(b) C_V/T对T^2的关系曲线

图 3.16　低温下金属 Cu 的热容实验曲线

在实际应用中，通常定义电子热有效质量 m_{th}^* 以表示实际金属中的传导电子气与自由电子气的差别程度

$$m_{\text{th}}^*=m\frac{\gamma_{\text{实验值}}}{\gamma_{\text{自由电子气}}} \tag{3.147}$$

从表 3.4 可以看出，几乎所有金属的电子热有效质量与自由电子质量 m 的比值都不等于 1，说明实际金属中的传导电子气与自由电子气还是存在一些偏差。主要的原因是索末菲自由电子气模型过于简单。索末菲假设自由电子是处在一个平均势场中，而实际金属中的传导电子是处于离子实的周期性势场之中。另外，索末菲模型不考虑电子与电子、电子与晶格的相互作用，而实际金属中的传导电子与传导电子、传导电子与声子之间都存在着相互作用。

表 3.4　一些常见金属的电子热容系数的实验值与自由电子气理论值的比较

元素	γ 的实验值/[mJ/(mol·K^2)]	γ 的理论值/[mJ/(mol·K^2)]	m_{th}^*/m
Li	1.76	0.76	2.32
Be	0.21	0.50	0.42
Na	1.47	1.09	1.35
K	1.97	1.68	1.17
Rb	2.44	1.93	1.26
Cs	3.23	2.23	1.45

续表

元素	γ 的实验值/[mJ/(mol·K^2)]	γ 的理论值/[mJ/(mol·K^2)]	m_{th}^*/m
Cu	0.67	0.50	1.34
Ag	0.67	0.63	1.06
Au	0.67	0.63	1.06
Mg	1.34	1.01	1.33
Ca	2.73	1.51	1.81
Sr	3.65	1.81	2.02
Ba	2.73	1.97	1.39
Nb	8.40	0.67	12.5
Fe	5.04	0.63	8.00
Mn	16.8	0.63	26.67
Zn	0.59	0.76	0.78
Cd	0.71	0.97	0.73
Hg	2.10	1.01	2.08
Al	1.26	0.92	1.37
Ga	0.63	1.01	0.62
In	1.81	1.21	1.50
Tl	1.47	1.30	1.13
Sn	1.85	1.39	1.33
Pb	2.94	1.51	1.95
Bi	0.08	1.81	0.04
Sb	0.63	1.64	0.38

另外，人们还发现一些含稀土元素（或锕系元素）的合金化合物具有很大的电子热容系数γ，其数值比一般金属的电子热容系数高出 2～3 个数量级，被称为重费米子金属，如 $CeAl_3$、$CeCu_2Si_2$、$CeCu_6$ 和 UBe_{13}、UPt_3 等。由于金属在低温下的电子热容系数正比于传导电子的有效质量，所以一般认为，重费米子金属电子热容系数增大是因为重费米子金属中传导电子和 Ce（或 U）原子外层 f 电子的强烈关联以及杂化导致传导电子有效质量增加 1000 倍左右。关于电子有效质量的概念将在第 4 章详细说明。

3.5.2　金属电导率

前面我们用经典自由电子理论导出了式（3.6）金属电导率$\sigma=\dfrac{j}{E}=\dfrac{ne^2}{m}\tau=\dfrac{ne^2}{m}\dfrac{l}{\bar{v}}$。这里我们不妨讨论用量子自由电子理论来推导金属电导率，以便和经典自由电子理论作比较。在量子理论中，电子的状态用波矢 $\boldsymbol{k}$ 来表示，电子状态的改变用 $\boldsymbol{k}$ 的变化来描述。0K 时系统最高能量为费米能 E_F，并且电子占满了 E_F 以下各能级。假如系统不为 0K，当外场$\mathscr{E}=0$ 时，若金属处于热平衡状态，由于费米面受温度影响变化不大，则费米球的球心在原点，电子状态在波矢空间中的分布是关于原点对称的，$\boldsymbol{k}$ 态电子与$-\boldsymbol{k}$ 态电子成对出现，处在这两种量子态的电子具有大小相等、方向相反的速度，所以金属中自由电子气的总动量为零，宏观上表现出金属中没有电流，见图 3.17（a）。

当金属晶体被加上电场$\mathscr{E}$之后，在实空间，金属晶体中的每个自由电子都受到一个电场力$e\mathscr{E}$，该力使电子获得了与电场方向相反的加速度，从而使每一个电子得到一平均速度，该速度称为电子的漂移速度 v_{d}。对应于波矢空间，电子的动量按照下面规律变化：

$$\frac{\mathrm{d}\boldsymbol{p}}{\mathrm{d}t}=\hbar\frac{\mathrm{d}\boldsymbol{k}}{\mathrm{d}t}=-e\mathscr{E} \tag{3.148}$$

经过 t 时间后，电子波矢的增量为

$$\Delta k=k(t)-k(0)=-\int_0^t\frac{e\mathscr{E}}{\hbar}\mathrm{d}t=\frac{-e\mathscr{E}t}{\hbar} \tag{3.149}$$

式(3.149)表明，恒定的外加电场$\mathscr{E}$使金属中费米球内所有电子的波矢都增加了 Δk。相当于在时间 t 内，整个费米球沿电场反方向在 $\boldsymbol{k}$ 空间相对于坐标原点移动了 $\frac{-e\mathscr{E}t}{\hbar}$ 的位移，电子状态在 $\boldsymbol{k}$ 空间的分布不再对称。当费米球位移不大时，费米球内大部分电子的速度仍然可以成对抵消，只是图 3.17（b）中阴影部分状态点对应的电子速度不能抵消，系统的动量不再为零，金属中产生了宏观电流。如果没有阻力，则费米球就会无限地移动下去，电子占据态的球形分布将会越来越偏心，即净电流将随时间不断地增加。然而实际上，由于金属中的杂质、缺陷形成的势场以及温度升高时晶格振动加剧等都会对电子的运动产生散射，这些散射导致 $\Delta\boldsymbol{k}$ 并不会随时间 t 无限制地增加。当外场的漂移作用与散射作用达到动态平衡时，电子占据的球形分布将保持稳定的偏心。

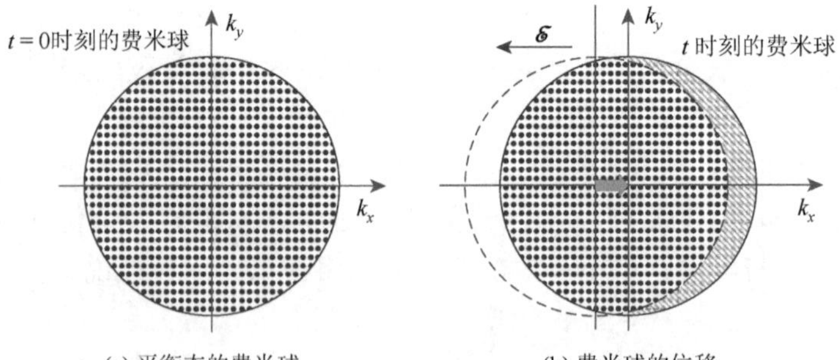

(a) 平衡态的费米球　　(b) 费米球的位移

图 3.17　用费米球和费米面来描述导电的示意图

假定电子经过 τ 时间发生散射而丧失在电场中所获得的定向运动，称时间 τ 为弛豫时间（又称自由时间），则费米球的位移量为

$$\delta k=\frac{-e\mathscr{E}\tau}{\hbar} \tag{3.150}$$

所以在稳定状态下，电子的漂移速度为

$$v_{\mathrm{d}}=\frac{\hbar\delta k}{m}=-\frac{e\tau}{m}\mathscr{E} \tag{3.151}$$

相应的电流为

$$j=-nev_{\mathrm{d}}=ne\frac{e\tau}{m}\mathscr{E}=\frac{ne^2\tau}{m}\mathscr{E} \tag{3.152}$$

对比 $j=\sigma\mathscr{E}$（电流密度等于电场强度乘以电导率），故有

$$\sigma=\frac{ne^2\tau}{m} \tag{3.153}$$

1928 年，索末菲已推导出式（3.153）。可以看到，这个结果与经典自由电子理论推出的式（3.6）基本一致。

在讨论电子热容问题时，曾得出这样的结论，金属中虽有大量的自由电子，但随着温度的变化，只有费米面附近极少部分电子能够因受热激发，参与到体系的吸放热过程中。同样，这里我们讨论电子导电问题，也可以从这个角度来理解。图 3.17（b）利用费米球的位移来说明金属电导的本质，有利于看到费米面的重要性。图中费米面附近阴影部分代表未被抵消的对宏观电流有贡献的电子，所占的比例约为

$$\frac{|\delta k|}{k_{\mathrm{F}}}=\left(\frac{e\mathscr{E}}{\hbar}\tau_{\mathrm{F}}\right)\cdot\frac{1}{k_{\mathrm{F}}}=\frac{e\mathscr{E}}{mv_{\mathrm{F}}}\tau_{\mathrm{F}} \tag{3.154}$$

这部分电子对电流的贡献为

$$j=n\left(\frac{e\mathscr{E}}{mv_{\mathrm{F}}}\tau_{\mathrm{F}}\right)ev_{\mathrm{F}}=\frac{ne^2\tau_{\mathrm{F}}}{m}\mathscr{E} \tag{3.155}$$

则式（3.153）可改写为

$$\sigma=\frac{ne^2\tau_{\mathrm{F}}}{m}=\frac{ne^2l_{\mathrm{F}}}{mv_{\mathrm{F}}} \tag{3.156}$$

定义 l_{F} 为费米面附近电子的平均自由程，$l_{\mathrm{F}}=v_{\mathrm{F}}\tau_{\mathrm{F}}$，其中，$v_{\mathrm{F}}$ 为费米速度；τ_{F} 为费米电子的弛豫时间。

虽然参与导电的电子数少，但这部分电子大都接近费米面，具有费米速度 v_{F}，因此其贡献与大量的低漂移速度的电子对电流的贡献相当。由此可见，量子自由电子气理论比经典自由电子理论更好地解释了金属导热、导电的本质。尽管金属中有大量自由电子，但是决定金属很多性质的并不是全部的自由电子，而只是在费米面附近的那一小部分电子，这样也就不难理解为什么电子有那么长的平均自由程，以及电子对热容的贡献为什么只有经典值的百分之一。

3.6　功函数与接触电势

3.6.1　功函数

我们知道，在正常情况下，金属中的自由电子受正离子实的吸引不会离开金属，所以金属自由电子模型把自由电子看作是在一个无限深的势阱中运动的。但实际情况是，

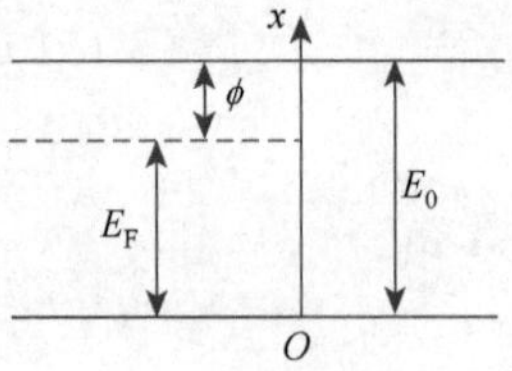

图 3.18　金属中电子气的势阱和逸出功

当金属被加热或有光照射时，电子可以从金属表面逸出，所以较真实的模型中，其势垒应该是有限的。如图 3.18 所示。设电子在深度为 E_0 的势阱内，那么电子要离开金属，即跑到势阱外部至少需要从外界得到的能量应为

$$\phi = E_0 - E_{\rm F} \tag{3.157}$$

式中，E_0 为真空能级，即电子跑到无穷远处所具有的势能，也可以看作势阱的深度；$E_{\rm F}$ 为费米能级。也就是说，费米能级上的电子至少需要有一定的阈值能量 ϕ 才能克服势垒而从金属中逃逸出去，通常称这个能量阈值 ϕ 为金属的逸出功，又称为功函数。

在量子自由电子模型中，可以根据电子的速度分布计算热发射电流。假定电子的势能为零，全部能量是电子的动能，电子的能量为

$$E(k) = \frac{\hbar^2 k^2}{2m} = \frac{1}{2}mv^2 \tag{3.158}$$

电子的速度为

$$v(\boldsymbol{k}) = \frac{\hbar \boldsymbol{k}}{m} \tag{3.159}$$

考虑单位体积，则在 $\mathrm{d}\boldsymbol{k} = \mathrm{d}k_x\mathrm{d}k_y\mathrm{d}k_z$ 中量子态的数目为 $2\frac{1}{(2\pi)^3}\mathrm{d}k_x\mathrm{d}k_y\mathrm{d}k_z$ 。根据式（3.159），把 k 转化为变量 v 就得到在 $\mathrm{d}\boldsymbol{v} = \mathrm{d}v_x\mathrm{d}v_y\mathrm{d}v_z$ 内量子态的数目为

$$2\frac{1}{(2\pi)^3}\mathrm{d}k_x\mathrm{d}k_y\mathrm{d}k_z = 2\left(\frac{m}{2\pi\hbar}\right)^3 \mathrm{d}v_x\mathrm{d}v_y\mathrm{d}v_z \tag{3.160}$$

再乘以费米分布函数 $f(E)$，则得到速度在 v_x 到 $v_x + \mathrm{d}v_x$、v_y 到 $v_y + \mathrm{d}v_y$、v_z 到 $v_z + \mathrm{d}v_z$ 的平均电子数为

$$\mathrm{d}n = f(E)\cdot 2\left(\frac{m}{2\pi\hbar}\right)^3 \mathrm{d}v_x\mathrm{d}v_y\mathrm{d}v_z = 2\left(\frac{m}{2\pi\hbar}\right)^3 \frac{1}{\mathrm{e}^{\left(\frac{1}{2}mv^2 - E_{\rm F}\right)/(k_{\rm B}T)} + 1}\mathrm{d}v_x\mathrm{d}v_y\mathrm{d}v_z \tag{3.161}$$

由于逸出金属表面的电子能量 $\frac{1}{2}mv^2$ 必须大于 E_0，即

$$\frac{1}{2}mv^2 - E_{\rm F} > E_0 - E_{\rm F} = \phi \tag{3.162}$$

考虑到金属功函数为几电子伏特，而一般温度下 $k_{\rm B}T$ 为毫电子伏特，$\phi \gg k_{\rm B}T$，因此分布函数的分母中的 1 可以忽略，即用麦克斯韦-玻尔兹曼分布代替费米-狄拉克分布，这样式（3.161）变成

$$\mathrm{d}n = 2\left(\frac{m}{2\pi\hbar}\right)^3 \mathrm{e}^{\left(\frac{E_{\rm F}}{k_{\rm B}T} - \frac{mv^2}{2k_{\rm B}T}\right)}\mathrm{d}v_x\mathrm{d}v_y\mathrm{d}v_z \tag{3.163}$$

设 Ox 轴垂直于金属表面，电子沿 x 方向离开金属，这就要求沿 x 方向的动能 $\frac{1}{2}mv_x^2$ 必须大于 E_0，可得沿 x 方向逸出的电子电流密度为

$$j=\int \mathrm{e}v_x \mathrm{d}n=\mathrm{e}\cdot 2\left(\frac{m}{2\pi\hbar}\right)^3\int_{\sqrt{2E_0/m}}^{\infty} v_x \mathrm{e}^{\left(\frac{E_\mathrm{F}}{k_\mathrm{B}T}-\frac{mv_x^2}{2k_\mathrm{B}T}\right)}\mathrm{d}v_x\int_{-\infty}^{\infty}\mathrm{e}^{-\frac{mv_y^2}{2k_\mathrm{B}T}}\mathrm{d}v_y\int_{-\infty}^{\infty}\mathrm{e}^{-\frac{mv_z^2}{2k_\mathrm{B}T}}\mathrm{d}v_z \tag{3.164}$$

利用公式 $\int_{-\infty}^{\infty}\mathrm{e}^{-x^2}\mathrm{d}x=\sqrt{\pi}$ ，得

$$\int_{-\infty}^{\infty}\mathrm{e}^{-\frac{mv_y^2}{2k_\mathrm{B}T}}\mathrm{d}v_y=\sqrt{\frac{2k_\mathrm{B}T}{m}\pi} \tag{3.165}$$

$$\int_{-\infty}^{\infty}\mathrm{e}^{-\frac{mv_z^2}{2k_\mathrm{B}T}}\mathrm{d}v_z=\sqrt{\frac{2k_\mathrm{B}T}{m}\pi} \tag{3.166}$$

则式（3.164）变为

$$j\approx \mathrm{e}\cdot 2\left(\frac{m}{2\pi\hbar}\right)^3\cdot\frac{2k_\mathrm{B}T\pi}{m}\int_{\sqrt{2E_0/m}}^{\infty} v_x \mathrm{e}^{\left(\frac{E_\mathrm{F}}{k_\mathrm{B}T}-\frac{mv_x^2}{2k_\mathrm{B}T}\right)}\mathrm{d}v_x=\frac{\mathrm{e}m^2k_\mathrm{B}T}{2\pi^2\hbar^3}\mathrm{e}^{\frac{E_\mathrm{F}}{k_\mathrm{B}T}}\int_{\sqrt{2E_0/m}}^{\infty} v_x \mathrm{e}^{-\frac{mv_x^2}{2k_\mathrm{B}T}}\mathrm{d}v_x \tag{3.167}$$

由于

$$\int_{\sqrt{2E_0/m}}^{\infty} v_x \mathrm{e}^{-\frac{mv_x^2}{2k_\mathrm{B}T}}\mathrm{d}v_x=\frac{1}{2}\left(-\frac{2k_\mathrm{B}T}{m}\right)\mathrm{e}^{-\frac{mv_x^2}{2k_\mathrm{B}T}}\Bigg|_{\sqrt{2E_0/m}}^{\infty}=\left(\frac{k_\mathrm{B}T}{m}\right)\mathrm{e}^{-\frac{E_0}{k_\mathrm{B}T}} \tag{3.168}$$

所以发射电流密度为

$$\begin{aligned} j&=\frac{\mathrm{e}m^2k_\mathrm{B}T}{2\pi^2\hbar^3}\mathrm{e}^{\frac{E_\mathrm{F}}{k_\mathrm{B}T}}\int_{\sqrt{2E_0/m}}^{\infty} v_x \mathrm{e}^{-\frac{mv_x^2}{2k_\mathrm{B}T}}\mathrm{d}v_x=\frac{\mathrm{e}m^2k_\mathrm{B}T}{2\pi^2\hbar^3}\mathrm{e}^{\frac{E_\mathrm{F}}{k_\mathrm{B}T}}\cdot\left(\frac{k_\mathrm{B}T}{m}\right)\mathrm{e}^{-\frac{E_0}{k_\mathrm{B}T}}\\ &=\frac{\mathrm{e}m}{2\pi^2\hbar^3}\left(k_\mathrm{B}T\right)^2\mathrm{e}^{-\frac{E_0-E_\mathrm{F}}{k_\mathrm{B}T}}=AT^2\mathrm{e}^{-\phi/(k_\mathrm{B}T)} \end{aligned} \tag{3.169}$$

式中， $A=\mathrm{e}mk_\mathrm{B}^2/(2\pi^2\hbar^3)$ 。

式（3.169）称为理查森-杜什曼（Richardson-Dushman）①公式。理查森-杜什曼公式表明，热发射电流密度强烈地依赖温度和功函数的值。温度越高，功函数越小，发射电流越大。特别是发射电流对温度的指数依赖关系，已被实验很好地证实，但是实际的发射电流密度要比理论计算的低，这是由于真实的功函数还与温度、金属的表面条件及晶轴方向有关。由式（3.169）可以根据特定表面的热发射电流密度与温度的实验数据作出 $\ln\left(\frac{j}{T^2}\right)$-$\frac{1}{T}$ 图，这样便可根据斜率确定金属的功函数，表 3.5 列出了一些金属的功函数值。

---

①欧文·威兰斯·理查森（Owen Willans Richardson，1879 年 4 月 26 日—1959 年 2 月 15 日），英国物理学家，热离子学（热阴极电子学）的创始人，因对热离子现象的研究，特别是发现理查森定律而获得了 1928 年诺贝尔物理学奖。

索尔·杜什曼（Saul Dushman，1883 年 7 月 12 日—1954 年 7 月 7 日），美籍俄裔物理化学家、电子学家。

人物链接：
热电子发射的先驱
——理查森和杜什曼

表 3.5　一些金属的功函数 ϕ 值

元素	表面晶面	功函数 ϕ/eV	元素	表面晶面	功函数 ϕ/eV
Ag	(100)	4.64	Ge	(111)	4.80
	(110)	4.52	Ni	(100)	5.22
	(111)	4.74		(110)	5.04
Cs	多晶体	2.14		(111)	5.35
Cu	(100)	4.59	W	(100)	4.63
	(110)	4.48		(110)	5.25
	(111)	4.98		(111)	4.47

注：除 W 的值由场发射获得外，其他元素的值均通过光电发射得到。

3.6.2　接触电势

当两块不同的金属 I 和 II 相接触，或者用导线连接起来时，这两块金属就会同时带电，产生不同的电势 V_{I} 和 V_{II}，这个电势称为接触电势。如图 3.19 所示。设两块金属的温度都是 T，当它们相接触时，根据式（3.169）可知，每秒内从金属的单位表面积所逸出的电子数正比于 $\mathrm{e}^{-\phi/(k_{\mathrm{B}}T)}$。若 $\phi_{\mathrm{II}} > \phi_{\mathrm{I}}$，如图 3.20（a）所示，则从金属 I 逸出的电子数比金属 II 逸出的多，于是，两者接触时金属 I 失去电子带正电，$V_{\mathrm{I}} > 0$；金属 II 得到电子带负电，$V_{\mathrm{II}} < 0$。这样两金属产生电势差，该电势差对电子从金属 I 到金属 II 的扩散起阻碍作用。

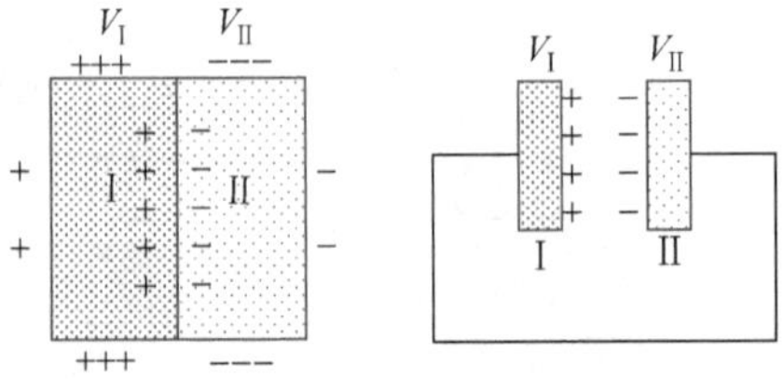

图 3.19　接触电势

这样，电子在金属 I 中的附加静电势能为 $-eV_{\mathrm{I}} < 0$，使其能级图下降；电子在金属 II 中的附加静电势能为 $-eV_{\mathrm{II}} > 0$，能级图上升。当两块金属的费米能相等时，电子停止从金属 I 流向金属 II，达到统计平衡。此时：

$$\phi_{\mathrm{I}} + eV_{\mathrm{I}} = \phi_{\mathrm{II}} + eV_{\mathrm{II}}$$

两金属的接触电势差为

$$\Delta V = V_{\mathrm{I}} - V_{\mathrm{II}} = \frac{1}{e}\left(\phi_{\mathrm{II}} - \phi_{\mathrm{I}}\right) = \frac{1}{e}\left(E_{\mathrm{F_I}} - E_{\mathrm{F_{II}}}\right) \tag{3.170}$$

这说明，两不同金属的接触电势差由两金属的费米能级来决定。接触后，价电子由费米能高的金属流向费米能低的金属，直到两费米能级相等，如图 3.20（b）所示。费米能差别大，接触电势差就大。

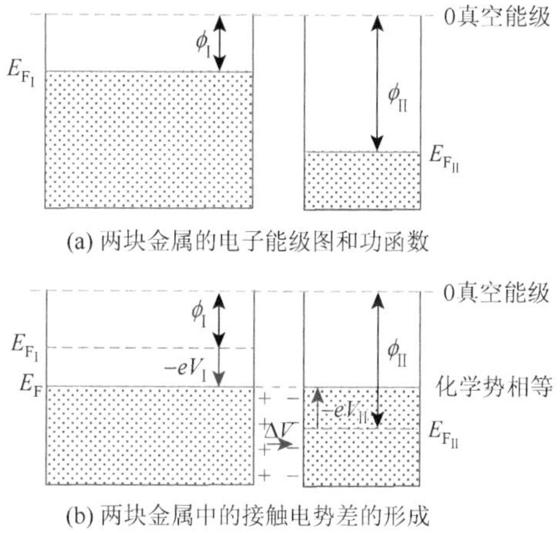

图 3.20　两块金属中的电子气势阱与接触电势差的形成

习　　题

3.1　设有一个长度为 L 的一维金属线，假设一个原子一个价电子，且它共有 N 个导电电子，若把这些导电电子看作自由电子气，试求：

（1）电子的能级密度；

（2）热力学零度下的电子费米能级；

（3）电子的平均能量；

（4）电子的比热容。

3.2　设有一个面积为 A 的二维金属晶体，其中共有 N 个导电电子，若把这些导电电子看成是自由电子气，试求：

（1）电子的能态密度；

（2）热力学零度下的电子费米能级；

（3）电子的平均能量；

（4）电子的比热容。

3.3　试分析比较一维、二维及三维金属晶体的自由电子气的状态密度、费米能级（0K）、平均能量及比热容。

3.4　（1）用自由电子模型证明 $\boldsymbol{k}$ 空间费米球的半径为 $k_{\mathrm{F}}^0=(3n\pi^2)^{\frac{1}{3}}$，其中 n 为电子浓度；

（2）一个简单立方点阵的单价金属，计算其第一布里渊区中电子填充状态所占的分数。

3.5　某金属中的自由电子气在温度 $T=0\mathrm{K}$ 时，被填充到费米半径 $k_{\mathrm{F}}^0=(6\pi^2)^{1/3}/a$ 的费米球中，其中，a^3 为每个原子占据的体积。

（1）计算每个原子的价电子数目；

（2）导出在温度 $T=0\mathrm{K}$ 时自由电子气的费米能表达式。

3.6　$^3\mathrm{He}$ 的自旋为 1/2，是费米子。液体 $^3\mathrm{He}$ 在热力学零度附近的密度为 $0.081\mathrm{g/cm^3}$。计算费米能 E_{F} 和费米温度 T_{F}。

3.7 已知银的密度为 10.5g/cm^3，原子量 $M = 107.87\text{g/mol}$，电阻率为 $\rho_{295\text{K}} = 1.61\times10^{-6}\Omega\cdot\text{cm}$，$\rho_{20\text{K}} = 0.038\times10^{-6}\Omega\cdot\text{cm}$。若把金属银看成具有近似为球形费米面的单价金属，试计算：

（1）费米球半径；

（2）费米能和费米温度；

（3）费米速度；

（4）室温（295K）下及 20K 时电子的平均自由程。

3.8 在低温下金属钾的摩尔热容量的实验结果可写成 $C = 2.08T + 2.57T^3\text{mJ/(mol}\cdot\text{K)}$，求钾的费米温度 T_F 和德拜温度 Θ_D。

3.9 （1）试根据德鲁德-洛伦兹的经典自由电子论计算单价金属锂、铜的自由电子浓度（已知锂、铜的密度分别为 $\rho_{\text{Li}} = 0.534\text{g/cm}^3$，$\rho_{\text{Cu}} = 8.960\text{g/cm}^3$；锂、铜的原子量分别为 $M_{\text{Li}} = 6.941\text{g/mol}$，$M_{\text{Cu}} = 63.546\text{g/mol}$）；

（2）根据（1）的结果，进一步计算锂、铜的费米球半径 k_F 和费米能 E_F。

（3）由（2）可知，当电子浓度增加时，费米球随之增大。考虑面心立方结构的 Cu，证明：当 $n/n_A = 1.36$ 时（n_A 为原子浓度），费米球和面心立方晶格的第一布里渊区相切；

（4）设 Cu 晶体中的部分 Cu 原子由 Zn 置换形成面心立方晶格的 α 黄铜（即 CuZn 合金），求费米面与布里渊区边界相切时，Zn 原子数与 Cu 原子数之比。

3.10 室温下利用光电效应已测得银及铯的光电效应阈值分别为 4.8eV 和 1.8eV。试求：

（1）采用理查森-杜什曼公式分别估算银及铯在室温下的热电子发射电流密度；

（2）若温度上升至 800K 时，其热电子发射电流密度为多少？

（3）若把银与铯两种金属接触在一起，求出室温下它们的接触电势差。

第4章　固体能带理论

索末菲的量子自由电子理论较经典自由电子理论取得了巨大进步，使我们对金属热容、热导率、电导率等有了更好的解释，其成功的原因是正确地采用了费米-狄拉克统计分布代替了经典的麦克斯韦-玻尔兹曼统计分布。但是该模型把金属内部势场看作恒定势场，过于简化，实际情况是周期性结构导致晶体中电子是处于周期性势场中的。因此在解释实际问题时还是遇到了相当多的困难。例如，为什么固体导电性有如此巨大的差异：银的电阻率只有 $10^{-8}\Omega\cdot\text{m}$，而金刚石电阻率却高达 $10^{14}\Omega\cdot\text{m}$？为什么二价金属导电性比一价金属还差？为什么有的金属会出现正值霍尔系数？诸如此类的问题都是在能带理论建立起来以后才得以解决的。

能带理论是目前研究固体中的电子状态、说明固体性质的最重要的理论基础。它的出现是量子力学与量子统计在固体中最直接的、最成功的结果。能带理论成功地解决了自由电子量子理论处理金属时所遗留下来的许多问题，并为其后固体物理学的发展奠定了基础。

假设在体积 $V=L^3$ 的固体中有 N 个带正电荷 Ze 的离子实，相应地有 NZ 个价电子。用 $\boldsymbol{r}$ 表示电子坐标，m 为电子质量，$\boldsymbol{R}$ 表示离子实坐标，M 为离子实质量。则哈密顿量应包括组成固体的所有粒子（离子实和电子）的动能和这些粒子之间的相互作用势能，共由5部分组成，写为

$$\begin{aligned}\hat{H}=&-\sum_{i=1}^{NZ}\frac{\hbar^2}{2m}\nabla_i^2+\frac{1}{2}\sum_{i\neq j}\frac{e^2}{4\pi\varepsilon_0\varepsilon_r\left|\boldsymbol{r}_i-\boldsymbol{r}_j\right|}-\sum_{n=1}^{N}\frac{\hbar^2}{2M}\nabla_n^2\\&+\frac{1}{2}\sum_{n\neq m}\frac{(Ne)^2}{4\pi\varepsilon_0\varepsilon_r\left|\boldsymbol{R}_n-\boldsymbol{R}_m\right|}-\sum_{i=1}^{NZ}\sum_{n=1}^{N}\frac{Ze^2}{4\pi\varepsilon_0\varepsilon_r\left|\boldsymbol{r}_i-\boldsymbol{R}_n\right|}\\=&\hat{T}_e+U_{ee}\left(\boldsymbol{r}_i-\boldsymbol{r}_j\right)+\hat{T}_n+U_{nm}\left(\boldsymbol{R}_n-\boldsymbol{R}_m\right)+U_{en}\left(\boldsymbol{r}_i-\boldsymbol{R}_n\right)\end{aligned}\tag{4.1}$$

式中，第二个等号右边第一项为 NZ 个电子的动能，第二项为电子之间的库仑相互作用能，第三项为 N 个离子实的动能，第四项为离子实之间的库仑相互作用能，第五项为电子和离子实之间的相互作用能。

我们要确定固体中电子的能级，出发点就是解出组成固体的多粒子系统的薛定谔方程：

$$\hat{H}\psi\left(\boldsymbol{r},\boldsymbol{R}\right)=E\psi\left(\boldsymbol{r},\boldsymbol{R}\right)\tag{4.2}$$

然而对于固体这样一个每立方米中有 10^{29} 量级的原子核和电子的多粒子系统，必须采取合理的简化和近似，才能求解薛定谔方程。

能带理论的三个基本近似如下：

（1）绝热近似：由于原子核质量大约是电子质量的几千倍，因而在同样的相互作用下，电子处于高速运动中，而原子核只是在它们的平衡位置附近振动。这一速度差异的

结果使得电子在每一时刻仿佛运动在静止原子核构成的势场中，而原子核则感受不到电子的具体位置。因此，有可能将整个问题分成两部分考虑：在考虑电子的运动时，认为离子实不动，处在它们的瞬时位置上，而考虑离子实的运动时，则不考虑电子在空间的具体分布。这就是玻恩和奥本海默（Oppenheimer）①提出的绝热近似，或称玻恩-奥本海默近似，相当于把电子的运动与离子实的运动分离开来。对应式（4.1）哈密顿量中的第三项和第四项 $\hat{T}_n + U_{nm}\left(\boldsymbol{R}_n - \boldsymbol{R}_m\right) = 0$。

（2）平均场近似：对于单个电子，每个电子的势能只与该电子的位置有关，把其他电子对它的作用看成一个平均场，对应式（4.1）哈密顿量中的第二项 $U_{ee}(\boldsymbol{r}_i\text{–}\boldsymbol{r}_j)$变为一常数势场。这样就将多电子问题简化为单电子问题，平均场近似又称哈特里-福克（Hartree-Fock）②自洽场近似。

（3）周期场近似：式（4.1）哈密顿量中的第五项 $U_{en}(\boldsymbol{r}_i\text{–}\boldsymbol{R}_n)$，为离子实对电子的势能，具有与晶格相同的周期性。因此，固定的离子势场可看作周期势场，电子的平均场是常势场。这样，每个电子所受到的离子实及其他所有电子形成的等效势场具有理想晶体的平移对称性，即每个电子都是在一个周期场中运动的。

通过以上近似，可以把电子在晶体中运动的多粒子体系问题简化为每个电子都处在完全相同的周期性势场中运动的问题，我们将这种近似的方法称为单电子近似。本章将首先介绍在周期性势场中运动的电子的基本特征；然后讨论一维方势阱周期性势场中运动粒子的严格解；接着通过两种近似方法，即近自由电子近似和紧束缚近似（tight binding approximation），得出周期性势场中的单电子的能带理论。

4.1　布洛赫定理

当我开始思考这一问题的时候，感觉到问题的关键是解释电子将如何“偷偷地潜行”于金属中的所有离子之间……经过简单而直观的傅里叶分析，我高兴地发现，这种不同于自由电子平面波的波仅仅借助于一种周期性调制就可以获得。

——费利克斯 · 布洛赫③

①尤利乌斯 · 罗伯特 · 奥本海默（Julius Robert Oppenheimer，1904 年 4 月 22 日—1967 年 2 月 18 日），美国物理学家、曼哈顿计划的领导者，美国加利福尼亚大学伯克利分校物理学教授，被誉为人类的“原子弹之父”。

人物链接：
原子弹之父——奥本海默

②道格拉斯 · 雷纳 · 哈特里（Douglas Rayner Hartree，1897 年 3 月 27 日—1958 年 2 月 12 日），英国数学家、量子化学家和物理学家，1929 年到 1946 年在曼彻斯特大学任教授，发明了著名的微分分析器（differential analyzer），用于分析多电子原子的波函数。

弗拉基米尔 · 亚历山德罗维奇 · 福克（Vladimir Aleksandrovich Fock，俄文名为 Владимир Александрович Фок，1898 年 12 月 22 日—1974 年 12 月 27 日），苏联物理学家，量子力学和量子电动力学的奠基人。

人物链接：
计算物理（化学、材料）的开拓者——哈特里及其微分分析器

③费利克斯 · 布洛赫（Felix Bloch，1905 年 10 月 23 日—1983 年 9 月 10 日），美籍瑞士物理学家，因发现核磁共振现象和核磁精密测量的新方法与珀塞尔一起获得了 1952 年的诺贝尔物理学奖。

爱德华 · 米尔斯 · 珀塞尔（Edward Mills Purcell，1912 年 8 月 30 日—1997 年 3 月 7 日），美国物理学家，因发现核磁共振现象和核磁精密测量的新方法与布洛赫一起获得了 1952 年的诺贝尔物理学奖。

人物链接：
275 美元做出诺奖成果——核磁共振的先驱布洛赫和珀塞尔

4.1.1　布洛赫波函数

根据上面的近似，晶体中电子的运动是在周期性势场中进行的，那么其薛定谔方程为

$$\hat{H}\psi(\boldsymbol{r})=\left[-\frac{\hbar^2}{2m}\nabla^2+U(\boldsymbol{r})\right]\psi(\boldsymbol{r})=E\psi(\boldsymbol{r}) \tag{4.3}$$

式中，$U(\boldsymbol{r})$为电子在晶体周期场中的势能函数，它必须满足

$$U(\boldsymbol{r})=U(\boldsymbol{r}+\boldsymbol{R}_n) \tag{4.4}$$

式中，$\boldsymbol{R}_n$ 为正格矢，$\boldsymbol{R}_n = n_1\boldsymbol{a}_1 + n_2\boldsymbol{a}_2 + n_3\boldsymbol{a}_3$。虽然晶体中电子的运动已经简化成求解周期场作用下的单电子薛定谔方程，但具体求解仍然十分困难，而且不同晶体中周期势场的形式和强弱也是不同的，需要针对具体的问题才能求解。

1928 年，布洛赫首先讨论了在晶体周期场中运动的单电子波函数应具有的形式，给出了周期场中单电子状态的一般属性，对于理解晶体中的电子、求解具体问题具有指导意义。

布洛赫提出，在周期势场中运动的单电子的波函数是一个按晶格周期性函数调幅的平面波。即方程式（4.3）的解为

$$\psi(\boldsymbol{r})=u_{\boldsymbol{k}}(\boldsymbol{r})\mathrm{e}^{\mathrm{i}\boldsymbol{k}\cdot\boldsymbol{r}} \tag{4.5}$$

其中，

$$u_{\boldsymbol{k}}(\boldsymbol{r})=u_{\boldsymbol{k}}(\boldsymbol{r}+\boldsymbol{R}_n) \tag{4.6}$$

式中，$\boldsymbol{k}$ 为电子波矢；$\boldsymbol{R}_n$ 为格矢。具有上述形式的波函数称为布洛赫波函数，可以用布洛赫波函数来描述其运动状态的电子称为布洛赫电子，上述理论称为布洛赫定理。从式（4.5）可以看出，当 $u_{\boldsymbol{k}}(\boldsymbol{r})$退化为一常数时，波函数便是索末菲自由电子的波函数。

由式（4.5）可得

$$u_{\boldsymbol{k}}(\boldsymbol{r})=\mathrm{e}^{-\mathrm{i}\boldsymbol{k}\cdot\boldsymbol{r}}\psi(\boldsymbol{r})$$

由于 $u_{\boldsymbol{k}}(\boldsymbol{r}) = u_{\boldsymbol{k}}(\boldsymbol{r} + \boldsymbol{R}_n)$，所以有

$$u_{\boldsymbol{k}}(\boldsymbol{r})=u_{\boldsymbol{k}}(\boldsymbol{r}+\boldsymbol{R}_n)=\mathrm{e}^{-\mathrm{i}\boldsymbol{k}\cdot(\boldsymbol{r}+\boldsymbol{R}_n)}\psi_{\boldsymbol{k}}(\boldsymbol{r}+\boldsymbol{R}_n)=\mathrm{e}^{-\mathrm{i}\boldsymbol{k}\cdot\boldsymbol{r}}\mathrm{e}^{-\mathrm{i}\boldsymbol{k}\cdot\boldsymbol{R}_n}\psi_{\boldsymbol{k}}(\boldsymbol{r}+\boldsymbol{R}_n) \tag{4.7}$$

$$\psi_{\boldsymbol{k}}(\boldsymbol{r}+\boldsymbol{R}_n)=\mathrm{e}^{\mathrm{i}\boldsymbol{k}\cdot\boldsymbol{r}}\mathrm{e}^{\mathrm{i}\boldsymbol{k}\cdot\boldsymbol{R}_n}u_{\boldsymbol{k}}(\boldsymbol{r})=\mathrm{e}^{\mathrm{i}\boldsymbol{k}\cdot\boldsymbol{R}_n}\psi_{\boldsymbol{k}}(\boldsymbol{r}) \tag{4.8}$$

式（4.8）是布洛赫定理的另一种表述方式，表示对上述薛定谔方程的每一本征解，存在一波矢 $\boldsymbol{k}$，使得$\psi_{\boldsymbol{k}}(\boldsymbol{r}+\boldsymbol{R}_n)=\mathrm{e}^{\mathrm{i}\boldsymbol{k}\cdot\boldsymbol{R}_n}\psi_{\boldsymbol{k}}(\boldsymbol{r})$对属于布拉维格子的所有格矢 $\boldsymbol{R}_n$ 都成立。

这表明，在不同原胞的对应点上，波函数只相差一个相位因子 $\mathrm{e}^{\mathrm{i}\boldsymbol{k}\cdot\boldsymbol{R}_n}$，所以电子出现在不同原胞的对应点上的概率是相同的，这是晶体周期性的反映。

4.1.2　量子力学中的算符

在推导布洛赫定理之前，先简单介绍一下量子力学中关于算符的一些基础知识。表示一个体系力学性质的参量称为力学量。微观体系的力学量与经典系统的力学量有着重要的区别。在经典力学中，一切力学量都可以表示为坐标和动量的函数，如动能、势能、角动量等，坐标和动量可同时具有确定值，因此经典粒子的力学量在任何状态下都有确

定值。从经典力学过渡到量子力学，由于微观粒子具有波粒二象性，引入了波函数，以概率的特征全面地描述微观粒子的运动状态。微观体系的一些力学量往往只能取分立值（如势阱中粒子的能量、线性谐振子的能量、原子的能量及角动量等），也有些量根本不可能同时具有确定值，如坐标和动量。正是由于这种差别的存在，在量子力学中引入算符来表示微观粒子的力学量。

算符就是指作用在一个函数上得出另一个函数的运算符号。例如 $\sqrt{u}=v$ 中的“$\sqrt{\ }$”为开方算符；$\dfrac{\mathrm{d}u}{\mathrm{d}x}=v$ 中的“$\dfrac{\mathrm{d}}{\mathrm{d}x}$”为微商算符等。量子力学中的算符是作用在波函数上的运算符号，例如，第 3 章中在讨论势场 $U(\boldsymbol{r},t)$ 作用下粒子的薛定谔方程时，曾得到式（3.37），即

$$\mathrm{i}\hbar\frac{\partial\psi}{\partial t}=\hat{H}\psi=\left[-\frac{\hbar^2}{2m}\nabla^2+U(\boldsymbol{r},t)\right]\psi=E\psi \tag{4.9}$$

从上述方程可以发现一个很有意义的联系，即算符 $\mathrm{i}\hbar\dfrac{\partial}{\partial t}$ 与能量 E 等效，哈密顿算符 $\hat{H}$ 也与能量 E 等效，则 $\mathrm{i}\hbar\dfrac{\partial}{\partial t}$ 和 $\hat{H}$ 都称为能量算符，二者没有本质区别。

如果 $U(\boldsymbol{r},t)=0$，式（4.9）又可化为

$$-\frac{\hbar^2}{2m}\nabla^2\psi=\frac{p^2}{2m}\psi=T\psi \tag{4.10}$$

由此也可以看出，算符 $-\dfrac{\hbar^2}{2m}\nabla^2$ 的运算效果与动能 T 等效，$-\dfrac{\hbar^2}{2m}\nabla^2$ 称为动能算符；算符 $-\mathrm{i}\hbar\nabla$ 与动量 p 等效，$-\mathrm{i}\hbar\nabla$ 称为动量算符。

算符相等、相加、相乘、幂运算的定义如下。对于任意的波函数：

（1）若 $\hat{F}\Psi=\hat{M}\Psi$，则

$$\hat{F}=\hat{M} \tag{4.11}$$

（2）若 $\hat{F}\Psi+\hat{G}\Psi=\hat{M}\Psi$，则

$$\hat{F}+\hat{G}=\hat{M} \tag{4.12}$$

（3）若 $\hat{F}\left(\hat{G}\Psi\right)=\hat{M}\Psi$，则

$$\hat{F}\hat{G}=\hat{M} \tag{4.13}$$

（4）若算符 $\hat{F}$ 的 n 次幂 $\hat{F}^n=\underbrace{\hat{F}\hat{F}\cdots\hat{F}}_{n个}$，则

$$\hat{F}^m\hat{F}^n=\hat{F}^{m+n} \tag{4.14}$$

需要注意的是，在相乘的各算符之间，其次序不能随意交换。若两算符之间次序可以交换，即 $\hat{F}\hat{G}=\hat{G}\hat{F}$，对易括号 $\left[\hat{F},\hat{G}\right]=\hat{F}\hat{G}-\hat{G}\hat{F}=0$，我们称算符 $\hat{F}$、$\hat{G}$ 是对易的。

在一般情况下，一个算符 $\hat{F}$（如 $\hat{F}=\dfrac{\mathrm{d}}{\mathrm{d}x}$）作用于一个函数 f_1（如 $f_1=6x^2-2x$）得到的将是另一个函数 f_2，如 $\hat{F}f_1=\dfrac{\mathrm{d}}{\mathrm{d}x}\left(6x^2-2x\right)=12x-2=f_2$。但在某些特殊条件下，存在一个 f_1（如 $f_1=\exp 2x$），使得算符 $\hat{F}$ 作用于 f_1 后的结果等于一个常数 a 乘以 f_1 自身，如

$\hat{F}f_1 = \frac{\mathrm{d}}{\mathrm{d}x}(\exp 2x) = 2\exp 2x = 2f_1$。就把 f_1 称为 $\hat{F}$ 的本征函数，而把常数 a（此处为 2）称为力学量算符 $\hat{F}$ 的本征值。

由上面的说明可知，体系处于任意状态 ψ 时，力学量算符 $\hat{F}$ 一般没有确定值。但如果 $\hat{F}\psi = \lambda\psi$，式中 λ 为常数，则力学量算符 $\hat{F}$ 有确定值。称该方程为算符 $\hat{F}$ 的本征方程，λ 为算符 $\hat{F}$ 的本征值，ψ 为算符 $\hat{F}$ 属于本征值 λ 的本征态或本征函数。如果一个 λ 只有一个对应的 ψ，则 λ 为非简并（如线性谐振子的能量本征值）；如一个 λ 有 n 个对应的本征函数，即 $\psi_1, \psi_2, \cdots, \psi_n$，并且它们是线性独立的，则称 λ 为 n 重简并。例如，原子的 p_x, p_y, p_z 三个轨道都有相同的本征能量，但是波函数却是不同的，因此电子能量是三重简并的。

算符和波函数的关系是一种数学关系，然而通过算符的运算却可获得有关微观体系的各种信息。例如，欲知道一个原子可能的能量数值时，只需要将能量算符作用于该状态的波函数 ψ 上，求出能量算符的本征值，这个值即应与实验测得的该状态的能量数值一致。由此可见，在量子学中，微观粒子的力学量用算符表示，要想求出力学量的可能值，必须求解出表示力学量算符的本征方程的本征值。由于表示力学量的数值都是实数，那么什么样的算符对应本征方程的本征值是实数呢？

若算符 $\hat{F}$ 满足

$$\int \Psi^* \hat{F} \Phi \mathrm{d}\boldsymbol{r} = \int \left(\hat{F}\Psi\right)^* \Phi \mathrm{d}\boldsymbol{r} \tag{4.15}$$

则称 $\hat{F}$ 为厄米算符。式中，Ψ、Φ 为两个任意波函数。

1）厄米算符的本征值必是实数

设 $\hat{F}$ 为厄米算符，其本征值为 λ，相应的本征函数为 ψ，则有本征方程 $\hat{F}\psi = \lambda\psi$。两端取复共轭，得 $(\hat{F}\psi)^* = \lambda^*\psi^*$，对上式右乘 ψ，积分，得到

$$\int \left(\hat{F}\psi\right)^* \psi \mathrm{d}\tau = \int \lambda^* \psi^* \psi \mathrm{d}\tau = \lambda^* \int \psi^* \psi \mathrm{d}\tau \tag{4.16}$$

按厄米算符的定义

$$\int \left(\hat{F}\psi\right)^* \psi \mathrm{d}\tau = \int \psi^* \hat{F}\psi \mathrm{d}\tau = \int \psi^* \lambda\psi \mathrm{d}\tau = \lambda \int \psi^* \psi \mathrm{d}\tau \tag{4.17}$$

其中利用到本征方程 $\hat{F}\psi = \lambda\psi$。结合式（4.16）和式（4.17）有

$$\lambda^* \int \psi^* \psi \mathrm{d}\tau = \lambda \int \psi^* \psi \mathrm{d}\tau \tag{4.18a}$$

$$\lambda^* = \lambda \tag{4.18b}$$

所以 λ 必定为实数。

经过证明，厄米算符的本征值是实数，所以厄米算符又称为实算符。量子力学中表示力学量的算符都是厄米算符。

同时，若算符 $\hat{F}$ 满足

$$\hat{F}\left(c_1\Psi_1 + c_2\Psi_2\right) = c_1\hat{F}\Psi_1 + c_2\hat{F}\Psi_2 \tag{4.19}$$

则称 $\hat{F}$ 为线性算符。式中，c_1、c_2 为两个任意复常数；Ψ_1、Ψ_2 为两个任意波函数。例如，$\partial/\partial x$、∇^2 均为线性算符；$\sqrt{\ }$ 不是线性算符。

由于态叠加原理的要求，表示力学量的算符必须是线性算符，因此表示力学量的算符一定是线性厄米算符。

2）厄米算符属于不同本征值的本征函数彼此正交

如果两个波函数 $\psi_1(\boldsymbol{r})$和 $\psi_2(\boldsymbol{r})$满足：

$$(\psi_1,\psi_2)=\int\psi_1^*\psi_2\mathrm{d}\tau=0 \tag{4.20}$$

则称函数 $\psi_1(\boldsymbol{r})$和 $\psi_2(\boldsymbol{r})$内积为 0，即相互正交，也称为线性无关。内积的实质就是求投影，即一个矢量在另一个矢量方向的投影为零。正因为如此，我们常称波函数为态矢量。式中积分是对变量 $\boldsymbol{r}$ 变化的全部区域进行的。

下面给出这个定理的简单证明。设厄米算符 $\hat{F}$ 的本征函数为 $\psi_1, \psi_2, \cdots, \psi_n, \cdots$，组成本征函数系；相应的本征值为 $\lambda_1, \lambda_2, \cdots, \lambda_n, \cdots$，互不相等，组成本征值谱。则对 $k\neq l$ 时，应有

$$\hat{F}\psi_k=\lambda_k\psi_k\,,\quad \hat{F}\psi_l=\lambda_l\psi_l \tag{4.21}$$

对 $\hat{F}\psi_k=\lambda_k\psi_k$ 两端取复共轭，得到

$$\left(\hat{F}\psi_k\right)^*=\lambda_k\psi_k^* \tag{4.22}$$

对上式右乘 ψ_l，积分，得到

$$\int\left(\hat{F}\psi_k\right)^*\psi_l\mathrm{d}\tau=\int\lambda_k\psi_k^*\psi_l\mathrm{d}\tau \tag{4.23}$$

因为 $\hat{F}$ 为厄米算符，按定义有 $\int\psi_k^*\hat{F}\psi_l\mathrm{d}\tau=\int\left(\hat{F}\psi_k\right)^*\psi_l\mathrm{d}\tau$，则式（4.23）左端 $\int\left(\hat{F}\psi_k\right)^*\psi_l\mathrm{d}\tau=\int\psi_k^*\hat{F}\psi_l\mathrm{d}\tau=\lambda_l\int\psi_k^*\psi_l\mathrm{d}\tau$，其中利用到式（4.21）中的 $\hat{F}\psi_l=\lambda_l\psi_l$。则式（4.23）可改写为 $\lambda_l\int\psi_k^*\psi_l\mathrm{d}\tau=\lambda_k\int\psi_k^*\psi_l\mathrm{d}\tau$，则

$$\left(\lambda_l-\lambda_k\right)\int\psi_k^*\psi_l\mathrm{d}\tau=0 \tag{4.24}$$

由于 $\lambda_l\neq\lambda_k$，所以必有

$$\int\psi_k^*\psi_l\mathrm{d}\tau=0\,,\quad k\neq l \tag{4.25}$$

所以，厄米算符属于不同本征值的本征函数彼此正交。对于归一化波函数，正交性和归一性可以合并表示为

$$\int\psi_m^*\psi_n\mathrm{d}\tau=\delta_{mn}=\begin{cases}1, & m=n\\0, & m\neq n\end{cases} \tag{4.26}$$

式中，δ_{mn} 为克罗内克（Kronecker）δ 符号。这里只考虑了非简并情况下的分离谱，必须指出的是，即使本征值组成的是连续谱，或者在简并情况下，这个定理依然是成立的。即当 $\hat{F}$ 为厄米算符时，都可以得到正交归一的本征函数系 $\{\psi_n\}$。

3）厄米算符本征函数的完备性

设厄米算符 $\hat{F}$ 的正交归一本征函数系为 $\{\psi_n\}$，对应的本征值谱为 $\{\lambda_1, \lambda_2, \cdots, \lambda_n, \cdots\}$。体系的任意一已知的可能态 $\psi(\boldsymbol{r})$，都可以用本征态的线性叠加完全准确地表示出来，即存在

$$\psi(\boldsymbol{r})=\sum_n c_n\psi_n(\boldsymbol{r}) \tag{4.27}$$

这又称为任意态用本征态展开。这样看来，态函数就像矢量，本征函数就像基矢，态函

数的展开系数 c_n 就是在相应基矢上的投影。式（4.27）实际上就是态叠加原理的数学表示，式中 c_n 称为叠加系数。数学上把任意函数 $\psi(x)$都可以按函数$\{u_n(x)\}(n = 1, 2, \cdots)$展开的性质称为函数$\{u_n(x)\}$具有完备性（也称完全性），或称$\{u_n(x)\}$构成完备系。因此，量子力学认为（即假设），一切力学量算符（或称为可观测量）的本征函数系都具有完备性，构成完备系。力学量算符的本征函数完备性因为涉及复杂的数学问题，并没有一般证明，而是被作为一条公理来使用的。

显然，如果求出 c_n，代入式（4.27）就实现了用本征态 $\psi_n(\boldsymbol{r})$表示任意已知态 $\psi(\boldsymbol{r})$。用某一本征态 $\psi_m(\boldsymbol{r})$的复共轭$\psi_m^*(\boldsymbol{r})$左乘式（4.27）两边，然后对 $\boldsymbol{r}$ 变化的整个空间积分，并利用本征函数的正交性，得到

$$\int\psi_m^*(\boldsymbol{r})\psi(\boldsymbol{r})\mathrm{d}\boldsymbol{r} = \sum_n c_n\int\psi_m^*(\boldsymbol{r})\psi_n(\boldsymbol{r})\mathrm{d}\boldsymbol{r} = \sum_n c_n\delta_{mn} = c_m \tag{4.28}$$

所以

$$c_n = \int\psi_n^*(\boldsymbol{r})\psi(\boldsymbol{r})\mathrm{d}\boldsymbol{r} \tag{4.29}$$

设 $\psi(\boldsymbol{r})$已经归一化，那么

$$\begin{aligned}\int\psi^*(\boldsymbol{r})\psi(\boldsymbol{r})\mathrm{d}\boldsymbol{r} &= \int\left[\sum_m c_m^*\psi_m^*(r)\right]\left[\sum_n c_n\psi_n(r)\right]\mathrm{d}\boldsymbol{r} = \sum_m\sum_n c_m{}^*c_n\int\psi_m{}^*(\boldsymbol{r})\psi_n(\boldsymbol{r})\mathrm{d}\boldsymbol{r}\\ &= \sum_m\sum_n c_m{}^*c_n\delta_{mn} = \sum_n c_n{}^*c_n = \sum_n|c_n|^2 = 1\end{aligned} \tag{4.30}$$

这个结果表明，叠加系数模的平方$|c_n|^2$ 就代表 $\psi(\boldsymbol{r})$处于本征态 $\psi_n(\boldsymbol{r})$的概率。

综上所述，力学量算符是线性厄米算符，它的本征函数组成正交归一的完备系。力学量算符如果对易，则它们具有组成完备系的共同的本征函数，在这些共同本征态下力学量同时取确定值。

4.1.3　力学量的平均值及测量值

设算符 $\hat{F}$ 有本征态为 $\psi_1, \psi_2, \cdots, \psi_n, \cdots$，相应的本征值为 $\lambda_1, \lambda_2, \cdots, \lambda_n, \cdots$。先考虑一个特殊情况，当体系处于算符 $\hat{F}$ 的某一个本征态 $\psi_n(\boldsymbol{r})$时，有

$$\hat{F}\psi_n(\boldsymbol{r}) = \lambda_n\psi_n(\boldsymbol{r}) \tag{4.31}$$

则式（4.30）中叠加系数模的平方和中除$|c_n|^2 = 1$ 外，其余都等于零。在这种情况下测量力学量 F，必定得到确定的结果 λ_n，即力学量有确定值，这个值就是算符 $\hat{F}$ 属于该本征态的本征值。例如在第 3 章中讨论自由电子一维无限势阱运动时，当体系处在哈密顿算符 $\hat{H}$ 的本征态$\psi_n(x) = \sqrt{\dfrac{2}{L}}\sin\left(\dfrac{n\pi}{L}x\right)$时，体系有确定的能量$E_n = \dfrac{\pi^2\hbar^2}{2mL^2}n^2$，这些能量值就是哈密顿算符 $\hat{H}$ 在本征态中的本征值。当 n 取不同值时，一系列的本征态分别对应着一系列的本征值。

当体系处于任意态 $\psi_n(\boldsymbol{r})$时，力学量并没有确定值，而是有一系列的可能值。这些可能值就是力学量算符的本征值，每个本征值都以确定的概率出现。$|c_n|^2$ 就表示任意态 $\psi(\boldsymbol{r})$中测量力学量 F 得到本征值 λ_n 的概率，换言之，$|c_n|^2$ 代表任意态 $\psi(\boldsymbol{r})$处于本征态 $\psi_n(\boldsymbol{r})$的

概率。因此叠加系数 c_n 通常也被称为“概率振幅”。

在统计物理中，一个物理量的平均值是由物理量出现的各种可能值乘上相应的概率求和（当可能值为离散值时），或乘上相应的概率密度求积分（当可能值为连续取值时）而得到。按照上述由概率求平均值的法则，可以求得力学量 F 在任意态 $\psi(\boldsymbol{r})$中的平均值为

$$\langle F\rangle=\sum_n |c_n|^2\lambda_n \text{ 或 } \langle F\rangle=\int\lambda|c_\lambda|^2\,\mathrm{d}\lambda \tag{4.32}$$

平均值公式（4.32）的物理意义是：平均值$\langle F\rangle$是多次测量结果的平均，也就是由测量得到的可能值 λ_n 乘上对应的概率$|c_n|^2$ 后，再对所有可能值求和或积分而得到。

事实上，我们有

$$\begin{aligned}\int\psi^*(\boldsymbol{r})\hat{F}\psi(\boldsymbol{r})\mathrm{d}\boldsymbol{r}&=\int\left(\sum_m c_m^*\psi_m^*\right)\hat{F}\left(\sum_n c_n\psi_n\right)\mathrm{d}\boldsymbol{r}=\int\left(\sum_m c_m^*\psi_m^*\right)\left(\sum_n c_n\hat{F}\psi_n\right)\mathrm{d}\boldsymbol{r}\\&=\int\left(\sum_m c_m^*\psi_m^*\right)\left(\sum_n c_n\lambda_n\psi_n\right)\mathrm{d}\boldsymbol{r}=\int\left(\sum_n\sum_m c_m^*c_n\lambda_n\psi_m^*\psi_n\right)\mathrm{d}\boldsymbol{r}\\&=\left(\sum_n\sum_m c_m^*c_n\lambda_n\right)\int\psi_m^*\psi_n\mathrm{d}\boldsymbol{r}=\sum_n\left(\sum_m c_m^*c_n\lambda_n\delta_{mn}\right)\\&=\sum_n c_n^*c_n\lambda_n=\sum_n|c_n|^2\lambda_n\end{aligned} \tag{4.33}$$

比较式（4.32）和式（4.33）可得

$$\langle F\rangle=\int\psi^*(\boldsymbol{r})\hat{F}\psi(\boldsymbol{r})\mathrm{d}\boldsymbol{r} \tag{4.34}$$

可以看出，力学量 F 在任意态 $\psi(\boldsymbol{r})$中的统计平均值就是算符 $\hat{F}$ 在这个态中的期望值。这种方法计算力学量平均值比无穷级数求和更简便。

4.1.4 布洛赫定理推导

我们将按照下面这样的思路来严格证明布洛赫定理：首先证明平移对称操作算符与哈密顿算符是对易的，接着通过计算平移对称操作算符的本征值，找到其本征函数。由于对易算符有共同的本征函数，平移算符的本征函数即为哈密顿算符的本征函数，这样就可以得到晶体中电子的波是按晶格周期调幅的平面波的特点。

晶体的周期性（或者说离子实势场的周期性）反映了晶格的平移对称性，即晶格平移任意格矢时势场是不变的。如果用$\hat{T}(\boldsymbol{R}_n)$代表使位矢 $\boldsymbol{r}$ 变到位矢 $\boldsymbol{r}+\boldsymbol{R}_n$ 的平移操作算符，则单电子的周期性势能 $U(\boldsymbol{r})$函数具有下列性质：

$$\hat{T}(\boldsymbol{R}_n)U(\boldsymbol{r})=U(\boldsymbol{r}+\boldsymbol{R}_n)=U(\boldsymbol{r}) \tag{4.35}$$

由于

$$\hat{T}(\boldsymbol{R}_m)\hat{T}(\boldsymbol{R}_n)U(\boldsymbol{r})=\hat{T}(\boldsymbol{R}_m)U(\boldsymbol{r}+\boldsymbol{R}_n)=U(\boldsymbol{r}+\boldsymbol{R}_n+\boldsymbol{R}_m)=\hat{T}(\boldsymbol{R}_n)\hat{T}(\boldsymbol{R}_m)U(\boldsymbol{r}) \tag{4.36}$$

所以

$$\hat{T}(\boldsymbol{R}_m)\hat{T}(\boldsymbol{R}_n)=\hat{T}(\boldsymbol{R}_n)\hat{T}(\boldsymbol{R}_m) \tag{4.37}$$

即任意两个平移操作算符$\hat{T}(\boldsymbol{R}_m)$和$\hat{T}(\boldsymbol{R}_n)$可以对易，因此所有平移算符有共同的本征函数。

又因为在晶体中单电子运动的哈密顿量也具有晶格周期性，所以

$$\hat{T}(\boldsymbol{R}_n)\hat{H}f(\boldsymbol{r})=\left[-\frac{\hbar^2}{2m}\nabla^2_{r+R_n}+U(\boldsymbol{r}+\boldsymbol{R}_n)\right]f(\boldsymbol{r}+\boldsymbol{R}_n)$$

$$=\left[-\frac{\hbar^2}{2m}\nabla^2_r+U(\boldsymbol{r})\right]f(\boldsymbol{r}+\boldsymbol{R}_n)=\hat{H}\hat{T}(\boldsymbol{R}_n)f(\boldsymbol{r}) \tag{4.38}$$

由于$f(\boldsymbol{r})$是任意的，所以式（4.38）表明所有的平移算符$\hat{T}$和哈密顿算符$\hat{H}$是对易的。即

$$\hat{T}(\boldsymbol{R}_n)\hat{H}=\hat{H}\hat{T}(\boldsymbol{R}_n) \tag{4.39}$$

由于对易的算符应有共同的本征函数，所以说平移算符$\hat{T}(\boldsymbol{R}_n)$和哈密顿算符$\hat{H}$有共同的本征函数，设$\psi(\boldsymbol{r})$为此本征函数，那么有

$$\hat{H}\psi=E\psi \tag{4.40}$$

$$\hat{T}_1\psi=\lambda_1\psi \quad \hat{T}_2\psi=\lambda_2\psi \quad \hat{T}_3\psi=\lambda_3\psi \tag{4.41}$$

式中，$\lambda_1, \lambda_2, \lambda_3$分别为沿$a_1, a_2, a_3$方向平移算符$\hat{T}_1,\hat{T}_2,\hat{T}_3$的本征值。

设晶体在$\boldsymbol{a}_1, \boldsymbol{a}_2, \boldsymbol{a}_3$方向上各有$N_1, N_2, N_3$个原胞，总的原胞数$N=N_1N_2N_3$。引入周期性边界条件

$$\begin{cases}\psi(\boldsymbol{r}+N_1\boldsymbol{a}_1)=\psi(\boldsymbol{r})\\ \psi(\boldsymbol{r}+N_2\boldsymbol{a}_2)=\psi(\boldsymbol{r})\\ \psi(\boldsymbol{r}+N_3\boldsymbol{a}_3)=\psi(\boldsymbol{r})\end{cases} \tag{4.42}$$

于是有

$$\begin{cases}\psi(\boldsymbol{r}+N_1\boldsymbol{a}_1)=[\hat{T}_1]^{N_1}\psi(\boldsymbol{r})=[\lambda_1]^{N_1}\psi(\boldsymbol{r})=\psi(\boldsymbol{r})\\ \psi(\boldsymbol{r}+N_2\boldsymbol{a}_2)=[\hat{T}_2]^{N_2}\psi(\boldsymbol{r})=[\lambda_2]^{N_2}\psi(\boldsymbol{r})=\psi(\boldsymbol{r})\\ \psi(\boldsymbol{r}+N_3\boldsymbol{a}_3)=[\hat{T}_3]^{N_3}\psi(\boldsymbol{r})=[\lambda_3]^{N_3}\psi(\boldsymbol{r})=\psi(\boldsymbol{r})\end{cases} \tag{4.43}$$

因此得到

$$[\lambda_1]^{N_1}=[\lambda_2]^{N_2}=[\lambda_3]^{N_3}=1 \tag{4.44}$$

所以平移算符的本征值为

$$\lambda_1=\mathrm{e}^{\mathrm{i}2\pi\frac{n_1}{N_1}},\quad \lambda_2=\mathrm{e}^{\mathrm{i}2\pi\frac{n_2}{N_2}},\quad \lambda_3=\mathrm{e}^{\mathrm{i}2\pi\frac{n_3}{N_3}},\quad n_1, n_2, n_3\text{为整数} \tag{4.45}$$

引入矢量

$$\boldsymbol{k}=\frac{n_1}{N_1}\boldsymbol{b}_1+\frac{n_2}{N_2}\boldsymbol{b}_2+\frac{n_3}{N_3}\boldsymbol{b}_3 \tag{4.46}$$

式中，$\boldsymbol{b}_1, \boldsymbol{b}_2, \boldsymbol{b}_3$为倒格子基矢，满足$\boldsymbol{a}_i\cdot\boldsymbol{b}_j=2\pi\delta_{ij}$。于是平移算符的本征值变为

$$\lambda_1=\mathrm{e}^{\mathrm{i}\boldsymbol{k}\cdot\boldsymbol{a}_1},\quad \lambda_2=\mathrm{e}^{\mathrm{i}\boldsymbol{k}\cdot\boldsymbol{a}_2},\quad \lambda_3=\mathrm{e}^{\mathrm{i}\boldsymbol{k}\cdot\boldsymbol{a}_3} \tag{4.47}$$

将平移算符$\hat{T}(\boldsymbol{R}_n)$作用于电子波函数$\psi(\boldsymbol{r})$上，有

$$\hat{T}(\boldsymbol{R}_n)\psi(\boldsymbol{r})=\hat{T}(n_1\boldsymbol{a}_1+n_2\boldsymbol{a}_2+n_3\boldsymbol{a}_3)\psi(\boldsymbol{r})=\left[\hat{T}_1\right]^{n_1}\left[\hat{T}_2\right]^{n_2}\left[\hat{T}_3\right]^{n_3}\psi(\boldsymbol{r})$$

$$=[\lambda_1]^{n_1}[\lambda_2]^{n_2}[\lambda_3]^{n_3}\psi(\boldsymbol{r})=\mathrm{e}^{\mathrm{i}\boldsymbol{k}\cdot(n_1\boldsymbol{a}_1+n_2\boldsymbol{a}_2+n_3\boldsymbol{a}_3)}\psi(\boldsymbol{r})=\mathrm{e}^{\mathrm{i}\boldsymbol{k}\cdot\boldsymbol{R}_n}\psi(\boldsymbol{r}) \tag{4.48}$$

于是，根据平移的特点可以得出

$$\psi(\boldsymbol{r}+\boldsymbol{R}_n)=\mathrm{e}^{\mathrm{i}\boldsymbol{k}\cdot\boldsymbol{R}_n}\psi(\boldsymbol{r}) \tag{4.49}$$

布洛赫定理的一种形式得证。可以验证，平面波$\psi(\boldsymbol{r})=\mathrm{e}^{\mathrm{i}\boldsymbol{k}\cdot\boldsymbol{r}}$能满足式（4.49），联想到第3章自由电子波矢为$\boldsymbol{k}=k_x\boldsymbol{i}+k_y\boldsymbol{j}+k_z\boldsymbol{k}=\dfrac{n_x}{N_1}\boldsymbol{b}_1+\dfrac{n_y}{N_2}\boldsymbol{b}_2+\dfrac{n_z}{N_3}\boldsymbol{b}_3$，可以看出，式（4.46）引入的矢量$\boldsymbol{k}$具有波矢的意义。

定义一个新函数

$$u_{\boldsymbol{k}}(\boldsymbol{r})=\mathrm{e}^{-\mathrm{i}\boldsymbol{k}\cdot\boldsymbol{r}}\psi_{\boldsymbol{k}}(\boldsymbol{r}) \tag{4.50}$$

于是

$$u_{\boldsymbol{k}}(\boldsymbol{r}+\boldsymbol{R}_n)=\mathrm{e}^{-\mathrm{i}\boldsymbol{k}\cdot(\boldsymbol{r}+\boldsymbol{R}_n)}\psi_{\boldsymbol{k}}(\boldsymbol{r}+\boldsymbol{R}_n)=\mathrm{e}^{-\mathrm{i}\boldsymbol{k}\cdot\boldsymbol{r}}\mathrm{e}^{-\mathrm{i}\boldsymbol{k}\cdot\boldsymbol{R}_n}\cdot\mathrm{e}^{\mathrm{i}\boldsymbol{k}\cdot\boldsymbol{R}_n}\psi_{\boldsymbol{k}}(\boldsymbol{r})=\mathrm{e}^{-\mathrm{i}\boldsymbol{k}\cdot\boldsymbol{r}}\psi_{\boldsymbol{k}}(\boldsymbol{r})=u_{\boldsymbol{k}}(\boldsymbol{r}) \tag{4.51}$$

这表明$u_k(\boldsymbol{r})$是以格矢$\boldsymbol{R}_n$为周期的周期函数。于是由式（4.50）可得出

$$\psi_{\boldsymbol{k}}(\boldsymbol{r})=\mathrm{e}^{\mathrm{i}\boldsymbol{k}\cdot\boldsymbol{r}}u_{\boldsymbol{k}}(\boldsymbol{r}) \tag{4.52}$$

布洛赫定理的另外一种形式也得证。

对晶体中电子波函数（布洛赫波）所表示的布洛赫波函数的形式可以作如下直观的解释。由于晶体中原子间的相互作用，晶体中的电子不再束缚于某个固定原子的周围，而是在整个晶体中运动，即电子属于整个晶体，称为共有化电子。晶体中运动的电子在原子之间运动时，势场起伏不大，其波函数应类似于平面波，反映在式（4.52）中即为平面波因子$\mathrm{e}^{\mathrm{i}\boldsymbol{k}\cdot\boldsymbol{r}}$。但是电子在运动过程中也不像自由电子那样，完全不受任何力的作用，如果当电子运动到离子实的附近，无疑将受到该原子的较强的作用，使其行为接近于原子中的电子，而晶体正是原子作周期性排列而成的，可见周期函数$u_k(\boldsymbol{r})$应当明显地带有原子波函数的成分。

4.1.5 波矢 k 的取值与物理意义

由式（4.47）可知，波矢量$\boldsymbol{k}$是对应于平移算符本征值的量子数，其物理意义表示不同原胞之间电子波函数的相位变化。例如，$\psi_{\boldsymbol{k}}(\boldsymbol{r}+\boldsymbol{a}_1)=\lambda_1\psi_{\boldsymbol{k}}(\boldsymbol{r})=\mathrm{e}^{\mathrm{i}\boldsymbol{k}\cdot\boldsymbol{a}_1}\psi_{\boldsymbol{k}}(\boldsymbol{r})$，$\lambda_1$反映的是沿$\boldsymbol{a}_1$方向、相邻两个原胞中相差晶格周期$a_1$的两点之间电子波函数的相位变化。不同的波矢量$\boldsymbol{k}$表示原胞中不同点的相位差不同，即描述晶体中电子不同的运动状态。

如果两个波矢量$\boldsymbol{k}$和$\boldsymbol{k}'$相差一个倒格矢$\boldsymbol{K}_h=h_1\boldsymbol{b}_1+h_2\boldsymbol{b}_2+h_3\boldsymbol{b}_3$，则这两个波矢所对应的平移算符本征值相同。

对于$\boldsymbol{k}$

$$\lambda_\alpha=\mathrm{e}^{\mathrm{i}\boldsymbol{k}\cdot\boldsymbol{a}_\alpha}$$

对于$\boldsymbol{k}'$:

$$\lambda'_\alpha=\mathrm{e}^{\mathrm{i}\boldsymbol{k}'\cdot\boldsymbol{a}_\alpha}=\mathrm{e}^{\mathrm{i}(\boldsymbol{k}+\boldsymbol{K}_h)\cdot\boldsymbol{a}_\alpha}=\mathrm{e}^{\mathrm{i}\boldsymbol{k}\cdot\boldsymbol{a}_\alpha}\mathrm{e}^{\mathrm{i}\boldsymbol{K}_h\cdot\boldsymbol{a}_\alpha}=\mathrm{e}^{\mathrm{i}\boldsymbol{k}\cdot\boldsymbol{a}_\alpha}=\lambda_\alpha,\quad \alpha=1,2,3$$

这表明，波矢量$\boldsymbol{k}$和$\boldsymbol{k}'$所描述的电子在晶体中的运动状态相同。因此，为了使$\boldsymbol{k}$和平移算符的本征值一一对应，$\boldsymbol{k}$必须限制在一定的范围内，使之既能概括所有不同的λ取值，同时又没有两个波矢$\boldsymbol{k}$相差一个倒格矢$\boldsymbol{K}_h$。那么$\boldsymbol{k}$的取值范围如何？与讨论晶格振动格波波矢的情况相似，通常将$\boldsymbol{k}$取在由各个倒格矢的垂直平分面所围成的包含原点在内的最小封闭体积内，即约化布里渊区或称为第一布里渊区中，称为约化波矢。若$\boldsymbol{k}$

在整个 $\boldsymbol{k}$ 空间中取值，则称为广延波矢。

由于 n_1, n_2, n_3 为整数，由式（4.46）可知，$\boldsymbol{k}$ 的取值在波矢空间不连续但均匀分布。每一个量子态 $\boldsymbol{k}$，在 $\boldsymbol{k}$ 空间中所占的体积为

$$\frac{\boldsymbol{b}_1}{N_1}\cdot\left(\frac{\boldsymbol{b}_2}{N_2}\times\frac{\boldsymbol{b}_3}{N_3}\right)=\frac{\Omega^*}{N} \tag{4.53}$$

式中，Ω^*为倒格子原胞体积。

在 $\boldsymbol{k}$ 空间，波矢 $\boldsymbol{k}$ 的分布密度为

$$\frac{N}{\Omega^*}=\frac{N\Omega}{\Omega^*\Omega}=\frac{V}{(2\pi)^3} \tag{4.54}$$

式中，Ω 为正格子原胞体积；V 为晶体体积。可见布洛赫电子与式（3.104）自由电子的状态密度完全相同。

在约化布里渊区，由于 $\boldsymbol{k}$ 分布密度为 N/Ω^*，第一布里渊区体积为 Ω^*，那么第一布里渊区里波矢 $\boldsymbol{k}$ 的数目 N 为晶体的原胞数。

布洛赫波函数中的波矢量 $\boldsymbol{k}$ 起着标志电子状态量子数的作用，波函数和能量本征值都和 $\boldsymbol{k}$ 有关，不同的 $\boldsymbol{k}$ 值表示电子不同的状态。第一布里渊区里波矢 $\boldsymbol{k}$ 的数目为 N，这表明在晶格周期势场中的电子有 N 个可能的本征态。

对于第 3 章讨论的自由电子，因为

$$\boldsymbol{p}\psi_{\boldsymbol{k}}(\boldsymbol{r})=-\mathrm{i}\hbar\nabla\psi_{\boldsymbol{k}}(\boldsymbol{r})=-\mathrm{i}\hbar\nabla\left(A\mathrm{e}^{\mathrm{i}\boldsymbol{k}\cdot\boldsymbol{r}}\right)=\hbar\boldsymbol{k}\psi_{\boldsymbol{k}}(\boldsymbol{r}) \tag{4.55}$$

所以 $p=\hbar\boldsymbol{k}$ 是自由电子在 $\psi_k(\boldsymbol{r})$处的动量。但对布洛赫电子，当动量算符 $-\mathrm{i}\hbar\nabla$ 作用在布洛赫波函数上时，有

$$\boldsymbol{p}\psi_{\boldsymbol{k}}(\boldsymbol{r})=-\mathrm{i}\hbar\nabla\psi_{\boldsymbol{k}}(\boldsymbol{r})=-\mathrm{i}\hbar\nabla\left[\mathrm{e}^{\mathrm{i}\boldsymbol{k}\cdot\boldsymbol{r}}u_{\boldsymbol{k}}(\boldsymbol{r})\right]=\hbar\boldsymbol{k}\psi_{\boldsymbol{k}}(\boldsymbol{r})-\mathrm{i}\hbar\mathrm{e}^{\mathrm{i}\boldsymbol{k}\cdot\boldsymbol{r}}\nabla u_{\boldsymbol{k}}(\boldsymbol{r}) \tag{4.56}$$

式（4.56）并不能简单地写成一常数乘以 $\psi_k(\boldsymbol{r})$，所以布洛赫波函数 $\psi_k(\boldsymbol{r})$并不是动量算符的本征波函数。$\hbar\boldsymbol{k}$ 不是布洛赫电子的真实动量，但是它具有动量的量纲，在考虑电子在外场中的运动以及电子同声子、光子的相互作用时，会发现 $\hbar\boldsymbol{k}$ 起着动量的作用，被称为电子的“准动量”。

4.2　一维克勒尼希-彭尼模型*

4.1 节从晶格周期势场所具有的平移对称性出发推导出了布洛赫定理，给出了固体中电子波函数的一般性质，即均为调幅平面波。然而当不知道周期势的具体形式时，是无法知道调幅因子周期函数 $u_k(\boldsymbol{r})$及电子能量 E 的具体形式的。为了得到清晰确切的结果，必须对某一个特定固体的实际势场去求解单电子的薛定谔方程。现实情况是即使对于比较简单的势场，其薛定谔方程的求解过程也是一项数学推导极其烦琐的工作，但是为了得到能和实验对照的结果，这样做还是非常有必要的。所以本节将首先从一个简单的一维方形势场克勒尼希-彭尼模型出发，在布洛赫定理的基础上对薛定谔方程进行严格求解，并能得出周期场中运动的电子可以占据的能级形成能带，能带之间存在禁带的结论。

* 本节为选读内容。

4.2.1 克勒尼希-彭尼模型的严格解

1931 年，克勒尼希（Kronig）和彭尼（Penney）[①]提出了一个一维方形势场模型，如图 4.1 所示。设相邻势垒之间的势阱宽度为 a，势垒宽度为 b，晶体势的周期为 $c=a+b$，取势阱的势能为零，势垒的高度为 U_0。则在 $-b\leqslant x\leqslant a$ 区域，粒子的势能可表示为

$$U(x)=\begin{cases}0, & 0<x\leqslant a\\ U_0, & -b\leqslant x\leqslant 0\end{cases} \tag{4.57}$$

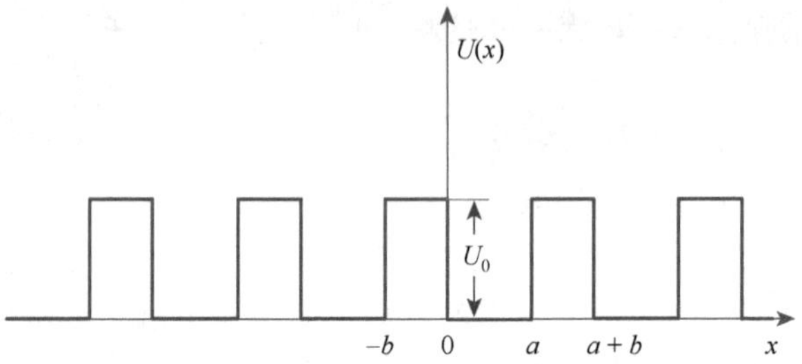

图 4.1 一维方形势场克勒尼希-彭尼模型

电子在克勒尼希-彭尼势场中运动的方程为

$$-\frac{\hbar^2}{2m}\frac{\mathrm{d}^2\varphi(x)}{\mathrm{d}x^2}+U(x)\varphi(x)=E\varphi(x) \tag{4.58}$$

根据布洛赫定理，波函数 $\varphi(x)$ 应具有布洛赫波函数形式，即

$$\varphi(x)=u(x)\mathrm{e}^{\mathrm{i}kx} \tag{4.59}$$

将式（4.59）代入式（4.58）整理得到

$$\frac{\mathrm{d}^2u(x)}{\mathrm{d}x^2}+2\mathrm{i}k\frac{\mathrm{d}u(x)}{\mathrm{d}x}+\left\{\frac{2m}{\hbar^2}\left[E-U(x)\right]-k^2\right\}u(x)=0 \tag{4.60}$$

在势场的突变点，波函数 $\varphi(x)$ 及其一阶导数 $\frac{\mathrm{d}\varphi}{\mathrm{d}x}=\mathrm{e}^{\mathrm{i}kx}\frac{\mathrm{d}u}{\mathrm{d}x}+\mathrm{i}k\mathrm{e}^{\mathrm{i}kx}u(x)$ 必须连续，实际上这就要求函数 $u(x)$ 及其导数 $\mathrm{d}u/\mathrm{d}x$ 必须连续。

（1）当 $0<x\leqslant a$ 时，势能 $U(x)=0$。令

$$\frac{2m}{\hbar^2}E=\alpha^2 \tag{4.61}$$

则方程式（4.60）化为

---

①拉尔夫 · 克勒尼希（Ralph Kronig，1904 年 3 月 10 日—1995 年 11 月 16 日），德国/美国/荷兰理论物理学家，电子自旋概念的提出者之一。

威廉 · 乔治 · 彭尼（William George Penney，1909 年 6 月 24 日—1991 年 3 月 3 日），英国物理学家。

人物链接：
与诺贝尔奖擦肩而过
——电子自旋

$$\frac{\mathrm{d}^2u(x)}{\mathrm{d}x^2}+2\mathrm{i}k\frac{\mathrm{d}u(x)}{\mathrm{d}x}+(\alpha^2-k^2)u(x)=0 \tag{4.62}$$

这是一个二阶常系数微分方程，它的解为

$$u(x)=A\mathrm{e}^{\mathrm{i}(\alpha-k)x}+B\mathrm{e}^{-\mathrm{i}(\alpha+k)x} \tag{4.63}$$

所以波函数为

$$\varphi(x)=A\mathrm{e}^{\mathrm{i}\alpha x}+B\mathrm{e}^{-\mathrm{i}\alpha x} \tag{4.64}$$

式中，待定系数 A 和 B 为任意常数。可见，这个区域内的本征波函数是向右和向左行进的平面波的线性组合，其能量为 $E=\dfrac{\hbar^2}{2m}\alpha^2$。

（2）当 $-b\leqslant x\leqslant 0$ 时，势能 $U(x)=U_0$。不妨设 $E<U_0$，令

$$\beta^2=\frac{2m}{\hbar^2}(U_0-E)=\frac{2m}{\hbar^2}U_0-\alpha^2 \tag{4.65}$$

则方程式（4.60）化为

$$\frac{\mathrm{d}^2u(x)}{\mathrm{d}x^2}+2\mathrm{i}k\frac{\mathrm{d}u(x)}{\mathrm{d}x}-(\beta^2+k^2)u(x)=0 \tag{4.66}$$

其解为

$$u(x)=C\mathrm{e}^{(\beta-\mathrm{i}k)x}+D\mathrm{e}^{-(\beta+\mathrm{i}k)x} \tag{4.67}$$

所以波函数为

$$\varphi(x)=C\mathrm{e}^{\beta x}+D\mathrm{e}^{-\beta x} \tag{4.68}$$

式中，待定系数 C 和 D 为任意常数。

晶体势场的周期为 $a+b$，所以布洛赫波函数应满足 $\varphi(x)=\varphi(x+a+b)=\mathrm{e}^{\mathrm{i}\cdot k(a+b)}\varphi(x)$，这样，$0<x\leqslant a$ 内的解便与 $-(a+b)<x\leqslant -b$ 内的解联系了起来，同理，$-b\leqslant x\leqslant 0$ 内的解便与 $a\leqslant x\leqslant a+b$ 内的解联系了起来，进而可以扩展到整个坐标范围。前面已经提及，在势场的各个突变点波函数及其一阶导数必须连续，例如，在 $x=0, x=a, x=-b$ 处，函数 $u(x)$ 及其导数 $\mathrm{d}u/\mathrm{d}x$ 也必须连续。

在 $x=0$ 处，由函数 $u(x)$ 和它的导数 $\mathrm{d}u/\mathrm{d}x$ 连续的条件分别可得到

$$A+B=C+D \tag{4.69}$$

$$\mathrm{i}(\alpha-k)A-\mathrm{i}(\alpha+k)B=(\beta-\mathrm{i}k)C-(\beta+\mathrm{i}k)D \tag{4.70}$$

在 $x=a$ 处（等效于 $x=-b$），由函数 $u(x)$ 连续的条件得到

$$\mathrm{e}^{\mathrm{i}(\alpha-k)a}A+\mathrm{e}^{-\mathrm{i}(\alpha+k)a}B=\mathrm{e}^{(\beta-\mathrm{i}k)a}C+\mathrm{e}^{-(\beta+\mathrm{i}k)a}D=\mathrm{e}^{-(\beta-\mathrm{i}k)b}C+\mathrm{e}^{(\beta+\mathrm{i}k)b}D \tag{4.71a}$$

简化式（4.71a）可得

$$\mathrm{e}^{\mathrm{i}\alpha a}A+\mathrm{e}^{-\mathrm{i}\alpha a}B=\left(\mathrm{e}^{-\beta b}C+\mathrm{e}^{\beta b}D\right)\mathrm{e}^{\mathrm{i}k(a+b)} \tag{4.71b}$$

在 $x=a$ 处（等效于 $x=-b$），由函数 $u(x)$ 的导数 $\mathrm{d}u/\mathrm{d}x$ 连续的条件得到

$$\begin{aligned}\mathrm{i}(\alpha-k)\mathrm{e}^{\mathrm{i}(\alpha-k)a}A-\mathrm{i}(\alpha+k)\mathrm{e}^{-\mathrm{i}(\alpha+k)a}B&=(\beta-\mathrm{i}k)\mathrm{e}^{(\beta-\mathrm{i}k)a}C-(\beta+\mathrm{i}k)\mathrm{e}^{-(\beta+\mathrm{i}k)a}D\\&=(\beta-\mathrm{i}k)\mathrm{e}^{-(\beta-\mathrm{i}k)b}C-(\beta+\mathrm{i}k)\mathrm{e}^{(\beta+\mathrm{i}k)b}D\end{aligned} \tag{4.72a}$$

简化式（4.72a）可得

$$i\alpha\left(e^{i\alpha a}A - e^{-i\alpha a}B\right) - ik\left(e^{i\alpha a}A + e^{-i\alpha a}B\right)$$
$$= \left[\beta\left(e^{-\beta b}C - e^{\beta b}D\right) - ik\left(e^{-\beta b}C + e^{\beta b}D\right)\right]e^{ik(a+b)} \tag{4.72b}$$

利用式（4.71b）的结果，式（4.72b）可进一步简化为

$$i\alpha\left(e^{i\alpha a}A - e^{-i\alpha a}B\right) = \beta\left(e^{-\beta b}C - e^{\beta b}D\right)e^{ik(a+b)} \tag{4.72c}$$

式（4.69）、式（4.70）、式（4.71b）、式（4.72c）是关于未知量 A, B, C, D 的齐次线性方程组，称为久期方程。有不等于零的解的条件是其系数所构成的行列式必须等于零。简化后为

$$\frac{\beta^2 - \alpha^2}{2\alpha\beta}\sinh(\beta b)\sin(\alpha a) + \cosh(\beta b)\cos(\alpha a) = \cos[k(a+b)] \tag{4.73}$$

其中，$\sinh x = \dfrac{e^x - e^{-x}}{2}$，$\cosh x = \dfrac{e^x + e^{-x}}{2}$。

由于波矢 k 是实数，$-1 \leqslant \cos[k(a+b)] \leqslant 1$。所以有

$$-1 \leqslant \frac{\beta^2 - \alpha^2}{2\alpha\beta}\sinh(\beta b)\sin(\alpha a) + \cosh(\beta b)\cos(\alpha a) \leqslant 1 \tag{4.74}$$

称为决定粒子能量的超越方程。由于求解此方程相当复杂，为进一步简化，我们取极限 $U_0 \to \infty$，$b \to 0$，但 $U_0 b$ 保持为有限值。在这一极限情况下，$\beta \gg \alpha$，$\beta^2 - \alpha^2 \to \beta^2$，于是式（4.73）可简化为

$$\frac{\beta^2 ab}{2}\frac{\sinh(\beta b)}{\beta b}\frac{\sin(\alpha a)}{\alpha a} + \cosh(\beta b)\cos(\alpha a) = \cos(ka) \tag{4.75}$$

令 $P = \dfrac{\beta^2 ab}{2}$，$\beta b = \sqrt{\dfrac{2Pb}{a}} \ll 1$，则

$$\sinh(\beta b) = \frac{e^{\beta b} - e^{-\beta b}}{2} \approx \beta b\text{；}\quad \cosh(\beta b) = \frac{e^{\beta b} + e^{-\beta b}}{2} \approx 1 \tag{4.76}$$

代入式（4.75）得

$$P\frac{\sin(\alpha a)}{\alpha a} + \cos(\alpha a) = \cos(ka) \tag{4.77}$$

由于 α 和 β 分别是通过式（4.61）、式（4.65）和能量联系起来的，所以式（4.77）正是电子能量 E 作为波矢量 k 的隐函数表达式，通常称为色散关系式，可以利用其来确定电子的能量。

令函数

$$y(\alpha a) = P\frac{\sin(\alpha a)}{\alpha a} + \cos(\alpha a) \tag{4.78}$$

以 αa 为横轴，$y(\alpha a)$为纵轴，作出曲线如图 4.2 所示。等式（4.77）右端的 $\cos(ka)$ 是介于 -1 和 $+1$ 取值为常数的直线，如图 4.2 中所示两虚线之间。从图 4.2 容易看出，式（4.78）代表的曲线被两端值为 ± 1 的直线所截得的曲线段均为方程式（4.77）的解。这些线段在 αa 轴上的断续投影线表示许可的 αa 值，找出其相应的纵坐标值 $\cos(ka)$，可求出 k；再通过式（4.61）可将 αa 的许可值换算成能量 E 的许可值。这样就算出同每一个 E 对应

的 k 值，得到 E-ka 曲线（图 4.3）。在断续许可的 αa 值之间，对应的$|y(\alpha a)|>1$，其中的 α 不满足式（4.77），也就是说，由在此间隔内确定的 α，根据式（4.61）计算出来的能量不是薛定谔方程式（4.58）的解，即电子不具有这样的能量。由此得出一个重要的结论：周期性势场中的电子可能具有的能量是分段存在的，每两个可取的许可能量段之间被一不允许的能量范围所隔开。图 4.3 所示的色散关系清晰地表明存在电子能量的禁止范围。

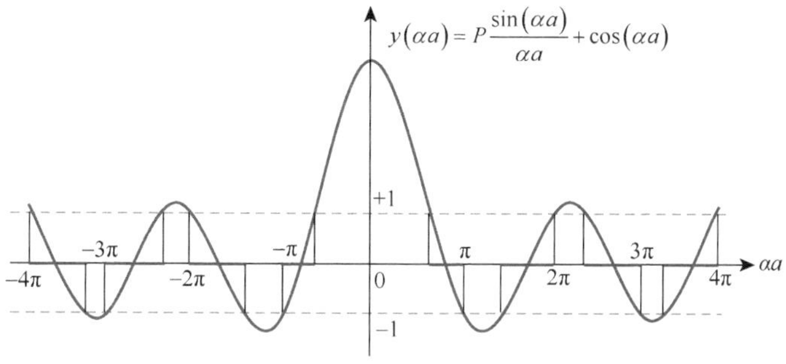

图 4.2　$P=\dfrac{3}{2}\pi$ 时，式（4.78）的图形

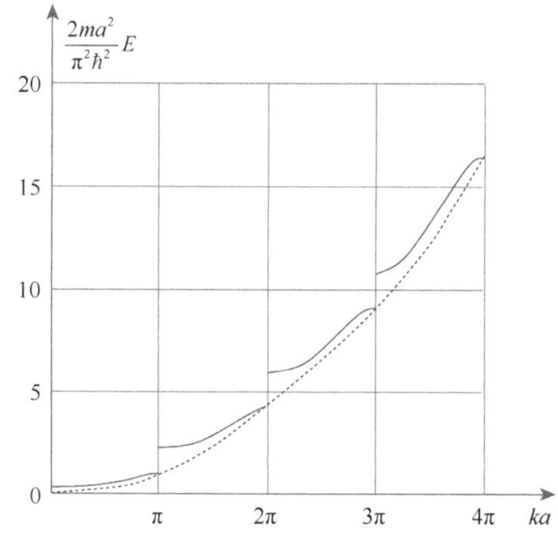

图 4.3　在 $P=\dfrac{3}{2}\pi$ 时，克勒尼希-彭尼模型中 E-ka 曲线

当 $P=0$ 时，由式（4.77）可得

$$\cos(\alpha a)=\cos(ka),\quad \alpha a=2n\pi\pm ka \tag{4.79}$$

把式（4.79）代入式（4.61）可得

$$E=\frac{\hbar^2}{2m}\left(k\pm\frac{2\pi n}{a}\right)^2 \tag{4.80}$$

此时波矢 k 值可以准连续取值，α 也连续变化，能量可以有准连续值，这正是索末菲电子

（自由电子）的能量色散关系式，如图 4.4（a）中的抛物线（虚线）所示，对应的是周期场 $U_0=0$ 的情形。

当 $P\to\infty$时，由式（4.77）可知，此时必定有 $\dfrac{\sin(\alpha a)}{\alpha a}\to 0$，即

$$\alpha a = n\pi,\quad n=1,2,3,\cdots \tag{4.81}$$

把式（4.81）代入式（4.61）可得

$$E=\frac{n^2\pi^2\hbar^2}{2ma^2} \tag{4.82}$$

这表示能量与波矢无关，电子只能有分立的能级，如图 4.4(a)中纵坐标轴上的短线段所示，相当于无限深势阱中的电子的运动情形。

当 P 为有限值，且 $P\gg 1$ 时，令

$$\alpha a = n\pi+\eta,\quad \eta\ll 1 \tag{4.83}$$

将 $\sin(\alpha a)=\sin(n\pi+\eta)=(-1)^n\sin\eta$ 和 $\cos(\alpha a)=\cos(n\pi+\eta)=(-1)^n\cos\eta$ 代入式（4.77），利用 $\sin\eta=\eta-\dfrac{\eta^3}{3!}+\dfrac{\eta^5}{5!}-\dfrac{\eta^7}{7!}+\cdots$ 和 $\cos\eta=1-\dfrac{\eta^2}{2!}+\dfrac{\eta^4}{4!}-\dfrac{\eta^6}{6!}+\cdots$ 展开，略去 η^2 及以上高次项，并将第一项分母位置的 $\alpha a\approx n\pi$，可求得

$$\eta=\frac{n\pi}{P}\left[(-1)^n\cos(ka)-1\right] \tag{4.84}$$

于是按照式（4.83）

$$\alpha a=\frac{n\pi}{P}\left[(-1)^n\cos(ka)-1+P\right] \tag{4.85}$$

引用式（4.61），即得 $E_n(k)$-k 的关系式为

$$\begin{aligned}E_n(k)&=\frac{\hbar^2}{2m}\left(\frac{n\pi}{a}\right)^2\left[1-\frac{1}{P}+\frac{1}{P}(-1)^n\cos(ka)\right]^2\\&\approx\frac{\hbar^2}{2m}\left(\frac{n\pi}{a}\right)^2\left[1-\frac{2}{P}+\frac{2}{P}(-1)^n\cos(ka)\right]\end{aligned} \tag{4.86}$$

式中约等于一步利用到 $\lim\limits_{x\to 0}(1+x)^n=1+nx$ 。

关系式(4.86)表明了在 $P\gg 1$ 的情形下，电子能量 E 为 k 的偶函数，即 $E_n(k)=E_n(-k)$。同时还发现，若 $K_h=h\dfrac{2\pi}{a}$（h 是整数），由于 $\cos(ka)=\cos\left[(k+K_h)a\right]=\cos(k+K_h)a$，因此 $E(k)=E(k+K_h)$，即在波矢空间，能量 E 是周期函数，周期为 $2\pi/a$，如图 4.4（a）中的曲线（实线）所示。

以上讨论对应不同情况下电子的能量，P 的数值适当地表达了电子被束缚的程度，即表示周期场的势垒强度。当 $P=0$ 时，周期场 $U_0=0$ 时，对应自由电子的能量色散关系，能量准连续取值。当 $P\to\infty$时，对应无限深势阱中的电子的运动情形，电子只能取分立的能级。当 P 为有限值，且 $P\gg 1$ 时，克勒尼希-彭尼周期场中运动的电子能量出现了许可能量与不许可能量相互间隔的分布状态。

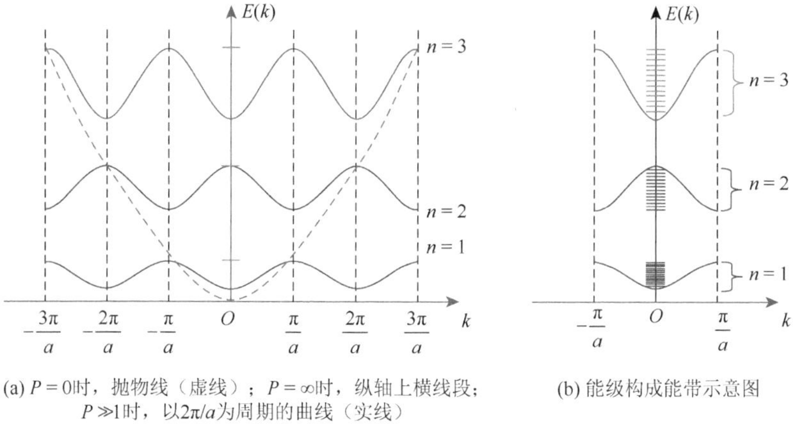

图 4.4　一维克勒尼希-彭尼模型中能量和波矢的关系

4.2.2　能带和能隙

图 4.2 中克勒尼希-彭尼周期场中运动的电子能量局限在横轴无限多粗线段所确定的能量区域里，这些许可能量的区域统称为能量允带，相邻两许可带之间不可能出现的电子态的能量区域称为禁带。当 $\cos(ka) = \pm 1$ 时，即 $k = \pm n\pi/a$（n 为整数）时，出现能量的间隙，即禁带。每一个 k 值描述一个电子状态，相当于一个电子能量或电子能级。如果将简并的能级也看成不同的能级，则每个能量允带内都包含 N 个能级（严格说为 N 个状态），能级数等于晶体原胞数，通常 N 是个很大的数目。因此，每个能量允带内都包含排列十分密集的许多能级，这也就是能带一词的由来。由于能量 E 是以 $2\pi/a$ 为周期的函数，所有的能带在$-\pi < ka < \pi$ 的范围内都有自己的图像，因而必须指明是哪一个能带，通常写成 $E_n(k)$，其中 n 表示能带序号。从上面的关于克勒尼希-彭尼模型的严格解我们得到了晶体场的周期结构对电子运动所产生影响的一个简明图像，即电子能谱出现带结构的情况，图 4.4(b)示意出了第一布里渊区的电子能带结构。从图中还可以进一步看出允带和禁带交替出现的情况和允带随着能量增大而逐渐变宽的倾向。这是因为能带的宽度取决于原子间的相互作用，特别是最近邻原子间的相互作用。相互作用越强，能带越宽。如果原子间没有相互作用而成为孤立原子，也就无所谓晶体与能带了。必须指出的是，克勒尼希-彭尼模型是一个能严格求解的模型，这个模型虽然是较为粗略的，但仍有多方面的适应性，经过适当修正后可用于讨论表面态、合金能带以及人造多层薄膜晶格（超晶格）的能带问题。

接着为了能够更好地理解周期性势场对电子运动的影响，我们将选择使用经过简化的势场，如近自由电子近似、紧束缚近似等，力图用最少量的数学过程来求解薛定谔方程，以便将工作的重点由繁杂的数学推导转换到理解相关的物理问题上来，并以此来解释固体性质。由于用近似的方法求解周期性势场下电子的能量及波函数需要运用到微扰理论的知识，所以接下来我们先介绍量子力学中的微扰理论。

4.3 求解薛定谔方程的近似方法

前面已讨论了量子力学的基本理论，并应用薛定谔方程求得了一个简单的一维方形势场克勒尼希-彭尼模型的解。在实际微观体系中，由于哈密顿算符的复杂性，能求出薛定谔方程精确解的问题是极少的。例如一个氦原子体系就难以得到精确解。因此，引入各种近似方法来求解薛定谔方程就显得非常重要。常用的近似方法有微扰论（perturbation theory）、变分法（variational method）等，不同的近似方法有不同的适用范围。微扰方法就是从已知的简单问题的精确解出发，求出较复杂问题的近似解。微扰方法又视其哈密顿算符是否与时间有关分为定态和非定态两大类。而变分法是在不知道无微扰本征态的情况下得到体系基态能量和波函数的一种近似。

4.3.1 定态微扰理论的基本思想

定态是指系统的哈密顿算符 $\hat{H}$ 不显含时间 t。如果已知一个较简单体系的本征解，而另一个体系的哈密顿算符与已知简单体系的哈密顿算符只有小的差异，该差异称为对原来简单体系的微扰。这样就可以从已知的简单问题的准确解出发，近似地求出较复杂体系的解。

微扰法不是量子力学所特有的方法，在处理天体运行的天体物理学中，计算行星运行轨道时，就是使用微扰方法。计算中需要考虑其他行星影响的二级效应。例如，地球受万有引力作用绕太阳转动，可是由于其他行星的影响，其轨道需要予以修正。在这种情况下，计算所使用的方法是：首先把太阳和地球作为二体系统，求出其轨道，然后研究这个轨道受其他行星的影响而发生的变化。

我们可以把较复杂体系的哈密顿算符 $\hat{H}$ 分为两部分：一部分是 $\hat{H}^{(0)}$，它的本征值 $E_k^{(0)}$ 和本征波函数 $\psi_k^{(0)}$ 是已知的或者是有准确解的；另一部分是 $\hat{H}'$，它很小，看作加于简单体系能量上的微扰。所以有

$$\hat{H}^{(0)}\psi_k^{(0)} = E_k^{(0)}\psi_k^{(0)} \tag{4.87}$$

$$\hat{H} = \hat{H}^{(0)} + \hat{H}' \tag{4.88}$$

$$\hat{H}\psi_k = \left(\hat{H}^{(0)} + \hat{H}'\right)\psi_k = E_k\psi_k \tag{4.89}$$

由于 $\hat{H}'$ 很小，可以认为微扰系统的解是由未微扰系统的能量 $E_k^{(0)}$ 和波函数 $\psi_k^{(0)}$ 在 $\hat{H}'$ 扰动下，使能级稍微移动和波函数轻微改变而得到的。定态微扰论就是要把 $\hat{H}$ 的解 E_k、ψ_k 近似地用 $\hat{H}^{(0)}$ 的解 $E_k^{(0)}$、$\psi_k^{(0)}$ 来表示。

为了表示 $\hat{H}'$ 的微小程度，将 $\hat{H}'$ 改写为

$$\hat{H}' = \lambda\hat{H}' \tag{4.90}$$

式中，λ 为一个很小的实参数。当 λ 由零逐步增大至 1 时，意味着微扰从无到有，逐步增大，直到把微扰全部加上，表示微扰的程度。由于 E_k 和 ψ_k 都和微扰有关，故可以把它们展开为 λ 的幂级数。

$$\begin{cases} E_k = E_k\big|_{\lambda=0} + \dfrac{\partial E_k}{\partial\lambda}\Big|_{\lambda=0}\cdot\lambda + \dfrac{1}{2!}\dfrac{\partial^2 E_k}{\partial\lambda^2}\Big|_{\lambda=0}\cdot\lambda^2 + \cdots = E_k^{(0)} + \lambda E_k^{(1)} + \lambda^2 E_k^{(2)} + \cdots & (a) \\ \psi_k = \psi_k\big|_{\lambda=0} + \dfrac{\partial \psi_k}{\partial\lambda}\Big|_{\lambda=0}\cdot\lambda + \dfrac{1}{2!}\dfrac{\partial^2 \psi_k}{\partial\lambda^2}\Big|_{\lambda=0}\cdot\lambda^2 + \cdots = \psi_k^{(0)} + \lambda \psi_k^{(1)} + \lambda^2 \psi_k^{(2)} + \cdots & (b) \end{cases} \tag{4.91}$$

式中，$E_k^{(n)}$ 和 $\psi_k^{(n)}$ 分别为

$$E_k^{(n)} = \frac{1}{n!}\frac{\partial^n E_k}{\partial\lambda^n}\Big|_{\lambda=0},\quad \psi_k^{(n)} = \frac{1}{n!}\frac{\partial^n \psi_k}{\partial\lambda^n}\Big|_{\lambda=0} \tag{4.92}$$

把 $\lambda=0$ 时，即非微扰系统（$\hat{H}^{(0)}$）的解 $E_k^{(0)}$、$\psi_k^{(0)}$ 分别称为 E_k、ψ_k 的零级近似能量和零级近似波函数。把 $\lambda E_k^{(1)}$、$\lambda\psi_k^{(1)}$ 分别称为 E_k、ψ_k 的一级修正；把 $\lambda^2 E_k^{(2)}$、$\lambda^2\psi_k^{(2)}$ 分别称为 E_k、ψ_k 的二级修正；等等。把 $E_k^{(0)}+\lambda E_k^{(1)}$ 和 $\psi_k^{(0)}+\lambda\psi_k^{(1)}$ 分别称为 E_k 和 ψ_k 的一级近似能量和一级近似波函数；把 $E_k^{(0)}+\lambda E_k^{(1)}+\lambda^2 E_k^{(2)}$ 和 $\psi_k^{(0)}+\lambda\psi_k^{(1)}+\lambda^2\psi_k^{(2)}$ 分别称为 E_k 和 ψ_k 的二级近似能量和二级近似波函数；等等。

将式（4.90）、式（4.91）代入式（4.89）得到

$$\left(\hat{H}^{(0)}+\lambda\hat{H}'\right)\left(\psi_k^{(0)}+\lambda\psi_k^{(1)}+\lambda^2\psi_k^{(2)}+\cdots\right)=\left(E_k^{(0)}+\lambda E_k^{(1)}+\lambda^2 E_k^{(2)}+\cdots\right)\left(\psi_k^{(0)}+\lambda\psi_k^{(1)}+\lambda^2\psi_k^{(2)}+\cdots\right) \tag{4.93}$$

要使式（4.93）对所有的 λ 值都成立，等式两边 λ 同次幂的系数必须相等，因而有

$$\hat{H}^{(0)}\psi_k^{(0)} = E_k^{(0)}\psi_k^{(0)} \tag{4.94}$$

$$\left(\hat{H}^{(0)}-E_k^{(0)}\right)\psi_k^{(1)} = \left(E_k^{(1)}-\hat{H}'\right)\psi_k^{(0)} \tag{4.95}$$

$$\left(\hat{H}^{(0)}-E_k^{(0)}\right)\psi_k^{(2)} = \left(E_k^{(1)}-\hat{H}'\right)\psi_k^{(1)} + E_k^{(2)}\psi_k^{(0)} \tag{4.96}$$

$$\vdots$$

式（4.94）就是非微扰系统 $\hat{H}^{(0)}$ 的本征方程（4.87），$E_k^{(0)}$（即能量 E_k 的零级近似）为 $\hat{H}^{(0)}$ 的本征值。式（4.95）、式（4.96）……从一级微扰、二级微扰等一系列方程中可逐次解得式（4.91）的各级能量修正以及波函数修正。需要指出的是，如果 $\psi_k^{(1)}$ 是式（4.95）的解，则由式（4.94）可知，$\psi_k^{(1)}+a\psi_k^{(0)}$ 也同样是式（4.95）的解，其中 a 是任意常数。这个结果将在求解波函数的一级修正时用到。

引进 λ 是为了更清楚地从式（4.93）按数量级分出式（4.94）、式（4.95）等。这个目的达到以后，可以令 $\lambda=1$，即将所有微扰全部加上，把 $\lambda\hat{H}'$ 理解为 $\hat{H}'$，把 $E_k^{(1)}$、$\psi_k^{(1)}$ 理解为能量和波函数的一级修正等，这样就不会有含糊不清之处。

由于所修正的能级 $E_k^{(0)}$ 存在简并和非简并两种情况，所以相应的微扰处理方法也不同。此处我们重点介绍非简并的定态微扰理论，简并的定态微扰方法将在4.4节近自由电子近似模型中具体介绍。

当被修正的能级 $E_k^{(0)}$ 为非简并时，对应 $E_k^{(0)}$ 这个本征值的本征函数 $\psi_k^{(0)}$ 只有一个，所以这时 E_k、ψ_k 的零级近似能量 $E_k^{(0)}$ 和零级近似波函数 $\psi_k^{(0)}$ 完全确定。

1. 解一级微扰方程进行一级修正

设 $\psi_k^{(0)}$ 是归一化的。为了求能量的一级修正 $E_k^{(1)}$，以 $\psi_k^{(0)*}$ 左乘式（4.95）两边，并对

整个空间积分，得到

$$\int \psi_k^{(0)*}\left(\hat{H}^{(0)}-E_k^{(0)}\right)\psi_k^{(1)}\mathrm{d}\boldsymbol{r}=E_k^{(1)}\int \psi_k^{(0)*}\psi_k^{(0)}\mathrm{d}\boldsymbol{r}-\int \psi_k^{(0)*}\hat{H}'\psi_k^{(0)}\mathrm{d}\boldsymbol{r} \tag{4.97}$$

因为$\hat{H}^{(0)}$是厄米算符，$E_k^{(0)}$是实数，所以$\hat{H}^{(0)}-E_k^{(0)}$也是厄米算符，按照厄米算符的定义，式（4.97）左边可化为

$$\int \psi_k^{(0)*}\left(\hat{H}^{(0)}-E_k^{(0)}\right)\psi_k^{(1)}\mathrm{d}\boldsymbol{r}=\int \psi_k^{(1)}\left[\left(\hat{H}^{(0)}-E_k^{(0)}\right)\psi_k^{(0)}\right]^*\mathrm{d}\boldsymbol{r} \tag{4.98}$$

利用式（4.94）可知式（4.98）等于零。所以式（4.97）化为

$$E_k^{(1)}\int \psi_k^{(0)*}\psi_k^{(0)}\mathrm{d}\boldsymbol{r}=\int \psi_k^{(0)*}\hat{H}'\psi_k^{(0)}\mathrm{d}\boldsymbol{r} \tag{4.99}$$

考虑到$\psi_k^{(0)}$的正交归一性，则得到

$$E_k^{(1)}=\int \psi_k^{(0)*}\hat{H}'\psi_k^{(0)}\mathrm{d}\boldsymbol{r}=\hat{H}'_{kk} \tag{4.100}$$

式（4.100）表明能量的一级修正$E_k^{(1)}$等于微扰哈密顿量$\hat{H}'$在$\psi_k^{(0)}$态中的平均值，记作$\hat{H}'_{kk}$。

接下来求波函数的一级修正。根据力学量本征函数的完备性假定，哈密顿算符的任何态都可按本征函数展开，当然$\psi_k^{(1)}$也不例外。把式（4.95）中的$\psi_k^{(1)}$按完备系$\left\{\psi_k^{(0)}\right\}$展开，得到

$$\psi_k^{(1)}=\sum_l a_l^{(1)}\psi_l^{(0)} \tag{4.101}$$

因为$\psi_k^{(1)}+a\psi_k^{(0)}$是式（4.95）的解，所以，我们总可以选取$a$使得上面展开式中不含$\psi_k^{(0)}$，故式（4.101）改写为

$$\psi_k^{(1)}=\sum_{l\neq k} a_l^{(1)}\psi_l^{(0)} \tag{4.102}$$

将式（4.102）代入式（4.95）的左边得到

$$\begin{aligned}\left(\hat{H}^{(0)}-E_k^{(0)}\right)\sum_{l\neq k}a_l^{(1)}\psi_l^{(0)}&=\sum_{l\neq k}\hat{H}^{(0)}a_l^{(1)}\psi_l^{(0)}-E_k^{(0)}\sum_{l\neq k}a_l^{(1)}\psi_l^{(0)}\\&=\sum_{l\neq k}\left[\hat{H}^{(0)}\psi_l^{(0)}\right]a_l^{(1)}-E_k^{(0)}\sum_{l\neq k}a_l^{(1)}\psi_l^{(0)}\\&=\sum_{l\neq k}E_l^{(0)}a_l^{(1)}\psi_l^{(0)}-E_k^{(0)}\sum_{l\neq k}a_l^{(1)}\psi_l^{(0)}\end{aligned} \tag{4.103}$$

于是式（4.95）变为

$$\sum_{l\neq k}E_l^{(0)}a_l^{(1)}\psi_l^{(0)}-E_k^{(0)}\sum_{l\neq k}a_l^{(1)}\psi_l^{(0)}=\left(E_k^{(1)}-\hat{H}'\right)\psi_k^{(0)} \tag{4.104}$$

以$\psi_{k'}^{(0)*}\left(k'\neq k\right)$左乘式（4.104）等号两边，并对整个空间积分得到

$$\sum_{l\neq k}E_l^{(0)}a_l^{(1)}\int \psi_{k'}^{(0)*}\psi_l^{(0)}\mathrm{d}\boldsymbol{r}-E_k^{(0)}\sum_{l\neq k}a_l^{(1)}\int \psi_{k'}^{(0)*}\psi_l^{(0)}\mathrm{d}\boldsymbol{r}=E_k^{(1)}\int \psi_{k'}^{(0)*}\psi_k^{(0)}\mathrm{d}\boldsymbol{r}-\int \psi_{k'}^{(0)*}\hat{H}'\psi_k^{(0)}\mathrm{d}\boldsymbol{r}$$

即

$$\sum_{l\neq k}a_l^{(1)}\delta_{k'l}\left(E_l^{(0)}-E_k^{(0)}\right)=E_k^{(1)}\delta_{k'k}-\int \psi_{k'}^{(0)*}\hat{H}'\psi_k^{(0)}\mathrm{d}\boldsymbol{r} \tag{4.105}$$

令$\int \psi_{k'}^{(0)*}\hat{H}'\psi_k^{(0)}\mathrm{d}\boldsymbol{r}=\hat{H}'_{k'k}$（称为微扰在状态$\psi_{k'}^{(0)}$和状态$\psi_k^{(0)}$之间的矩阵元），利用$\psi_l^{(0)}$的正交

归一性，当 $k'=l\neq k$，$\sum_{l\neq k}a_l^{(1)}\delta_{k'l}=a_{k'}^{(1)}$，$\delta_{k'k}=0$。则由式（4.105）求得

$$a_{k'}^{(1)}=\frac{\hat{H}'_{k'k}}{E_k^{(0)}-E_{k'}^{(0)}} \tag{4.106}$$

由于式（4.106）是波函数一级修正中不包括 $l=k$ 项的所有系数，所以将式（4.106）代入式（4.102）即得到波函数的一级修正：

$$\psi_k^{(1)}=\sum_{k'\neq k}\frac{\hat{H}'_{k'k}}{E_k^{(0)}-E_{k'}^{(0)}}\psi_{k'}^{(0)} \tag{4.107}$$

至此，能量和波函数的一级修正 $E_k^{(1)}$、$\psi_k^{(1)}$ 已完全确定

$$\begin{cases}E_k^{(1)}=\hat{H}'_{kk} & \text{(a)}\\ \psi_k^{(1)}=\sum\limits_{k'\neq k}\dfrac{\hat{H}'_{k'k}}{E_k^{(0)}-E_{k'}^{(0)}}\psi_{k'}^{(0)} & \text{(b)}\end{cases} \tag{4.108}$$

2. 解二级微扰方程进行二级修正

如果一级近似 $E_k=E_k^{(0)}+E_k^{(1)}$ 和 $\psi_k=\psi_k^{(0)}+\psi_k^{(1)}$ 不能满足精确度的要求，可以利用式（4.96）进一步求 E_k 和 ψ_k 的二级修正 $E_k^{(2)}$ 和 $\psi_k^{(2)}$。为了和波函数一级修正下标保持一致，把式（4.102）改写为 $\psi_k^{(1)}=\sum_{k'\neq k}a_{k'}^{(1)}\psi_{k'}^{(0)}$，代入式（4.96），来求能量的二级修正，得到

$$\left(\hat{H}^{(0)}-E_k^{(0)}\right)\psi_k^{(2)}=\left(E_k^{(1)}-\hat{H}'\right)\sum_{k'\neq k}a_{k'}^{(1)}\psi_{k'}^{(0)}+E_k^{(2)}\psi_k^{(0)} \tag{4.109}$$

将式（4.109）等号两边左乘 $\psi_k^{(0)*}$ 后，再对整个空间积分得到

$$\int\psi_k^{(0)*}\left(\hat{H}^{(0)}-E_k^{(0)}\right)\psi_k^{(2)}\mathrm{d}\boldsymbol{r}=\int\psi_k^{(0)*}\left(E_k^{(1)}-\hat{H}'\right)\sum_{k'\neq k}a_{k'}^{(1)}\psi_{k'}^{(0)}\mathrm{d}\boldsymbol{r}+\int\psi_k^{(0)*}E_k^{(2)}\psi_k^{(0)}\mathrm{d}\boldsymbol{r}$$

即

$$\begin{aligned}&\int\psi_k^{(0)*}\left(\hat{H}^{(0)}-E_k^{(0)}\right)\psi_k^{(2)}\mathrm{d}\boldsymbol{r}\\&=E_k^{(1)}\sum_{k'\neq k}a_{k'}^{(1)}\int\psi_k^{(0)*}\psi_{k'}^{(0)}\mathrm{d}\boldsymbol{r}-\sum_{k'\neq k}a_{k'}^{(1)}\int\psi_k^{(0)*}\hat{H}'\psi_{k'}^{(0)}\mathrm{d}\boldsymbol{r}+E_k^{(2)}\int\psi_k^{(0)*}\psi_k^{(0)}\mathrm{d}\boldsymbol{r}\end{aligned}$$

考虑到 $\psi_k^{(0)}$ 的正交归一性，则得到

$$\int\psi_k^{(0)*}\left(\hat{H}^{(0)}-E_k^{(0)}\right)\psi_k^{(2)}\mathrm{d}\boldsymbol{r}=E_k^{(1)}\sum_{k'\neq k}a_{k'}^{(1)}\delta_{kk'}-\sum_{k'\neq k}a_{k'}^{(1)}\hat{H}'_{kk'}+E_k^{(2)} \tag{4.110}$$

式（4.110）等号左边和式（4.98）情况类似，为零；右边第一项由于 $k'\neq k$ 也为零。代入（4.106），于是有

$$E_k^{(2)}=\sum_{k'\neq k}a_{k'}^{(1)}\hat{H}'_{kk'}=\sum_{k'\neq k}\frac{\hat{H}'_{k'k}\hat{H}'_{kk'}}{E_k^{(0)}-E_{k'}^{(0)}}=\sum_{k'\neq k}\frac{\left|\hat{H}'_{k'k}\right|^2}{E_k^{(0)}-E_{k'}^{(0)}} \tag{4.111}$$

式（4.111）计算利用到 $\hat{H}'$ 是厄米算符以及内积的性质 $(\psi,\varphi)^*=(\varphi,\psi)$，即

$$\hat{H}'_{kk'}=\int\left(\psi_k^{(0)}\right)^*\hat{H}'\psi_{k'}^{(0)}\mathrm{d}x=\int\left(\hat{H}'\psi_k^{(0)}\right)^*\psi_{k'}^{(0)}\mathrm{d}x=\left[\int\left(\psi_{k'}^{(0)}\right)^*\hat{H}'\psi_k^{(0)}\mathrm{d}x\right]^*=\hat{H}'^{\,*}_{k'k} \tag{4.112}$$

由式（4.96）还可以求出 $\psi_k^{(2)}$，简便起见，我们对波函数只进行到一级修正。至此，能量

的一级修正 $E_k^{(1)}$ 以及二级修正 $E_k^{(2)}$、波函数的一级修正 $\psi_k^{(1)}$ 已完全确定，用类似的步骤可以求得能量和波函数的更高级修正，这里不再赘述。

将式（4.108）和式（4.111）代入式（4.91），则得到受微扰系统的能量和波函数分别为

$$\begin{cases} E_k = E_k^{(0)} + \hat{H}'_{kk} + \sum\limits_{k' \neq k} \dfrac{\left|\hat{H}'_{k'k}\right|^2}{E_k^{(0)} - E_{k'}^{(0)}} + \cdots & \text{(a)} \\ \psi_k = \psi_k^{(0)} + \sum\limits_{k' \neq k} \dfrac{\hat{H}'_{k'k}}{E_k^{(0)} - E_{k'}^{(0)}} \psi_{k'}^{(0)} + \cdots & \text{(b)} \end{cases} \tag{4.113}$$

显然，式（4.113）中两式等号右边的第一项分别表示零级近似；前两项之和分别表示一级近似；前三项（对于能量）之和表示二级近似。

3. 微扰理论适用的条件

用微扰理论来求近似解时，从式（4.113）容易看出，计算量随着修正级次的增加而迅速膨胀。因此只有当这些级数收敛很快，从而使得只要计算一级或最多至二级就能满足问题所需精确度的要求时，微扰理论才有实用意义。要判断级数是否收敛，必须知道级数的一般项。而所讨论的两个级数的一般项不知道，在这种情形下，只能要求级数的已知几项中后面的项远小于前面的项，由此得到微扰理论适用的条件是

$$\left|\frac{\hat{H}'_{k'k}}{E_k^{(0)} - E_{k'}^{(0)}}\right| \ll 1, \quad k' \neq k \tag{4.114}$$

这正是在讨论微扰理论开始时所说的 $\hat{H}'$ 比 $\hat{H}^{(0)}$ 小得多的确切含义。当这一条件被满足时，由式（4.113）计算得到的一级修正通常可给出相当精确的结果。由式（4.114）可以看出，微扰理论适用不仅要求微扰矩阵元 $\hat{H}'_{k'k}$ 小，同时还要求能级间的距离 $\left|E_k^{(0)} - E_{k'}^{(0)}\right|$ 大，因此微扰理论对密集能级的修正不佳。例如类氢原子系，体系能量（能级）与量子数 n 的平方成反比，随量子数 n 的增大，能级间距越来越小，所以在这种情况下，微扰理论只适用于低能级（n 小）的修正，而不能用来计算高能级（n 大）的修正。

4.3.2 变分法求近似的基本思想

前面我们学习了微扰理论，它是在已知无微扰正交归一完备集的情况下，求出有微扰情况下能量与本征态近似值的方法。但是如果不知道无微扰情况下的本征态，可以猜一个波函数，估一估能量，这就要用到变分法。变分法是处理有相互作用的多粒子体系的定态薛定谔方程的近似方法，它能使我们不用求解薛定谔方程，就得到体系基态能量和波函数的近似。

在量子力学中，给定一个体系的哈密顿算符 $\hat{H}$，如果波函数 ψ 是薛定谔方程 $\hat{H}\psi = E\psi$ 的解，则利用 ψ^* 左乘上式等号两端并积分

$$\int \psi^* \hat{H} \psi \, \mathrm{d}\boldsymbol{r} = \int \psi^* E \psi \, \mathrm{d}\boldsymbol{r} = E \int \psi^* \psi \, \mathrm{d}\boldsymbol{r}$$

可得体系能量

$$E=\frac{\int\psi^*\hat{H}\psi\mathrm{d}\boldsymbol{r}}{\int\psi^*\psi\mathrm{d}\boldsymbol{r}} \tag{4.115}$$

然而，当薛定谔方程不能精确求解时，我们不知道波函数 ψ，因而无法求得体系真实的基态能量 E_0。如果选定任何一个满足问题边界条件的归一化“品优函数” φ 代替 ψ，则量子力学可以证明：

$$\frac{\int\varphi^*\hat{H}\varphi\mathrm{d}\tau}{\int\varphi^*\varphi\mathrm{d}\tau}\geqslant E_0 \tag{4.116}$$

式（4.116）称为能量最低原理。即用任何满足问题边界条件的近似状态波函数 φ 计算的能量的平均值一定大于或等于真正的基态本征状态 ψ 的本征值 E_0。由此可见，为得到基态能量的好的近似，可以用许多尝试变分函数来试验，找出变分积分值最低的那一个。变分积分数值越低，得到 E_0 的近似就越好，尝试变分函数就越接近于真实的基态波函数。

下面以双原子 H_2 分子为例，简单介绍如何以原子轨道的线性组合法（分子轨道法）作为变分函数，求解能量极小值。设 H 原子 A 和 H 原子 B 组成了 H_2 分子，原子 A 的基态波函数为 φ_A，原子 B 的基态波函数为 φ_B，若以 φ_A、φ_B 为基，实数 c_a、c_b 为参数所得的原子轨道线性组合 $\varphi=c_a\varphi_A+c_b\varphi_B$ 作为变分函数，则体系近似能量为

$$\begin{aligned}\left\langle E\left(c_a,c_b\right)\right\rangle&=\frac{\int\varphi^*\hat{H}\varphi\mathrm{d}\tau}{\int\varphi^*\varphi\mathrm{d}\tau}=\frac{\int\left(c_a\varphi_A+c_b\varphi_B\right)^*\hat{H}\left(c_a\varphi_A+c_b\varphi_B\right)\mathrm{d}\tau}{\int\left(c_a\varphi_A+c_b\varphi_B\right)^*\left(c_a\varphi_A+c_b\varphi_B\right)\mathrm{d}\tau}\\&=\frac{\int\left(c_a\varphi_A^*+c_b\varphi_B^*\right)\hat{H}\left(c_a\varphi_A+c_b\varphi_B\right)\mathrm{d}\tau}{\int\left(c_a\varphi_A^*+c_b\varphi_B^*\right)\left(c_a\varphi_A+c_b\varphi_B\right)\mathrm{d}\tau}\\&=\frac{c_a^2\int\varphi_A^*\hat{H}\varphi_A\mathrm{d}\tau+c_ac_b\int\varphi_A^*\hat{H}\varphi_B\mathrm{d}\tau+c_ac_b\int\varphi_B^*\hat{H}\varphi_A\mathrm{d}\tau+c_b^2\int\varphi_B^*\hat{H}\varphi_B\mathrm{d}\tau}{c_a^2\int\varphi_A^*\varphi_A\mathrm{d}\tau+c_ac_b\int\varphi_A^*\varphi_B\mathrm{d}\tau+c_ac_b\int\varphi_B^*\varphi_A\mathrm{d}\tau+c_b^2\int\varphi_B^*\varphi_B\mathrm{d}\tau}\end{aligned} \tag{4.117}$$

为了方便，令

$$H_{aa}=\int\varphi_A^*\hat{H}\varphi_A\mathrm{d}\tau，\quad H_{ab}=\int\varphi_A^*\hat{H}\varphi_B\mathrm{d}\tau，\quad H_{ba}=\int\varphi_B^*\hat{H}\varphi_A\mathrm{d}\tau，\quad H_{bb}=\int\varphi_B^*\hat{H}\varphi_B\mathrm{d}\tau$$

$$S_{aa}=\int\varphi_A^*\varphi_A\mathrm{d}\tau，\quad S_{ab}=\int\varphi_A^*\varphi_B\mathrm{d}\tau，\quad S_{ba}=\int\varphi_B^*\varphi_A\mathrm{d}\tau，\quad S_{bb}=\int\varphi_B^*\varphi_B\mathrm{d}\tau$$

因为交换两个核的位置，积分值不变，所以 $H_{ab}=H_{ba}$，$S_{ab}=S_{ba}$。又 φ_A,φ_B 原子轨道是归一化的，所以 $S_{aa}=S_{bb}=1$。

因此，由式（4.117）可得

$$\left\langle E\left(c_a,c_b\right)\right\rangle=\frac{c_a^2\cdot H_{aa}+2c_ac_b\cdot H_{ab}+c_b^2\cdot H_{bb}}{c_a^2+2c_ac_b\cdot S_{ab}+c_b^2} \tag{4.118}$$

H_{aa} 或者 H_{bb} 称为库仑积分，相当于孤立原子未成键时轨道的能量。H_{ab} 或者 H_{ba} 称为交换积分，通常小于零，负的能量对应于更低的势能，利于束缚体系的生成。只考虑相邻原子轨道间的相互作用，若原子不相邻，则交换积分为零。S_{ab} 或者 S_{ba} 为重叠积分，它的大小与原子轨道的重叠程度有关。若两原子核间距为 ∞，重叠积分为 0；若两原子核间距为 0，完全重叠，重叠积分为 1。

根据变分法原理：选择参数 c_a, c_b，使近似能量 $\langle E(c_a, c_b)\rangle$ 最小。将式（4.118）分别对 c_a, c_b 求偏微分，满足极值条件

$$\frac{\partial\langle E(c_a,c_b)\rangle}{\partial c_a}=0 \tag{4.119}$$

可得

$$\begin{aligned}\frac{\partial\langle E(c_a,c_b)\rangle}{\partial c_a}&=\frac{(2c_a\cdot H_{aa}+2c_b\cdot H_{ab})\cdot(c_a^2+2c_ac_b\cdot S_{ab}+c_b^2)-(c_a^2\cdot H_{aa}+2c_ac_b\cdot H_{ab}+c_b^2H_{bb})\cdot(2c_a+2c_b\cdot S_{ab})}{(c_a^2+2c_ac_b\cdot S_{ab}+c_b^2)^2}\\&=\frac{(2c_a\cdot H_{aa}+2c_b\cdot H_{ab})}{(c_a^2+2c_ac_b\cdot S_{ab}+c_b^2)}-E\cdot\frac{(2c_a+2c_b\cdot S_{ab})}{(c_a^2+2c_ac_b\cdot S_{ab}+c_b^2)}\\&=\frac{(2c_a\cdot H_{aa}+2c_b\cdot H_{ab})-E\cdot(2c_a+2c_b\cdot S_{ab})}{(c_a^2+2c_ac_b\cdot S_{ab}+c_b^2)}=0\end{aligned} \tag{4.120}$$

式（4.120）为方便计，用 E 代替 $\langle E(c_a, c_b)\rangle$，因此有

$$(2c_a\cdot H_{aa}+2c_b\cdot H_{ab})-E\cdot(2c_a+2c_b\cdot S_{ab})=0$$

于是

$$c_a\cdot(H_{aa}-E)+c_b\cdot(H_{ab}-E\cdot S_{ab})=0 \tag{4.121a}$$

同理，由 $\frac{\partial\langle E(c_a,c_b)\rangle}{\partial c_b}=0$，可得

$$c_a\cdot(H_{ab}-E\cdot S_{ab})+c_b\cdot(H_{bb}-E)=0 \tag{4.121b}$$

联立可得

$$\begin{cases}c_a\cdot(H_{aa}-E)+c_b\cdot(H_{ab}-E\cdot S_{ab})=0\\c_a\cdot(H_{ab}-E\cdot S_{ab})+c_b\cdot(H_{bb}-E)=0\end{cases} \tag{4.122}$$

式（4.122）为 c_a, c_b 的齐次线性方程组，称为久期方程。c_a, c_b 同时为零，没有意义，所以 c_a, c_b 有非零解的条件是系数行列式为零。即

$$\begin{vmatrix}H_{aa}-E & H_{ab}-E\cdot S_{ab}\\H_{ab}-E\cdot S_{ab} & H_{bb}-E\end{vmatrix}=0 \tag{4.123}$$

由于 H_2 分子中两个 H 原子核是等同的，所以 $H_{aa}=H_{bb}$，则式（4.123）变为

$$(H_{aa}-E)^2-(H_{ab}-E\cdot S_{ab})^2=0 \tag{4.124}$$

即

$$(1-S_{ab}{}^2)E^2+(2H_{ab}S_{ab}-2\cdot H_{aa})E+H_{aa}{}^2-H_{ab}{}^2=0$$

$$\begin{aligned}E&=\frac{(2\cdot H_{aa}-2H_{ab}S_{ab})\pm\sqrt{(2H_{ab}S_{ab}-2\cdot H_{aa})^2-4(1-S_{ab}{}^2)(H_{aa}{}^2-H_{ab}{}^2)}}{2(1-S_{ab}{}^2)}\\&=\frac{(2\cdot H_{aa}-2H_{ab}\cdot S_{ab})\pm|2H_{ab}-2H_{aa}\cdot S_{ab}|}{2(1-S_{ab}{}^2)}\end{aligned} \tag{4.125}$$

得到

$$\begin{cases} E_1 = \dfrac{H_{aa} + H_{ab}}{1 + S_{ab}} \\ E_2 = \dfrac{H_{aa} - H_{ab}}{1 - S_{ab}} \end{cases} \tag{4.126}$$

可见双原子分子的能量取决于库仑积分 H_{aa}、交换积分 H_{ab} 和重叠积分 S_{ab}。将 E_1 值代入久期方程式(4.122)，可得 $c_a = c_b$。此时波函数同号叠加，作用加强，能量 $E_1 \approx H_{aa} + H_{ab}$ 降低，两原子倾向于形成成键轨道。成键分子轨道波函数为

$$\varphi = c_a\varphi_A + c_b\varphi_B = c_a(\varphi_A + \varphi_B) \tag{4.127}$$

利用归一化，$\int c_a^2\left(\varphi_A^* + \varphi_B^*\right)\left(\varphi_A + \varphi_B\right)\mathrm{d}\tau = 1$，则有

$$c_a^2\left[\int \varphi_A^*\varphi_A \mathrm{d}\tau + \int \varphi_A^*\varphi_B \mathrm{d}\tau + \int \varphi_B^*\varphi_A \mathrm{d}\tau + \int \varphi_B^*\varphi_B \mathrm{d}\tau\right] = 1$$

$$c_a^2\left(2 + 2S_{ab}\right) = 1$$

即得到 $c_a = \dfrac{1}{\sqrt{2 + 2S_{ab}}}$，于是，成键分子轨道波函数为

$$\varphi = \frac{1}{\sqrt{2 + 2S_{ab}}}(\varphi_A + \varphi_B) \tag{4.128}$$

同理，当能量取 E_2 时，代入久期方程式（4.122），可得 $c_a = -c_b$。此时波函数异号叠加，作用削弱，能量 $E_2 \approx H_{aa} - H_{ab}$ 升高，两原子倾向于形成反键轨道。反键分子轨道波函数为

$$\varphi = c_a\varphi_A + c_b\varphi_B = c_a(\varphi_A - \varphi_B) \tag{4.129}$$

利用归一化，得到 $c_a = \dfrac{1}{\sqrt{2 - 2S_{ab}}}$，于是，反键分子轨道波函数为

$$\varphi = \frac{1}{\sqrt{2 - 2S_{ab}}}(\varphi_A - \varphi_B) \tag{4.130}$$

可见，使用变分法可以在不求解薛定谔方程的情况下，解得体系近似的基态能量及波函数。

4.4　周期性势场中的近自由电子近似

本节讨论弱周期势场微扰近似（或近自由电子近似）的情形。近自由电子近似一方面可显示出对于自由电子气引入周期势场后带来的变化，进而对 4.1 节布洛赫定理一般性结论有进一步的了解；另一方面，对相当多的价电子为 s 电子、p 电子的金属，近自由电子近似是很好的近似。

4.4.1　一维周期性势场中电子运动的近自由电子近似

在第 3 章中，电子处于与位置无关的势场中时可以看作自由电子。现在，电子的势

能随位置的变化（起伏）比较小，而电子的平均动能比其势能的绝对值大得多，即电子是处于与位置有关的小振幅的势场中的“弱束缚”电子。在这种情况下，可以把自由电子看作它的零级近似，把周期场的起伏看作小的微扰。

在第 1 章中介绍过，对于周期性函数 $n(x) = n(x + a)$，可以展开为傅里叶级数之和：$n(x) = \sum_{n=-\infty}^{\infty} c_n e^{i2\pi nx/a}$。对于一维周期性势场，同样也可以把势能函数 $U(x)$用傅里叶级数展开。设选取的晶体有 N 个原胞，线度 $L = Na$（a 是晶格的周期），则

$$U(x) = U(x+na) = U_0 + \Delta U = U_0 + \sum_{n\neq 0} U_n e^{i\frac{2\pi}{a}nx} \tag{4.131}$$

式中，U_0 为势能的平均值，$U_0 = \frac{1}{L}\int_0^L U(x)dx$；$\Delta U$ 为势能的周期性涨落部分（即微扰）；$U_n = \frac{1}{L}\int_0^L U(x)\left(e^{-i\frac{2\pi}{a}nx}\right)dx$ 为傅里叶系数。由于势能 $U(x)$是实数，有 $U(x) = U^*(x)$，所以级数的系数有关系式：

$$U_n^* = \frac{1}{L}\int_0^L U(x)\left(e^{i\frac{2\pi}{a}nx}\right)dx = U_{-n} \tag{4.132}$$

1. 非简并定态微扰

按照微扰理论式（4.88），哈密顿量可写成

$$\hat{H} = -\frac{\hbar^2}{2m}\frac{d^2}{dx^2} + U(x) = -\frac{\hbar^2}{2m}\frac{d^2}{dx^2} + U_0 + \Delta U = \hat{H}^{(0)} + \hat{H}' \tag{4.133}$$

式中，$\hat{H}^{(0)} = -\frac{\hbar^2}{2m}\frac{d^2}{dx^2} + U_0$ 为零级近似的哈密顿量，一般选取能量的零点使得 $U_0 = 0$；$\hat{H}' = \Delta U = \sum_{n\neq 0} U_n e^{i\frac{2\pi}{a}nx}$ 代表势能偏离平均值的部分，它随坐标变化，我们把它看作微扰势。

零级近似方程 $\hat{H}^{(0)}\psi_k^{(0)} = E_k^{(0)}\psi_k^{(0)}$，这就是自由电子的定态薛定谔方程，在第 3 章已经解过，它的本征值为 $E_k^{(0)} = \frac{\hbar^2 k^2}{2m}$，相应的归一化波函数为 $\psi_k^{(0)} = \frac{1}{\sqrt{L}}e^{ikx}$。

按照一般微扰理论的结果，电子的能量和电子的波函数可分别写成为

$$E_k = E_k^{(0)} + E_k^{(1)} + E_k^{(2)} + \cdots \tag{4.134a}$$

$$\psi_k^{(0)} + \psi_k^{(1)} + \psi_k^{(2)} + \cdots \tag{4.134b}$$

按照式（4.113），有

$$\begin{cases} E_k = E_k^{(0)} + \hat{H}'_{kk} + \sum_{k'\neq k} \frac{\left|\hat{H}'_{k'k}\right|^2}{E_k^{(0)} - E_{k'}^{(0)}} + \cdots & \text{(a)} \\ \psi_k = \psi_k^{(0)} + \sum_{k'\neq k} \frac{\hat{H}'_{k'k}}{E_k^{(0)} - E_{k'}^{(0)}}\psi_{k'}^{(0)} + \cdots & \text{(b)} \end{cases}$$

其中，电子能量本征值的一级修正为

$$
\begin{aligned}
E_k^{(1)} &= \hat{H}'_{kk} = \int_0^L \psi_k^{(0)*}(x)\Delta U \psi_k^{(0)}(x)\mathrm{d}x = \int_0^L \psi_k^{(0)*}(x)\big(U(x)-U_0\big)\psi_k^{(0)}(x)\mathrm{d}x \\
&= \int_0^L \psi_k^{(0)*}(x)U(x)\psi_k^{(0)}(x)\mathrm{d}x - \int_0^L \psi_k^{(0)*}(x)U_0\psi_k^{(0)}(x)\mathrm{d}x = U_0 - U_0 = 0
\end{aligned} \tag{4.135}
$$

式中，$\int_0^L \psi_k^{(0)*}(x)U(x)\psi_k^{(0)}(x)\mathrm{d}x$ 为求 $U(x)$的平均值。式（4.135）表明能量的一级修正为零。电子能量本征值的二级修正为

$$
E_k^{(2)} = \sum_{k'\neq k}\frac{\left|\hat{H}'_{k'k}\right|^2}{E_k^{(0)} - E_{k'}^{(0)}} \tag{4.136}
$$

$\hat{H}'_{k'k}$ 为微扰矩阵元。可以证明：

$$
\begin{aligned}
\hat{H}'_{k'k} &= \int_0^L \psi_{k'}^{(0)*}\hat{H}'\psi_k^{(0)}\mathrm{d}x = \int_0^L \frac{1}{\sqrt{L}}\mathrm{e}^{-\mathrm{i}k'x}\left(\sum_{n\neq 0}U_n \mathrm{e}^{\mathrm{i}\frac{2\pi}{a}nx}\right)\frac{1}{\sqrt{L}}\mathrm{e}^{\mathrm{i}kx}\mathrm{d}x \\
&= \sum_{n\neq 0}U_n\left(\frac{1}{L}\int_0^L \mathrm{e}^{-\mathrm{i}\left(k'-k-\frac{2\pi}{a}n\right)x}\mathrm{d}x\right) = \begin{cases} U_n, & k'-k = \dfrac{2\pi n}{a} \\ 0, & k'-k \neq \dfrac{2\pi n}{a} \end{cases}
\end{aligned} \tag{4.137}
$$

在式（4.137）的求解中利用了 $L = Na$，以及电子波矢的关系式

$$
k = \frac{2\pi}{Na}l\,,\quad k' = \frac{2\pi}{Na}l' \tag{4.138}
$$

l 和 l'都是整数。按照式（4.113a），电子的能量计算得二级修正为

$$
E_k = E_k^{(0)} + E_k^{(1)} + E_k^{(2)} = \frac{\hbar^2k^2}{2m} + \sum_{n\neq 0}\frac{2m\left|U_n\right|^2}{\hbar^2k^2 - \hbar^2\left(k + \dfrac{2\pi n}{a}\right)^2} \tag{4.139}
$$

按照式（4.113b），电子的波函数计算得一级修正为

$$
\begin{aligned}
\psi_k(x) &= \psi_k^{(0)}(x) + \sum_{k'\neq k}\frac{\hat{H}'_{k'k}}{E_k^{(0)} - E_{k'}^{(0)}}\psi_{k'}^{(0)}(x) \\
&= \frac{1}{\sqrt{L}}\mathrm{e}^{\mathrm{i}kx}\left[1 + \sum_{n\neq 0}\frac{2mU_n\mathrm{e}^{\mathrm{i}\frac{2\pi}{a}nx}}{\hbar^2k^2 - \hbar^2\left(k + \dfrac{2\pi n}{a}\right)^2}\right] = \frac{1}{\sqrt{L}}\mathrm{e}^{\mathrm{i}kx}u_k(x)
\end{aligned} \tag{4.140}
$$

式中，$u_k(x) = 1 + \sum_{n\neq 0}\dfrac{2mU_n\mathrm{e}^{\mathrm{i}\frac{2\pi}{a}nx}}{\hbar^2k^2 - \hbar^2\left(k + \dfrac{2\pi n}{a}\right)^2}$。容易验证 $u_k(x) = u_k(x + a)$是以 a 为周期的周期函数。可见，把势能随坐标变化的部分当作微扰而求得的近似波函数也满足布洛赫定理。这种波函数由两部分组成，第一部分是波矢为 k 的行进平面波 $\dfrac{1}{\sqrt{L}}\mathrm{e}^{\mathrm{i}kx}$；第二部分为电子

在行进过程中遭受到起伏周期势场的散射作用所产生的散射波，各散射波的振幅为 $\frac{1}{\sqrt{L}}\cdot\frac{2mU_n}{\hbar^2k^2-\hbar^2\left(k+\frac{2\pi n}{a}\right)^2}$。

在一般情况下，各原子所产生的散射波的相位各不相同，因而彼此互相抵消。反映在式（4.140）中，由于各态零级近似能量差较大，散射波中各成分的振幅均较小，周期场对行进的平面波影响不大，这正是非简并微扰理论适用的情况；但如果行进平面波的波长 $\lambda=2\pi/|k|$ 正好满足条件 $2a=n\lambda$，这实际上是布拉格反射条件 $2a\sin\theta=n\lambda$ 在正入射时的情形，即 $\sin\theta=1$。相邻原子产生的散射波就会有相同的相位，它们将相互加强，形成一个强烈的散射波，从而使行进的平面波受到很大的干涉，图 4.5 给出了这一物理图像。向右的箭头代表电子行进波，向左的箭头代表格点引起电子的散射波。格点 2 的散射波与格点 1 的散射波波程差为 $2a$，格点 3 的散射波与格点 2 的散射波波程差也为 $2a$ 等。散射波与入射波干涉形成驻波，这正是布里渊区边界出现能量间隙的原因。

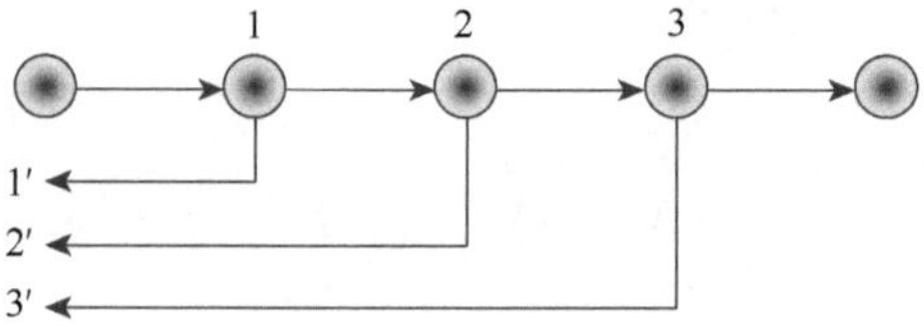

图 4.5　一维晶格电子的布拉格反射

此时 $|k|=n\pi/a$，这种情况对应波矢落在布里渊区边界上，当 $k=-n\pi/a$ 时，$k'=n\pi/a$ 与之相差 $2\pi n/a$，此时 $E_k^{(0)}=E_{k'}^{(0)}$，出现能量简并。在散射波中这种成分散射波的振幅变为无限大，波函数一级修正发散，同时，$E_k^{(2)}\to\infty$，能量二级修正发散，此时非简并微扰法不再适用，需改用简并微扰的方法。

2. 简并定态微扰

根据以上分析，当 $k\to-n\pi/a$ 时（行进波），在原来的零级近似波函数 $\psi_k^0(x)$ 中，将掺入与它有微扰矩阵元的其他零级近似波函数 $\psi_{k'}^{(0)}(x)$。只有当 $k'\to n\pi/a$ 时（散射波），它们的能量接近。能量差越小，掺入的部分就越大。针对这种情况，适当的近似处理方法是，只考虑影响最大的态，而忽略其他态的次要影响。其他能量不同状态的影响，只在进一步近似中才考虑。实际上，如图 4.6 所示，在接近布里渊区边界时，假设 $|\Delta|\ll1$，如果 $\Delta>0$，则

$$k=-\frac{n\pi}{a}(1-\Delta) \tag{4.141}$$

$$k'=\frac{n\pi}{a}(1+\Delta) \tag{4.142}$$

这时可以认为电子的零级近似波函数应该是行进波 $\psi_k^0=\frac{1}{\sqrt{L}}e^{ikx}$（$k$ 状态）和散射波

$\psi_{k'}^{0}=\dfrac{1}{\sqrt{L}}e^{ik'x}$（$k'$状态）的线性组合，即为

$$\psi^{(0)}=A\psi_{k}^{(0)}+B\psi_{k'}^{(0)}=A\frac{1}{\sqrt{L}}e^{ikx}+B\frac{1}{\sqrt{L}}e^{ik'x} \tag{4.143}$$

式中，k 和 k'如式（4.141）和式（4.142）所给出。然后，直接根据薛定谔方程去确定 A、B 以及能量本征值。

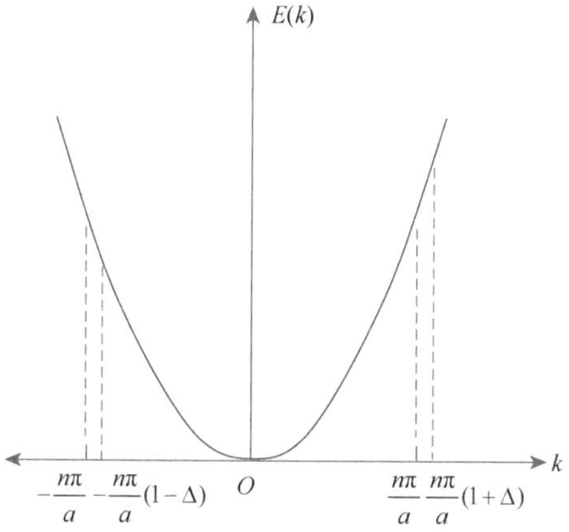

图 4.6　互相影响的状态

将波函数式（4.143）代入薛定谔方程：

$$\left(-\frac{\hbar^2}{2m}\frac{d^2}{dx^2}+U_0+\Delta U\right)\psi^{(0)}(x)=E\psi^{(0)}(x) \tag{4.144}$$

并利用

$$\left(-\frac{\hbar^2}{2m}\frac{d^2}{dx^2}+U_0\right)\psi_{k}^{(0)}(x)=E_{k}^{(0)}\psi_{k}^{(0)}(x) \tag{4.145}$$

$$\left(-\frac{\hbar^2}{2m}\frac{d^2}{dx^2}+U_0\right)\psi_{k'}^{(0)}(x)=E_{k'}^{(0)}\psi_{k'}^{(0)}(x) \tag{4.146}$$

得到

$$A\left(E_{k}^{(0)}-E+\Delta U\right)\psi_{k}^{(0)}(x)+B\left(E_{k'}^{(0)}-E+\Delta U\right)\psi_{k'}^{(0)}(x)=0 \tag{4.147}$$

分别对式（4.147）左乘$\Psi_{k}^{(0)*}$和$\psi_{k'}^{(0)*}$，然后对 dx 积分。由于本征函数的正交归一性，并考虑到

$$\begin{aligned}\int\psi_{k}^{(0)*}\Delta U\psi_{k}^{(0)}dx=\hat{H}'_{kk}=0\\ \int\psi_{k'}^{(0)*}\Delta U\psi_{k'}^{(0)}dx=\hat{H}'_{k'k'}=0\end{aligned} \tag{4.148}$$

$$\left.\begin{aligned}\int\psi_{k'}^{(0)*}\Delta U\psi_{k}^{(0)}dx=\hat{H}'_{k'k}=U_n\\ \int\psi_{k}^{(0)*}\Delta U\psi_{k'}^{(0)}dx=\hat{H}'_{kk'}=U_n^{\ *}\end{aligned}\right.\text{，前提是 }k'-k=\frac{2\pi n}{a} \tag{4.149}$$

得到两个线性代数方程式

$$\begin{cases}\left(E-E_k^{(0)}\right)A-U_n^*B=0\\ -U_nA+\left(E-E_{k'}^{(0)}\right)B=0\end{cases} \tag{4.150}$$

要使 A 及 B 有非零解，必须满足条件

$$\begin{vmatrix}E-E_k^{(0)} & -U_n^*\\ -U_n & E-E_{k'}^{(0)}\end{vmatrix}=0 \tag{4.151}$$

即

$$\left(E-E_k^{(0)}\right)\left(E-E_{k'}^{(0)}\right)-\left|U_n\right|^2=0 \tag{4.152}$$

由此解出能量本征值为

$$E=\frac{1}{2}\left[E_{k'}^{(0)}+E_k^{(0)}\pm\sqrt{\left(E_{k'}^{(0)}-E_k^{(0)}\right)^2+4\left|U_n\right|^2}\right] \tag{4.153}$$

其中

$$\begin{cases}E_{k'}^{(0)}=\dfrac{\hbar^2k'^2}{2m}=\dfrac{\hbar^2}{2m}\left(\dfrac{n\pi}{a}\right)^2(1+\Delta)^2=T_n(1+\Delta)^2\\ E_k^{(0)}=\dfrac{\hbar^2k^2}{2m}=\dfrac{\hbar^2}{2m}\left(-\dfrac{n\pi}{a}\right)^2(1-\Delta)^2=T_n(1-\Delta)^2\end{cases} \tag{4.154}$$

式中，$T_n=\dfrac{\hbar^2}{2m}\left(\dfrac{n\pi}{a}\right)^2$ 代表自由电子在布里渊区边界处 $k=n\pi/a$ 状态的动能。

下面分别讨论两种情况。

1）当 $\Delta=0$ 时

$k=-\dfrac{n\pi}{a}$，$k'=\dfrac{n\pi}{a}$，$E_k^{(0)}=E_{k'}^{(0)}=T_n$。

$$E=T_n\pm\left|U_n\right| \tag{4.155}$$

即原来能量都等于 T_n 的两个状态，$k=-n\pi/a$ 以及 $k'=n\pi/a$，由于波的相互作用很强，变成能量不同的两个状态，一个状态能量是 $T_n-|U_n|$，低于自由电子在此处的动能；另一个状态能量是 $T_n+|U_n|$，高于自由电子在此处的动能。这种断开使准连续的电子能谱在布里渊区边界出现能量间隙（energy gap），也称为禁带宽度，大小是傅里叶系数的两倍。

$$E_{\mathrm{g}}=2\left|U_n\right| \tag{4.156}$$

能量间隙范围内没有许可的电子态。

2）当 $\Delta\neq0$ 时

（1）$\left|E_{k'}^{(0)}-E_k^{(0)}\right|\gg\left|U_n\right|$，这表示 k 和 k' 离布里渊区边界还较远的情形。这里的较远，

还是指布里渊区边界附近，因为我们是在对 $k=-n\pi/a$ 及 $k'=n\pi/a$ 这两个态来进行简并微扰。

把式（4.153）中的开方函数按 $\dfrac{|U_n|}{E_{k'}^{(0)}-E_k^{(0)}}$ 幂级数展开，取一级近似得到

$$
\begin{aligned}
E&=\frac{1}{2}\left\{E_{k'}^{(0)}+E_k^{(0)}\pm\sqrt{\left(E_{k'}^{(0)}-E_k^{(0)}\right)^2+4|U_n|^2}\right\}\\
&=\frac{1}{2}\left\{E_{k'}^{(0)}+E_k^{(0)}\pm\left(E_{k'}^{(0)}-E_k^{(0)}\right)\sqrt{1+\frac{4|U_n|^2}{\left(E_{k'}^{(0)}-E_k^{(0)}\right)^2}}\right\}\\
&\approx\frac{1}{2}\left\{E_{k'}^{(0)}+E_k^{(0)}\pm\left(E_{k'}^{(0)}-E_k^{(0)}\right)\left[1+\frac{1}{2}\cdot\frac{4|U_n|^2}{\left(E_{k'}^{(0)}-E_k^{(0)}\right)^2}\right]\right\}
\end{aligned}
$$

得

$$
\begin{cases}
E_+=E_{k'}^{(0)}+\dfrac{|U_n|^2}{E_{k'}^{(0)}-E_k^{(0)}}\\
E_-=E_k^{(0)}-\dfrac{|U_n|^2}{E_{k'}^{(0)}-E_k^{(0)}}
\end{cases}
\tag{4.157}
$$

将式（4.154）代入式（4.157）可得

$$
\begin{cases}
E_+=E_{k'}^{(0)}+\dfrac{|U_n|^2}{E_{k'}^{(0)}-E_k^{(0)}}=T_n(1+\Delta)^2+\dfrac{|U_n|^2}{E_{k'}^{(0)}-E_k^{(0)}}\\
E_-=E_k^{(0)}-\dfrac{|U_n|^2}{E_{k'}^{(0)}-E_k^{(0)}}=T_n(1-\Delta)^2-\dfrac{|U_n|^2}{E_{k'}^{(0)}-E_k^{(0)}}
\end{cases}
\tag{4.158}
$$

这里是假设了 $\Delta>0$（即 $E_{k'}^{(0)}>E_k^{(0)}$）。比较式（4.158）与式（4.139）可以发现，这个结果与前面讨论的非简并微扰计算的结果相似，只不过对于简并微扰，当行进波为 k 态时，在产生的散射波中只保留 k'态的影响；而当行进波为 k'态时，在产生的散射波中只保留 k 态的影响。换句话说，只考虑了 k、k'在微扰中的相互影响，而将影响小的其他散射波忽略不计了。需要强调的是，相互影响的结果使原来能量较高的 k'态能量升高，原来能量较低的 k 态能量降低，能量差更大，这就是量子力学中微扰作用的普遍结果，也被形象地比喻为能级间的“排斥作用”。

（2）$\left|E_{k'}^{(0)}-E_k^{(0)}\right|\ll|U_n|$，这表示 k 和 k'很接近布里渊区边界的情形。

把式（4.153）中的开方函数按 $\dfrac{E_{k'}^{(0)}-E_k^{(0)}}{|U_n|}$ 幂级数展开，取一级近似得到

$$
\begin{aligned}
E &= \frac{1}{2}\left\{E_{k'}^{(0)} + E_{k}^{(0)} \pm \sqrt{\left(E_{k'}^{(0)} - E_{k}^{(0)}\right)^2 + 4\left|U_n\right|^2}\right\} \\
&= \frac{1}{2}\left\{E_{k'}^{(0)} + E_{k}^{(0)} \pm 2\left|U_n\right|\sqrt{1 + \frac{\left(E_{k'}^{(0)} - E_{k}^{(0)}\right)^2}{4\left|U_n\right|^2}}\right\} \\
&\approx \frac{1}{2}\left\{E_{k'}^{(0)} + E_{k}^{(0)} \pm 2\left|U_n\right|\left[1 + \frac{1}{2}\cdot\frac{\left(E_{k'}^{(0)} - E_{k}^{(0)}\right)^2}{4\left|U_n\right|^2}\right]\right\} \\
&= \frac{1}{2}\left\{E_{k'}^{(0)} + E_{k}^{(0)} \pm \left[2\left|U_n\right| + \frac{\left(E_{k'}^{0} - E_{k}^{0}\right)^2}{4\left|U_n\right|}\right]\right\}
\end{aligned}
\tag{4.159}
$$

将式（4.154）代入式（4.159）可得

$$
\begin{cases}
E_{+} = T_n + \left|U_n\right| + T_n\left(\dfrac{2T_n}{\left|U_n\right|} + 1\right)\Delta^2 \\
E_{-} = T_n - \left|U_n\right| - T_n\left(\dfrac{2T_n}{\left|U_n\right|} - 1\right)\Delta^2
\end{cases}
\tag{4.160}
$$

这个结果可以用图线的方式与零级近似能量加以比较，如图 4.7（a）所示。两个相互影响的状态 $\psi_{k'}^{(0)}$ 与 $\psi_{k}^{(0)}$ 微扰后能量为 E_+ 和 E_-，$\psi_{k'}^{(0)}$ 态原来能量 $E_{k'}^{(0)}$ 较高，微扰使它上升；$\psi_{k}^{(0)}$ 态原来能量 $E_{k}^{(0)}$ 较低，微扰使它下降。式（4.160）还说明在禁带之上的一个能带底部，能量 E_+ 随相对波矢 Δ 的变化关系是向上弯的抛物线；在禁带之下的能带顶部，能量 E_- 随相对波矢 Δ 的变化关系是向下弯的抛物线，因为这部分能量变化正比于 Δ^2。在图 4.7（b）中还画出了 $\Delta<0$ 的情形，得到完全对称的 $E_{\pm}$-k 图线。图中 A 和 C（以及 B 和 D）实际代表同一状态。

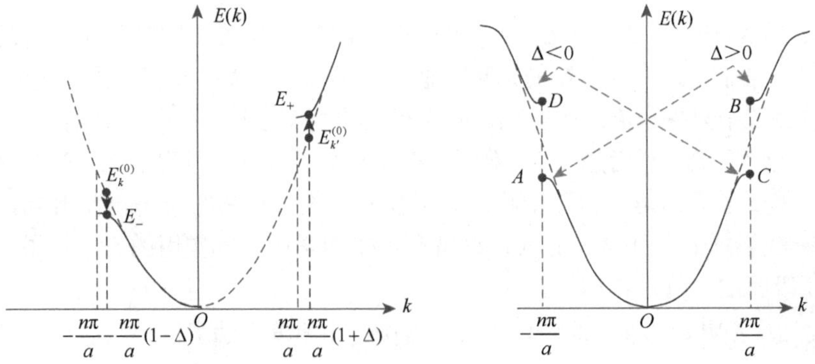

(a) 能量的微扰　　(b) $k=\pm\dfrac{n\pi}{a}$ 处的微扰

图 4.7　在产生全反射的波长附近的 $E(k)$ 曲线

总结以上非简并微扰及简并微扰的各种情况可知，在近自由电子近似模型中，零级近似为自由电子，能量为一系列准连续的能级，能谱是抛物线关系，即

$$E=\frac{\hbar^2k^2}{2m} \tag{4.161}$$

计入周期场的微扰作用，若 k 不在 $n\pi/a$ 附近，与之有相互作用的所有状态，它们与 k 状态零级近似能量差值较大，利用非简并微扰方法计算，得到能量的修正和零级近似能量差成反比，所以修正很小，可忽略不计，周期场中电子能量近似等同于自由电子的能量。但是当 k 取值为 $n\pi/a$ 时，与之有相互作用的状态中，存在一个（且仅有一个）$(-n\pi/a)$ 状态，二者零级近似能量相等。此时运用简并微扰方法，计算时只需要计入能量相等（或相近）的两个状态之间的相互影响，而将其他状态的影响忽略不计。值得注意的是，零级近似能量简并的态并不只是 $\pm n\pi/a$ 态，但由于两个态不仅需要满足能量相等，而且必须满足波矢相差 $\frac{2\pi}{a}n$ 才有相互作用，才有微扰矩阵元，因此简并微扰只考虑 $\pm n\pi/a$。在布里渊区边界附近，由于微扰产生能级排斥作用，电子的能谱偏离自由电子的抛物线能谱；在布里渊区边界 $k=n\pi/a$ 处，电子发生能量不连续，产生宽度依次为 $2|U_1|, 2|U_2|, 2|U_3|, \cdots$ 的能量间隙。周期场的变化越激烈，各傅里叶系数也越大，能量间隙也将更宽。能量间隙中不存在电子能级。一维情形的 $E(k)$-k 图和能带如图 4.8 所示。这里最重要的特点是原来自由电子准连续的能级在弱周期场作用下劈裂成为一系列被带隙隔开的准连续的能带，这是能带理论最基本的结果之一。

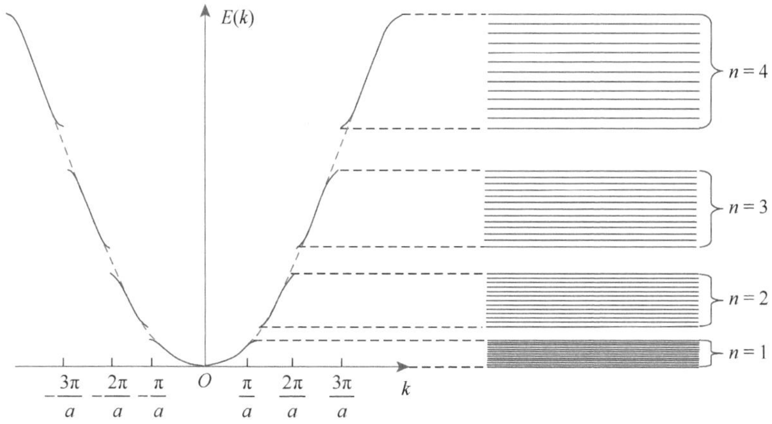

图 4.8　一维情形的 $E(k)$-k 图和能带

4.4.2　三维周期性势场中电子运动的近自由电子近似

设晶体在 $\boldsymbol{a}_1, \boldsymbol{a}_2, \boldsymbol{a}_3$ 方向上各有 N_1, N_2, N_3 个原胞，$V=N\Omega$ 为晶体的体积，其中 $N=N_1N_2N_3$ 为晶体的原胞数，Ω 为原胞体积。

三维周期场中电子运动的薛定谔方程为

$$\left[-\frac{\hbar}{2m}\nabla^2+U(\boldsymbol{r})\right]\psi(\boldsymbol{r})=E\psi(\boldsymbol{r}) \tag{4.162}$$

式中，$U(\boldsymbol{r})$为具有晶格周期性的势场，即

$$U(\boldsymbol{r}+\boldsymbol{R}_m)=U(\boldsymbol{r}) \tag{4.163}$$

式中，$\boldsymbol{R}_m=m_1\boldsymbol{a}_1+m_2\boldsymbol{a}_2+m_3\boldsymbol{a}_3$为布拉维格子的格矢。

类似于一维情况，把势能函数$U(\boldsymbol{r})$用傅里叶级数展开，即

$$U(\boldsymbol{r}+\boldsymbol{R}_m)=U(\boldsymbol{r})=U_0+\Delta U=U_0+\sum_{n\neq0}U_n\mathrm{e}^{\mathrm{i}\boldsymbol{K}_n\cdot\boldsymbol{r}} \tag{4.164}$$

式中，$U_0=\frac{1}{V}\int_V U(\boldsymbol{r})\mathrm{d}\boldsymbol{\tau}$为势能的平均值；$\Delta U$为势能的周期性涨落部分（即微扰），展开式中$U_n=\frac{1}{V}\int_V U(\boldsymbol{r})(\mathrm{e}^{-\mathrm{i}\boldsymbol{K}_n\cdot\boldsymbol{r}})\mathrm{d}\boldsymbol{\tau}$为傅里叶系数。

按照微扰理论，哈密顿量可写成

$$\hat{H}=\hat{H}^{(0)}+\hat{H}' \tag{4.165}$$

式中，$\hat{H}^{(0)}=-\frac{\hbar^2}{2m}\nabla^2+U_0$为零级近似的哈密顿量，一般选取能量的零点使$U_0=0$。$\hat{H}'=\sum_{n\neq0}U_n\mathrm{e}^{\mathrm{i}\boldsymbol{K}_n\cdot\boldsymbol{r}}$代表势能偏离平均值的部分，它随坐标变化，我们把它看作微扰。

零级近似方程$\hat{H}^{(0)}\psi_{\boldsymbol{k}}^{(0)}=E_{\boldsymbol{k}}^{(0)}\psi_{\boldsymbol{k}}^{(0)}$的本征值为$E_{\boldsymbol{k}}^{0}=\frac{\hbar^2\boldsymbol{k}^2}{2m}$，相应的归一化波函数为$\psi_{\boldsymbol{k}}^{0}=\frac{1}{\sqrt{V}}\mathrm{e}^{\mathrm{i}\boldsymbol{k}\cdot\boldsymbol{r}}$。和一维晶格情况相似，微扰对电子能量的一级修正为

$$\begin{aligned}E_{\boldsymbol{k}}^{(1)}=\hat{H}'_{\boldsymbol{kk}}&=\int_V\psi_{\boldsymbol{k}}^{(0)*}(\boldsymbol{r})\left(\sum_{n\neq0}U_n\mathrm{e}^{\mathrm{i}\boldsymbol{K}_n\cdot\boldsymbol{r}}\right)\psi_{\boldsymbol{k}}^{(0)}(\boldsymbol{r})\mathrm{d}x=\int_V\psi_{\boldsymbol{k}}^{(0)*}(\boldsymbol{r})[U(\boldsymbol{r})-U_0]\psi_{\boldsymbol{k}}^{(0)}(\boldsymbol{r})\mathrm{d}x\\&=\int_V\psi_{\boldsymbol{k}}^{(0)*}(\boldsymbol{r})U(\boldsymbol{r})\psi_{\boldsymbol{k}}^{(0)}(\boldsymbol{r})\mathrm{d}x-\int_V\psi_{\boldsymbol{k}}^{(0)*}(\boldsymbol{r})U_0\psi_{\boldsymbol{k}}^{(0)}(\boldsymbol{r})\mathrm{d}x=U_0-U_0=0\end{aligned} \tag{4.166}$$

能量的二级修正为

$$E_{\boldsymbol{k}}^{(2)}=\sum_{\boldsymbol{k}'\neq\boldsymbol{k}}\frac{\left|\hat{H}'_{\boldsymbol{k}'\boldsymbol{k}}\right|^2}{E_{\boldsymbol{k}}^{(0)}-E_{\boldsymbol{k}'}^{(0)}} \tag{4.167}$$

波函数的一级修正为

$$\psi_{\boldsymbol{k}}^{(1)}(\boldsymbol{r})=\sum_{\boldsymbol{k}'\neq\boldsymbol{k}}\frac{\hat{H}'_{\boldsymbol{k}'\boldsymbol{k}}}{E_{\boldsymbol{k}}^{(0)}-E_{\boldsymbol{k}'}^{(0)}}\psi_{\boldsymbol{k}'}^{0}(\boldsymbol{r}) \tag{4.168}$$

式（4.167）和式（4.168）中的$\hat{H}'_{\boldsymbol{k}'\boldsymbol{k}}$为微扰矩阵元。

$$\begin{aligned}\hat{H}'_{\boldsymbol{k}'\boldsymbol{k}}&=\int_V\psi_{\boldsymbol{k}'}^{(0)*}\hat{H}'\psi_{\boldsymbol{k}}^{(0)}\mathrm{d}\tau=\frac{1}{V}\int_V\mathrm{e}^{-\mathrm{i}(\boldsymbol{k}'-\boldsymbol{k})\cdot\boldsymbol{r}}\sum_{n\neq0}U_n\mathrm{e}^{\mathrm{i}\boldsymbol{K}_n\cdot\boldsymbol{r}}\mathrm{d}\tau\\&=\sum_{n\neq0}U_n\left(\frac{1}{V}\int_V\mathrm{e}^{-\mathrm{i}(\boldsymbol{k}'-\boldsymbol{k}-\boldsymbol{K}_n)\cdot\boldsymbol{r}}\mathrm{d}\tau\right)=\begin{cases}U_n, & \boldsymbol{k}'-\boldsymbol{k}=\boldsymbol{K}_n\\0, & \boldsymbol{k}'-\boldsymbol{k}\neq\boldsymbol{K}_n\end{cases}\end{aligned} \tag{4.169}$$

这说明，只有当$\boldsymbol{k}'$和$\boldsymbol{k}$相差为倒格子矢量$\boldsymbol{K}_n$时，它们之间的矩阵元才不为0，U_n正是$U(\boldsymbol{r})$展开式的傅里叶系数。在式（4.169）微扰矩阵元为0的推导中，把对体积积分$\mathrm{d}\tau$

分解为沿 $\boldsymbol{a}_1$、$\boldsymbol{a}_2$、$\boldsymbol{a}_3$ 方向上的分量乘积 $\mathrm{d}\tau_1\mathrm{d}\tau_2\mathrm{d}\tau_3$，沿 $\boldsymbol{a}_1$ 方向线度为 $N_1\boldsymbol{a}_1$，沿 $\boldsymbol{a}_2$ 方向线度为 $N_2\boldsymbol{a}_2$，沿 $\boldsymbol{a}_3$ 方向线度为 $N_3\boldsymbol{a}_3$。同时还利用了电子波矢以及倒格矢的关系式：

$$\boldsymbol{k} = l_1\frac{\boldsymbol{b}_1}{N_1} + l_2\frac{\boldsymbol{b}_2}{N_2} + l_3\frac{\boldsymbol{b}_3}{N_3} \tag{4.170}$$

$$\boldsymbol{k}' = l_1'\frac{\boldsymbol{b}_1}{N_1} + l_2'\frac{\boldsymbol{b}_2}{N_2} + l_3'\frac{\boldsymbol{b}_3}{N_3} \tag{4.171}$$

$$\boldsymbol{K}_n = n_1\boldsymbol{b}_1 + n_2\boldsymbol{b}_2 + n_3\boldsymbol{b}_3 \tag{4.172}$$

式中，下标分别为 1，2，3 的 l、l'和 n 都是整数。

求出微扰矩阵元，便可以将电子的能量近似到二级修正，表示为

$$E_{\boldsymbol{k}} = E_{\boldsymbol{k}}^{(0)} + E_{\boldsymbol{k}}^{(1)} + E_{\boldsymbol{k}}^{(2)} = \frac{\hbar^2k^2}{2m} + \sum_{n\neq 0}\frac{2m\left|U_n\right|^2}{\hbar^2k^2 - \hbar^2\left(k+K_n\right)^2} \tag{4.173}$$

波函数近似计算到一级修正表示为

$$\begin{aligned}\psi_{\boldsymbol{k}} &= \psi_{\boldsymbol{k}}^{(0)} + \psi_{\boldsymbol{k}}^{(1)} = \frac{1}{\sqrt{V}}\mathrm{e}^{\mathrm{i}\boldsymbol{k}\cdot\boldsymbol{r}} + \frac{1}{\sqrt{V}}\sum_{n\neq 0}\frac{U_n}{E_{\boldsymbol{k}}^{(0)} - E_{\boldsymbol{k}+\boldsymbol{K}_n}^{(0)}}\mathrm{e}^{\mathrm{i}(\boldsymbol{k}+\boldsymbol{K}_n)\cdot\boldsymbol{r}} \\ &= \frac{1}{\sqrt{V}}\mathrm{e}^{\mathrm{i}\boldsymbol{k}\cdot\boldsymbol{r}}\left[1 + \sum_{n\neq 0}\frac{2mU_n}{\hbar^2k^2 - \hbar^2\left(k+K_n\right)^2}\mathrm{e}^{\mathrm{i}\boldsymbol{K}_n\cdot\boldsymbol{r}}\right]\end{aligned} \tag{4.174}$$

如果把指数函数中的 $\boldsymbol{r}$ 改变一个格矢量 $\boldsymbol{R}_m$，由于

$$\boldsymbol{K}_n\cdot\boldsymbol{R}_m = 2\pi\left(n_1m_1 + n_2m_2 + n_3m_3\right) \tag{4.175}$$

因此，式（4.174）中求和项的函数值不变。这说明波函数可以写成自由粒子波函数乘上具有晶格周期性的函数，即具有布洛赫波的形式。

在一维情形下，当 $\boldsymbol{k}$ 的取值接近 $\pm\dfrac{n\pi}{a}$ 时，一级微扰计算导致发散的结果，它实际反映的是两个能量简并态相互影响，微扰的结果是本征值在这些 $\boldsymbol{k}$ 值发生突变 $2\left|U_n\right|$。三维情形是完全类似的，当 $\boldsymbol{k}$ 离布里渊区边界面较远时，由于有相互作用，各状态之间的零级近似能量差较大，周期场影响而产生的各散射波成分的振幅都很小，可以看成小的微扰，符合非简并微扰条件。但当两个相互有矩阵元的状态 $\boldsymbol{k}$ 和 $\boldsymbol{k}' = \boldsymbol{k} + \boldsymbol{K}_n$ 的零级近似能量相等时，$\psi_k^{(1)}$ 和 $E_k^{(2)}$ 趋于∞。导致发散的条件可以具体地写为

$$\left|\boldsymbol{k}\right|^2 = \left|\boldsymbol{k} + \boldsymbol{K}_n\right|^2 \tag{4.176}$$

或

$$\boldsymbol{K}_n\cdot\left(\boldsymbol{k} + \frac{1}{2}\boldsymbol{K}_n\right) = 0 \tag{4.177}$$

其几何意义是矢量 $\boldsymbol{k} + \dfrac{1}{2}\boldsymbol{K}_n$ 与倒格矢 $\boldsymbol{K}_n$ 垂直，且 $\boldsymbol{k}$ 的末端落在 $\boldsymbol{K}_n$ 的中垂面上，如图 4.9 所示。也就是说，在倒格矢垂直平分面上及其附近的 $\boldsymbol{k}$，非简并微扰是不适用的，应该采用简并微扰。

图 4.10 画出了简单立方晶格的倒格子空间的平面示意图，$\boldsymbol{b}_1$ 的中垂面上的一点 A 与 $-\boldsymbol{b}_1$ 的中垂面上的一点 A'之间相差倒格矢，有相互作用矩阵元，而且零级近似能量相等。

从图中可以看出四个顶角的状态 C_1, C_2, C_3, C_4，它们彼此之间也相差倒格矢，且零级近似能量相等。这表明三维情形比一维情形复杂，简并态的数目不都是两个，有多重简并的情况。对于 g 重简并情况，简并微扰零级近似波函数由相互作用强的 g 个态的线性组合来组成，由此可解得在布里渊区边界面上，简并分裂的 g 个能量值。结合第 1 章中劳厄衍射方程、衍射三角形及图 4.9，若把 k 看作 $\boldsymbol{K}_n$ 的中垂面的入射波矢，$\boldsymbol{k}'$就是中垂面的反射波矢，由于倒格矢中垂面是布里渊区边界，于是可以得出这样的结论：当电子波矢落在布里渊区边界上时，发生了布拉格反射，电子遭受到与布里渊区边界平行的晶面族强烈散射，叠加形成很强的反射波（散射波）。散射波与入射波相互影响，结果使原来能量较高的 $\boldsymbol{k}'$态能量升高，原来能量较低的 $\boldsymbol{k}$ 态能量降低，电子能量会在布里渊区边界发生突变，产生能隙。

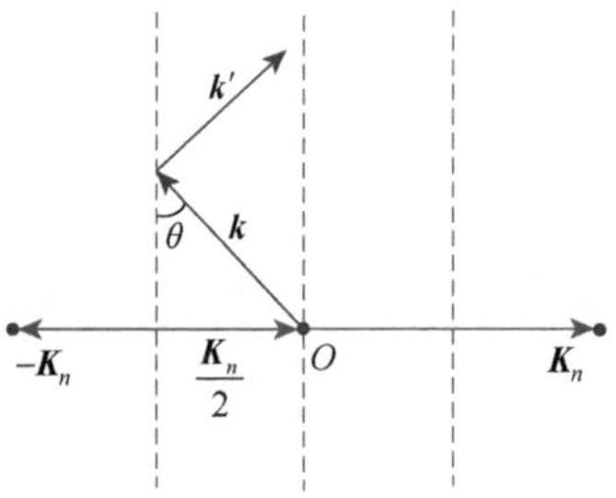

图 4.9　三维晶格电子的布拉格反射

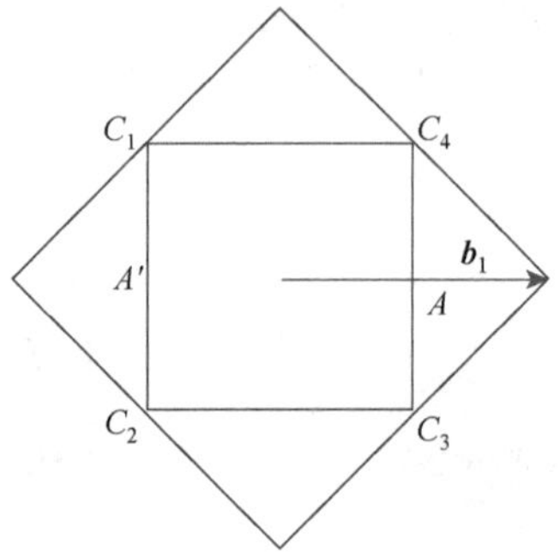

图 4.10　简单立方晶格中的简并态

在一维情况下，色散关系在布里渊区边界的不连续必然导致禁带出现，然而在三维情况下，能量不连续也会发生，只是在 $\boldsymbol{k}$ 空间的不同方向，不连续的能量范围不一定相同，从而不连续不一定导致禁带的产生。例如能带的交叠（图 4.11）。在图 4.11(a)中，B 表示第二布里渊区能量最低的点，A 是与 B 相邻而在第一布里渊区的点，它的能量和 B 点是断开的。图 4.11(b)表示从 O 到 A、B 连线上各点的能量，在 A、B 间是断开的。C 点表示第一布里渊区能量最高的点。图 4.11(c)表示沿 OC 各点的能量，如果 C 点的能量高于 B 点，则显然两个带在能量上将发生交叠，如图 4.11(d)所示。也就是说，沿 $E(\boldsymbol{k})$函数各个方向（如 OA、OC）在布里渊区界面处是断开的，但不同方向断开时的取值不同，因而有可能使能带发生交叠，显然不同的方向能带交叠的程度是不同的。

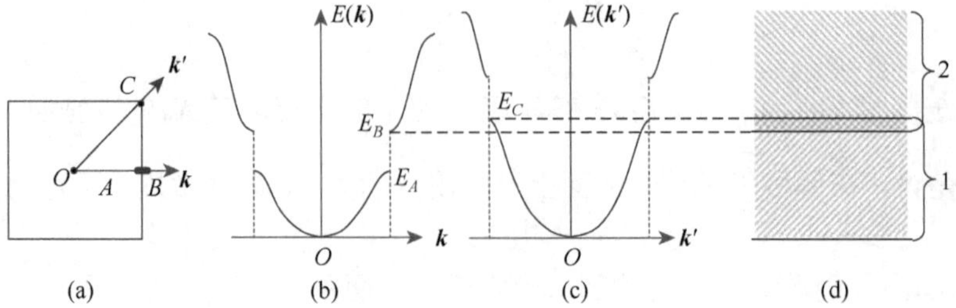

图 4.11　能带的交叠

4.4.3　布里渊区和能带

第 1 章中我们已经介绍了倒易空间也具有平移对称性，布里渊区相当于倒易空间的维格纳-塞茨原胞。在第 2 章中我们介绍了声子的波矢 $\boldsymbol{q}$ 及声子的能量状态。当格波波矢 $\boldsymbol{q}$ 改变一个或几个倒格矢量，所代表的振动状态没有任何不同，所以研究声子能量时只需考虑第一布里渊区的所有波矢 $\boldsymbol{q}$。受周期性边界条件的限制，每个布里渊区中声子的波矢 $\boldsymbol{q}$ 值都是分立的，而且是有限的，声子波矢 $\boldsymbol{q}$ 的数目等于晶体的原胞数目。

本章中介绍电子的波矢 $\boldsymbol{k}$ 及电子的能量状态，也就是晶体中电子的色散关系。同样的道理，引入周期性边界条件后，在 $\boldsymbol{k}$ 空间中，波矢 $\boldsymbol{k}$ 的取值不连续，在第一布里渊区，由于第一布里渊区体积为 Ω^*，$\boldsymbol{k}$ 分布密度为 N/Ω^*，那么第一布里渊区里波矢 $\boldsymbol{k}$ 的数目为 N，等于晶体的原胞数目。每一个 $\boldsymbol{k}$ 确定一个电子能级，根据泡利不相容原理，每一个能级可以填充自旋相反的两个电子。因此，在约化布里渊区一共可以填充 $2N$ 个电子。由于每一个布里渊区体积都等于倒格子原胞体积，每一个布里渊区都可以填充 $2N$ 个电子。约化布里渊区以外的其他状态点都可以通过平移一个适当的倒格矢约化到约化布里渊区内，即在约化布里渊区内找到它的等价点，因此可以用约化布里渊区内 N 个波矢点（$2N$ 个量子态）标志晶体电子的所有状态，在讨论固体的性质时，可以只考虑第一个布里渊区。

固体能带理论是关于固体中电子运动的一种量子力学理论，它预言晶态固体中电子能量会落在某些限定的范围或“带”中。从上面的讨论可知，对于同一能带，状态 $\boldsymbol{k}$ 与 $\boldsymbol{k}+\boldsymbol{K}_n$ 在物理上是等价的，据此并利用布里渊区的概念，就可以得到 $E_n(\boldsymbol{k})$-$\boldsymbol{k}$ 的三种表示法，下面以一维晶格为例进行说明。

（1）$E_n(\boldsymbol{k})$的约化布里渊区表示——约化能区图。由 $E_n(\boldsymbol{k})=E_n(\boldsymbol{k}+\boldsymbol{K}_n)$可知，能量是 $\boldsymbol{k}$ 的周期函数。这样就把 $\boldsymbol{k}$ 值限制在约化布里渊区内，改变带指数 n，则得到 $E_n(\boldsymbol{k})$关于 $\boldsymbol{k}$ 的多值函数。图 4.12(a)表示波矢限制在$-\pi/a<\boldsymbol{k}\leqslant\pi/a$ 范围内的能量对约化波矢的 $E_n(\boldsymbol{k})$-$\boldsymbol{k}$ 图。

（2）$E_n(\boldsymbol{k})$-$\boldsymbol{k}$ 的扩展布里渊区表示——扩展能区图。若波矢量 $\boldsymbol{k}$ 在整个 $\boldsymbol{k}$ 空间中取值，这时每一个布里渊区中有一个能带，第 n 个能带在第 n 个布里渊区中，这种表示法称为扩展的布里渊区图像，如图 4.12(b)所示。由图可以看出，在相邻的两个布里渊区的交界处，能量出现间断，所以这种展延图样为研究不同的能带 $E_n(\boldsymbol{k})$的变化以及禁带附近 $E(\boldsymbol{k})$的情况提供了方便。

（3）$E_n(\boldsymbol{k})$-$\boldsymbol{k}$ 的周期性表示——周期能区图。在约化布里渊区内，对每一个确定的 $\boldsymbol{k}$ 值，存在一系列分立的能级（以 $n=1, 2, 3, \cdots$表示不同能带）。对一个给定的 n，$E_n(\boldsymbol{k})$是连续的、可微的，它构成能带。为了更明显地表示函数 $E_n(\boldsymbol{k})$的周期性，可以以倒格矢为重复周期将约化布里渊区内的 $E_n(\boldsymbol{k})$图样平移，就可以获得在整个 $\boldsymbol{k}$ 空间内 $E_n(\boldsymbol{k})$的周期性表示，即在每一个布里渊区中给出所有能带，如图 4.12(c)所示。在这种表示中，对指定的能带 n，电子的能量是倒格子中的周期函数，即 $E_n(\boldsymbol{k})=E_n(\boldsymbol{k}+\boldsymbol{K}_n)$。

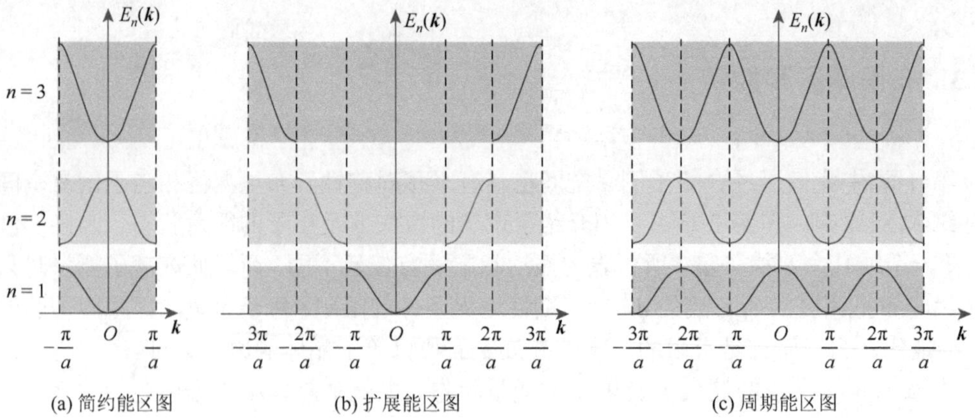

图 4.12　一维能带结构的三种不同表示

4.5　紧束缚近似

近自由电子近似认为晶体周期性势场起伏较小，晶体中运动的电子受晶体势场很弱的作用，只是微扰，晶体中电子行为可以看作在弱场中接近自由运动的一种极端情形，可以用自由电子波函数（平面波）的线性组合来构成晶体中的电子波函数。这一近似主要适用于金属中的价电子。然而在大多数晶体中，电子并不都是那么自由的，即便是在金属或半导体中，内层电子也要受到原子较强的束缚，因此，本节我们将讨论另一种极端情况：紧束缚近似。假设晶体中原子间距较大，晶体势场变化显著，在原子附近的电子受自身原子核束缚较大，不易产生共有化运动，电子行为同孤立原子中的电子行为相似。但同时电子也会受到其他原子势场较弱的作用，因此可以把其他原子势场的这种次要作用看成微扰。紧束缚近似得到的结果便于了解原子能级与固体能带之间的联系，对原子的内层电子是相当好的近似，还可用来近似地描述过渡金属的 d 带、类金刚石晶体以及惰性元素晶体的价带，是定量计算绝缘体、化合物及半导体特性的有效工具。

4.5.1　紧束缚近似模型与微扰计算

紧束缚近似方法是由布洛赫在 1929 年提出的第一个能带计算方法，是用原子轨道线性组合（linear combination of atomic orbitals，LCAO）来构成晶体中电子的共有化运动轨道 $\psi(\boldsymbol{k},\boldsymbol{r})$，把原子间相互作用影响看成微扰的一种简并微扰方法，并由此来近似求解固体的薛定谔方程。

设晶体中第 m 格点原子 $\boldsymbol{A}$ 的位矢为：$\boldsymbol{R}_m=m_1\boldsymbol{a}_1+m_2\boldsymbol{a}_2+m_3\boldsymbol{a}_3$，其核外电子位矢为 $\boldsymbol{r}$。如图 4.13（a）所示。如果忽略其他各个原子，只考虑孤立原子 $\boldsymbol{A}$，且只考虑有一个电子以原子某束缚态 $\varphi_i(\boldsymbol{r}-\boldsymbol{R}_m)$的形式环绕 $\boldsymbol{A}$ 原子做相应的轨道运动，换句话说，该电子绕原子轨道运动的波函数为 $\varphi_i(\boldsymbol{r}-\boldsymbol{R}_m)$，它表示孤立原子薛定谔方程的一个本征态，该波函数满足方程

$$\left[-\frac{\hbar^2}{2m}\nabla^2+V(\boldsymbol{r}-\boldsymbol{R}_m)\right]\varphi_i(\boldsymbol{r}-\boldsymbol{R}_m)=\varepsilon_i\varphi_i(\boldsymbol{r}-\boldsymbol{R}_m) \tag{4.178}$$

式中，$V(\boldsymbol{r}-\boldsymbol{R}_m)$为上述 A 原子的原子势场；ε_i 为与束缚态 φ_i 相对应的原子能级，i 表示电子所处能级 1s、2s、2p 等。

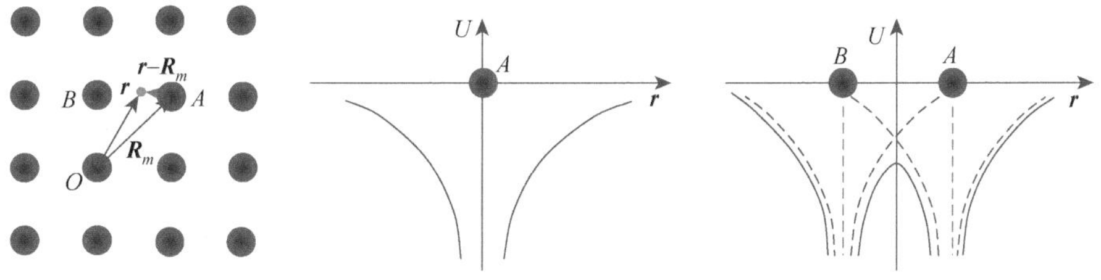

(a) 电子绕原子轨道运动　(b) 孤立原子的势能曲线　(c) 两个原子的势能曲线

图 4.13　电子绕原子轨道运动及原子的势能曲线

这个孤立原子 A 的势能曲线可表示为图 4.13（b）。进一步，我们考虑两个原子的情形，当两个原子彼此靠近时，外层电子就不再仅受原子 A 的作用，还要受原子 B 的作用，此时这两个原子的势能曲线将变为图 4.13（c）。如果 N 个相同的原子相互靠近，有了相互作用，构成了晶体布拉维格子，则电子在晶体中做共有化运动。N 个原子有 N 个类似的波函数 φ_i，并且对应同一个能级 ε_i，因而能级 ε_i 是 N 重简并的。

可以取上述 N 个简并态的原子轨道波函数的线性组合作为晶体中共有化运动电子的波函数：

$$\psi(\boldsymbol{r})=\sum_m a_m\varphi_i(\boldsymbol{r}-\boldsymbol{R}_m) \tag{4.179}$$

各原子构成的晶体周期性势场 $U(\boldsymbol{r})$可表示为$U(\boldsymbol{r})=V(\boldsymbol{r}-\boldsymbol{R}_m)+\sum_{n\neq m}V(\boldsymbol{r}-\boldsymbol{R}_n)$，其中，$V(\boldsymbol{r}-\boldsymbol{R}_m)$表示位于 $\boldsymbol{R}_m=m_1\boldsymbol{a}_1+m_2\boldsymbol{a}_2+m_3\boldsymbol{a}_3$ 的孤立原子 A 在 $\boldsymbol{r}$ 处的势场，如图 4.14（a）所示，$\sum_{n\neq m}V(\boldsymbol{r}-\boldsymbol{R}_n)$ 表示除 A 以外其他原子在 $\boldsymbol{r}$ 处产生的势场。

于是紧束缚近似下晶体电子的哈密顿量可以写为

$$\hat{H}=-\frac{\hbar^2}{2m}\nabla^2+U(\boldsymbol{r})=-\frac{\hbar^2}{2m}\nabla^2+V(\boldsymbol{r}-\boldsymbol{R}_m)+\sum_{n\neq m}V(\boldsymbol{r}-\boldsymbol{R}_n)=\hat{H}_0+\hat{H}' \tag{4.180}$$

将孤立原子的哈密顿量 $\hat{H}_0=-\frac{\hbar^2}{2m}\nabla^2+V(\boldsymbol{r}-\boldsymbol{R}_m)$ 作为零级近似，将除 $\boldsymbol{R}_m$ 处原子 A 以外的其他原子在 $\boldsymbol{r}$ 处产生的势场 $\sum_{n\neq m}V(\boldsymbol{r}-\boldsymbol{R}_n)$ 看成微扰项 $\hat{H}'$，则 $\hat{H}'=U(\boldsymbol{r})-V(\boldsymbol{r}-\boldsymbol{R}_m)$。于是晶体中电子运动的薛定谔方程 $\hat{H}\psi=E\psi$ 可写为

$$\left(\hat{H}_0+\hat{H}'\right)\psi(\boldsymbol{r})=\left\{\hat{H}_0+\left[U(\boldsymbol{r})-V(\boldsymbol{r}-\boldsymbol{R}_m)\right]\right\}\psi(\boldsymbol{r})=E\psi(\boldsymbol{r}) \tag{4.181}$$

将式（4.179）代入可得

$$\sum_m a_m\left[\varepsilon_i+U(\boldsymbol{r})-V(\boldsymbol{r}-\boldsymbol{R}_m)\right]\varphi_i(\boldsymbol{r}-\boldsymbol{R}_m)=E\sum_m a_m\varphi_i(\boldsymbol{r}-\boldsymbol{R}_m) \tag{4.182}$$

式（4.182）利用到孤立原子薛定谔方程式（4.178）。

在紧束缚近似中，通常采用半经验方法，可假定原子间距大于原子轨道半径，这样原子轨道具有高度局域性，不同原子的 φ_i 重叠很小，可以近似看作正交。从而有

$$\int \varphi_i^*(\boldsymbol{r}-\boldsymbol{R}_n)\varphi_i(\boldsymbol{r}-\boldsymbol{R}_m)\mathrm{d}\boldsymbol{r}=\delta_{nm} \tag{4.183}$$

现以 $\varphi_i^*(\boldsymbol{r}-\boldsymbol{R}_n)$ 左乘方程式（4.182），并对整个晶体积分，可以得

$$\varepsilon_i a_m \delta_{nm}+\sum_m a_m \int \varphi_i^*(\boldsymbol{r}-\boldsymbol{R}_n)\left[U(\boldsymbol{r})-V(\boldsymbol{r}-\boldsymbol{R}_m)\right]\varphi_i(\boldsymbol{r}-\boldsymbol{R}_m)\mathrm{d}\boldsymbol{r}=Ea_m\delta_{nm} \tag{4.184}$$

$$\sum_m a_m \int \varphi_i^*(\boldsymbol{r}-\boldsymbol{R}_n)\left[U(\boldsymbol{r})-V(\boldsymbol{r}-\boldsymbol{R}_m)\right]\varphi_i(\boldsymbol{r}-\boldsymbol{R}_m)\mathrm{d}\boldsymbol{r}=(E-\varepsilon_i)a_n \tag{4.185}$$

引入新的积分变量，令 $\xi=\boldsymbol{r}-\boldsymbol{R}_m$，由晶格周期性可知：$U(\xi)=U(\boldsymbol{r}-\boldsymbol{R}_m)=U(\boldsymbol{r})$，则式（4.185）中积分可表示为

$$\int \varphi_i^*\left[\xi-(\boldsymbol{R}_n-\boldsymbol{R}_m)\right]\left[U(\xi)-V(\xi)\right]\varphi_i(\xi)\mathrm{d}\xi=-J(\boldsymbol{R}_n-\boldsymbol{R}_m) \tag{4.186}$$

这表明，积分值仅仅取决于两原子的相对位置 $\boldsymbol{R}_n-\boldsymbol{R}_m$，因此引入符号 $J(\boldsymbol{R}_n-\boldsymbol{R}_m)$。由于晶体势场与孤立原子势场的差值 $U(\xi)-V(\xi)$，即其他原子的微扰势，通常为负值，如图 4.14（b）所示，所以定义的 $J(\boldsymbol{R}_n-\boldsymbol{R}_m)$ 是一个大于零的量，表示相距为 $\boldsymbol{R}_n-\boldsymbol{R}_m$ 两原子轨道之间相互作用的交换积分。于是有

$$-\sum_m a_m\cdot J(\boldsymbol{R}_n-\boldsymbol{R}_m)=(E-\varepsilon_i)a_n \tag{4.187}$$

这是一个关于未知数 a_n, a_m 的齐次线性方程组，其中 a_n, a_m 为式（4.179）中原子轨道线性组合的系数。由于这个齐次线性方程组的系数仅仅与两原子的相对位置 $\boldsymbol{R}_n-\boldsymbol{R}_m$ 有关，所以可以设方程组具有如下简单形式的解：

$$a_m=C\mathrm{e}^{\mathrm{i}\boldsymbol{k}\cdot\boldsymbol{R}_m} \tag{4.188}$$

式中，C 为归一化因子。将这个解代入式（4.187）可得

$$E-\varepsilon_i=-\sum_m J(\boldsymbol{R}_n-\boldsymbol{R}_m)\mathrm{e}^{-\mathrm{i}\boldsymbol{k}(\boldsymbol{R}_n-\boldsymbol{R}_m)}=-\sum_s J(\boldsymbol{R}_s)\mathrm{e}^{-\mathrm{i}\boldsymbol{k}\cdot\boldsymbol{R}_s} \tag{4.189}$$

式中，$\boldsymbol{R}_s=\boldsymbol{R}_n-\boldsymbol{R}_m$ 为任意两原子的相对位置，与原子下标 n 或 m 无关。这表明，以上假设的简单形式的解对所有的联立方程组都化为同一条件。式（4.189）实际上就确定了在紧束缚近似下，晶体中共有化运动电子的能量本征值为

$$E=\varepsilon_i-\sum_s J(\boldsymbol{R}_s)\mathrm{e}^{-\mathrm{i}\boldsymbol{k}\cdot\boldsymbol{R}_s} \tag{4.190}$$

将 $a_m=C\mathrm{e}^{\mathrm{i}\boldsymbol{k}\cdot\boldsymbol{R}_m}$ 代入式（4.179），得到与式（4.190）能量本征值相对应的共有化电子波函数为

$$\psi_{\boldsymbol{k}}(\boldsymbol{r})=C\sum_m \mathrm{e}^{\mathrm{i}\boldsymbol{k}\cdot\boldsymbol{R}_m}\varphi_i(\boldsymbol{r}-\boldsymbol{R}_m) \tag{4.191}$$

根据归一化条件

$$\left|\psi_{\boldsymbol{k}}(\boldsymbol{r})\right|^2=C^2\sum_m\left[\mathrm{e}^{\mathrm{i}\boldsymbol{k}\cdot\boldsymbol{R}_m}\varphi_i(\boldsymbol{r}-\boldsymbol{R}_m)\right]^*\mathrm{e}^{\mathrm{i}\boldsymbol{k}\cdot\boldsymbol{R}_m}\varphi_i(\boldsymbol{r}-\boldsymbol{R}_m)=C^2N=1 \tag{4.192}$$

得

$$C=\frac{1}{\sqrt{N}} \tag{4.193}$$

则晶体共有化电子波函数为

$$\psi_{\boldsymbol{k}}(\boldsymbol{r})=\frac{1}{\sqrt{N}}\sum_{m}\mathrm{e}^{\mathrm{i}\boldsymbol{k}\cdot\boldsymbol{R}_m}\varphi_i(\boldsymbol{r}-\boldsymbol{R}_m) \tag{4.194}$$

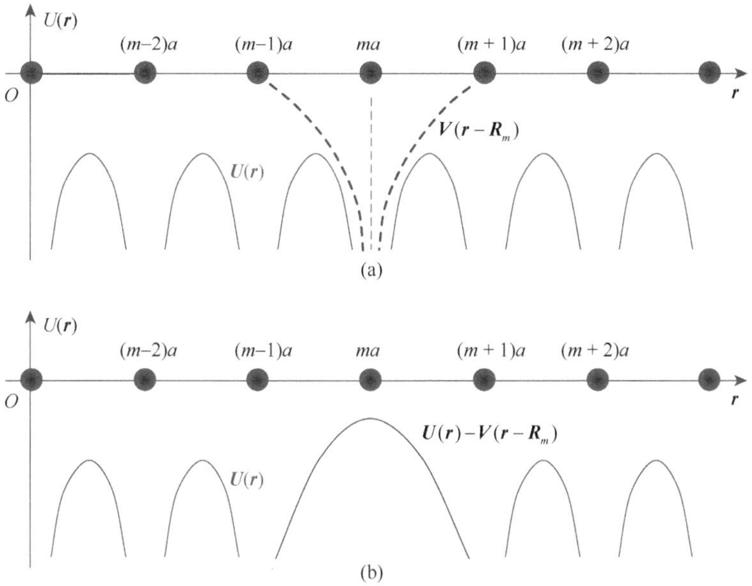

图 4.14　一维晶格周期性势场

接下来验证式（4.194）所给出的波函数确为布洛赫波函数。按照式（4.194）有

$$\begin{aligned}\psi_{\boldsymbol{k}}(\boldsymbol{r}+\boldsymbol{R}_n)&=\frac{1}{\sqrt{N}}\sum_{m}\mathrm{e}^{\mathrm{i}\boldsymbol{k}\cdot\boldsymbol{R}_m}\varphi_i(\boldsymbol{r}+\boldsymbol{R}_n-\boldsymbol{R}_m)=\frac{1}{\sqrt{N}}\sum_{m}\mathrm{e}^{\mathrm{i}\boldsymbol{k}\cdot(\boldsymbol{R}_m+\boldsymbol{R}_n-\boldsymbol{R}_n)}\varphi_i(\boldsymbol{r}+\boldsymbol{R}_n-\boldsymbol{R}_m)\\&=\mathrm{e}^{\mathrm{i}\boldsymbol{k}\cdot\boldsymbol{R}_n}\frac{1}{\sqrt{N}}\sum_{m}\mathrm{e}^{\mathrm{i}\boldsymbol{k}\cdot(\boldsymbol{R}_m-\boldsymbol{R}_n)}\varphi_i\left[\boldsymbol{r}-(\boldsymbol{R}_m-\boldsymbol{R}_n)\right]\\&=\mathrm{e}^{\mathrm{i}\boldsymbol{k}\cdot\boldsymbol{R}_n}\frac{1}{\sqrt{N}}\sum_{s}\mathrm{e}^{\mathrm{i}\boldsymbol{k}\cdot\boldsymbol{R}_s}\varphi_i(\boldsymbol{r}-\boldsymbol{R}_s)=\mathrm{e}^{\mathrm{i}\boldsymbol{k}\cdot\boldsymbol{R}_n}\psi_{\boldsymbol{k}}(\boldsymbol{r})\end{aligned} \tag{4.195}$$

满足式（4.8）布洛赫定理，即 $\psi_{\boldsymbol{k}}(\boldsymbol{r})$ 为布洛赫波函数，得证。

4.5.2　紧束缚近似计算的简单例子

下面利用式（4.190）分别说明紧束缚近似计算的几个简单例子——孤立原子 s 态电子形成简单立方晶体、体心立方晶体和面心立方晶体后能级分裂成能带的情况，并分析其能带宽度。式中，$J(\boldsymbol{R}_s)$表示相距为 $\boldsymbol{R}_s$ 的两原子轨道之间相互作用的交换积分，显然仅当它们有一定重叠时，积分值才不为零。而当 $\boldsymbol{R}_s$ 为零时，电子云重叠最大，表示为

$$J_0=\int\varphi_i^*(\xi)\left[U(\xi)-V(\xi)\right]\varphi_i(\xi)\mathrm{d}\xi=\int\left|\varphi_i(\xi)\right|^2\left[U(\xi)-V(\xi)\right]\mathrm{d}\xi \tag{4.196}$$

$\boldsymbol{R}_s$不为零时，相对距离大于最近邻$\boldsymbol{R}_s$的其他交换积分很小，可以忽略不计。所以通常我们只考虑最近邻原子轨道之间的交换积分。

由于原子轨道波函数都有确定的反演对称性：将波函数每一点的数值及正负号，通过核延长到反方向等距离处，波函数或者完全不变，或者形状不变而符号改变。前者称为对称，记作 g（偶）；后者称为反对称，记作 u（奇）。这种奇偶性就是宇称（parity），且与轨道角量子数 l 的奇偶性一致，表 4.1 给出了 s、p 原子轨道及角量子数与宇称关系。图 4.15 示意出了 s、p 原子轨道角度分布。s 轨道为偶对称，p 轨道为奇对称。

表 4.1　s、p 原子轨道及角量子数与宇称关系

轨道	s	p	d	f
角量子数 l	0	1	2	3
宇称	g	u	g	u

对于 s 态电子，角量子数为 0，波函数是偶宇称，$\varphi_s(\boldsymbol{r})=\varphi_s(-\boldsymbol{r})$，因而在近邻交换积分中波函数的贡献为正；同时，s 波函数球对称，$J(\boldsymbol{R}_s)$仅取决于原子间的距离$\boldsymbol{R}_s$，而与$\boldsymbol{R}_s$的方向无关，则最近邻原子具有相同的$J(\boldsymbol{R}_s)$值，不妨用 J_1 表示，故 $J_1>0$。因此，式（4.190）可以写为

$$E=\varepsilon_i-J_0-J_1\sum_{\boldsymbol{R}_s=\text{近邻}}\mathrm{e}^{-\mathrm{i}\boldsymbol{k}\cdot\boldsymbol{R}_s} \tag{4.197}$$

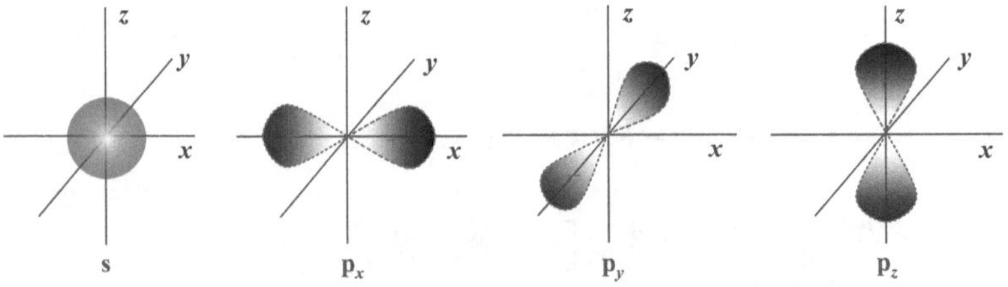

图 4.15　s、p 原子轨道角度分布图

（1）对于简单立方晶体，晶格常数为 a，最近邻原子有 6 个，它们的坐标分别为

$$(a,0,0)\quad(-a,0,0)\quad(0,a,0)\quad(0,-a,0)\quad(0,0,a)\quad(0,0,-a)$$

代入式（4.197）得到

$$\begin{aligned}E_{\mathrm{s}}(\boldsymbol{k})&=\varepsilon_{\mathrm{s}}^{\mathrm{at}}-J_0-J_1\sum_{\boldsymbol{R}_s=\text{近邻}}\mathrm{e}^{-\mathrm{i}\boldsymbol{k}\cdot\boldsymbol{R}_s}\\&=\varepsilon_{\mathrm{s}}^{\mathrm{at}}-J_0-J_1\left(\mathrm{e}^{\mathrm{i}ak_x}+\mathrm{e}^{-\mathrm{i}ak_x}+\mathrm{e}^{\mathrm{i}ak_y}+\mathrm{e}^{-\mathrm{i}ak_y}+\mathrm{e}^{\mathrm{i}ak_z}+\mathrm{e}^{-\mathrm{i}ak_z}\right)\\&=\varepsilon_{\mathrm{s}}^{\mathrm{at}}-J_0-2J_1\left[\cos(ak_x)+\cos(ak_y)+\cos(ak_z)\right]\end{aligned} \tag{4.198}$$

式中，$\varepsilon_{\mathrm{s}}^{\mathrm{at}}$为孤立原子 s 态能级，计算利用到欧拉公式$\mathrm{e}^{\mathrm{i}\theta}=\cos\theta+\mathrm{i}\sin\theta$。显然这个能带的最小值在 $k_x=k_y=k_z=0$ 处（能带底，布里渊区中心），即

$$E_{\mathrm{s\,min}} = \varepsilon_{\mathrm{s}}^{\mathrm{at}} - J_0 - 6J_1 \tag{4.199}$$

能带中能量的最大值在$\left(\pm\frac{\pi}{a},\pm\frac{\pi}{a},\pm\frac{\pi}{a}\right)$处（能带顶，对应图 1.7 简单立方的约化布里渊区的 8 个顶角处），即

$$E_{\mathrm{s\,max}} = \varepsilon_{\mathrm{s}}^{\mathrm{at}} - J_0 + 6J_1 \tag{4.200}$$

因此，简单立方晶体 s 能带的宽度为

$$\Delta E_{\mathrm{s}} = E_{\mathrm{s\,max}} - E_{\mathrm{s\,min}} = 12J_1 \tag{4.201}$$

（2）对于体心立方晶体，晶格常数为 a，最近邻原子有 8 个，它们的坐标分别为

$$\left(\frac{a}{2},\frac{a}{2},\frac{a}{2}\right),\quad \left(-\frac{a}{2},\frac{a}{2},\frac{a}{2}\right),\quad \left(\frac{a}{2},-\frac{a}{2},\frac{a}{2}\right),\quad \left(\frac{a}{2},\frac{a}{2},-\frac{a}{2}\right)$$

$$\left(-\frac{a}{2},-\frac{a}{2},\frac{a}{2}\right),\quad \left(-\frac{a}{2},\frac{a}{2},-\frac{a}{2}\right),\quad \left(\frac{a}{2},-\frac{a}{2},-\frac{a}{2}\right),\quad \left(-\frac{a}{2},-\frac{a}{2},-\frac{a}{2}\right)$$

代入式（4.197）得到

$$\begin{aligned}
E_{\mathrm{s}}(\boldsymbol{k}) &= \varepsilon_{\mathrm{s}}^{\mathrm{at}} - J_0 - J_1 \sum_{\boldsymbol{R}_s=\text{近邻}} \mathrm{e}^{-\mathrm{i}\boldsymbol{k}\cdot\boldsymbol{R}_s} \\
&= \varepsilon_{\mathrm{s}}^{\mathrm{at}} - J_0 - J_1 \Big[\mathrm{e}^{\mathrm{i}\frac{a}{2}(k_x+k_y+k_z)} + \mathrm{e}^{\mathrm{i}\frac{a}{2}(-k_x+k_y+k_z)} + \mathrm{e}^{\mathrm{i}\frac{a}{2}(k_x-k_y+k_z)} + \mathrm{e}^{\mathrm{i}\frac{a}{2}(k_x+k_y-k_z)} \\
&\quad + \mathrm{e}^{\mathrm{i}\frac{a}{2}(-k_x-k_y+k_z)} + \mathrm{e}^{\mathrm{i}\frac{a}{2}(-k_x+k_y-k_z)} + \mathrm{e}^{\mathrm{i}\frac{a}{2}(k_x-k_y-k_z)} + \mathrm{e}^{\mathrm{i}\frac{a}{2}(-k_x-k_y-k_z)} \Big] \\
&= \varepsilon_{\mathrm{s}}^{\mathrm{at}} - J_0 - 2J_1 \left\{ \cos\left[\frac{a}{2}(k_x+k_y+k_z)\right] + \cos\left[\frac{a}{2}(-k_x+k_y+k_z)\right] \right. \\
&\quad \left. + \cos\left[\frac{a}{2}(k_x-k_y+k_z)\right] + \cos\left[\frac{a}{2}(k_x+k_y-k_z)\right] \right\} \\
&= \varepsilon_{\mathrm{s}}^{\mathrm{at}} - J_0 - 4J_1 \left\{ \cos\left[\frac{a}{2}(k_y+k_z)\right]\cos\left(\frac{a}{2}k_x\right) + \cos\left[\frac{a}{2}(k_y-k_z)\right]\cos\left(\frac{a}{2}k_x\right) \right\} \\
&= \varepsilon_{\mathrm{s}}^{\mathrm{at}} - J_0 - 8J_1 \left[\cos\left(\frac{a}{2}k_x\right)\cos\left(\frac{a}{2}k_y\right)\cos\left(\frac{a}{2}k_z\right) \right]
\end{aligned} \tag{4.202}$$

显然，这个能带的最小值在 $k_x = k_y = k_z = 0$ 处（能带底，布里渊区中心），即

$$E_{\mathrm{s\,min}} = \varepsilon_{\mathrm{s}}^{\mathrm{at}} - J_0 - 8J_1 \tag{4.203}$$

能带中能量的最大值在$\left(\pm\frac{2\pi}{a},0,0\right)$，$\left(0,\pm\frac{2\pi}{a},0\right)$，$\left(0,0,\pm\frac{2\pi}{a}\right)$处（能带顶，对应图 1.8 体心立方晶格的约化布里渊区菱形十二面体顶点和倒易晶胞面中心的交点位置），即

$$E_{\mathrm{s\,max}} = \varepsilon_{\mathrm{s}}^{\mathrm{at}} - J_0 + 8J_1 \tag{4.204}$$

因此，体心立方晶体 s 能带的宽度为

$$\Delta E_{\mathrm{s}} = E_{\mathrm{s\,max}} - E_{\mathrm{s\,min}} = 16J_1 \tag{4.205}$$

（3）对于面心立方晶体，晶格常数为 a，最近邻原子有 12 个，它们的坐标分别为

$$\left(\frac{a}{2},\frac{a}{2},0\right),\quad \left(\frac{a}{2},-\frac{a}{2},0\right),\quad \left(-\frac{a}{2},\frac{a}{2},0\right),\quad \left(-\frac{a}{2},-\frac{a}{2},0\right)$$

$$\left(0,\frac{a}{2},\frac{a}{2}\right),\quad \left(0,-\frac{a}{2},\frac{a}{2}\right),\quad \left(0,\frac{a}{2},-\frac{a}{2}\right),\quad \left(0,-\frac{a}{2},-\frac{a}{2}\right)$$

$$\left(\frac{a}{2},0,\frac{a}{2}\right),\quad \left(-\frac{a}{2},0,\frac{a}{2}\right),\quad \left(\frac{a}{2},0,-\frac{a}{2}\right),\quad \left(-\frac{a}{2},0,-\frac{a}{2}\right)$$

代入式（4.197）得到

$$\begin{aligned}
E_{\mathrm{s}}(\boldsymbol{k}) &= \varepsilon_{\mathrm{s}}^{\mathrm{at}} - J_0 - J_1 \sum_{\boldsymbol{R}_s=\text{近邻}} \mathrm{e}^{-\mathrm{i}\boldsymbol{k}\cdot\boldsymbol{R}_s} \\
&= \varepsilon_{\mathrm{s}}^{\mathrm{at}} - J_0 - J_1 \Big[\mathrm{e}^{\mathrm{i}\frac{a}{2}(k_x+k_y)} + \mathrm{e}^{\mathrm{i}\frac{a}{2}(k_x-k_y)} + \mathrm{e}^{\mathrm{i}\frac{a}{2}(-k_x+k_y)} + \mathrm{e}^{\mathrm{i}\frac{a}{2}(-k_x-k_y)} + \mathrm{e}^{\mathrm{i}\frac{a}{2}(k_y+k_z)} + \mathrm{e}^{\mathrm{i}\frac{a}{2}(-k_y+k_z)} \\
&\quad + \mathrm{e}^{\mathrm{i}\frac{a}{2}(k_y-k_z)} + \mathrm{e}^{\mathrm{i}\frac{a}{2}(-k_y-k_z)} + \mathrm{e}^{\mathrm{i}\frac{a}{2}(k_x+k_z)} + \mathrm{e}^{\mathrm{i}\frac{a}{2}(-k_x+k_z)} + \mathrm{e}^{\mathrm{i}\frac{a}{2}(k_x-k_z)} + \mathrm{e}^{\mathrm{i}\frac{a}{2}(-k_x-k_z)} \Big] \\
&= \varepsilon_{\mathrm{s}}^{\mathrm{at}} - J_0 - 2J_1 \left\{ \cos\left[\frac{a}{2}(k_x+k_y)\right] + \cos\left[\frac{a}{2}(k_x-k_y)\right] + \cos\left[\frac{a}{2}(k_y+k_z)\right] + \cos\left[\frac{a}{2}(k_y-k_z)\right] \right. \\
&\quad \left. + \cos\left[\frac{a}{2}(k_x+k_z)\right] + \cos\left[\frac{a}{2}(k_x-k_z)\right] \right\} \\
&= \varepsilon_{\mathrm{s}}^{\mathrm{at}} - J_0 - 4J_1 \left[\cos\left(\frac{a}{2}k_x\right)\cos\left(\frac{a}{2}k_y\right) + \cos\left(\frac{a}{2}k_y\right)\cos\left(\frac{a}{2}k_z\right) + \cos\left(\frac{a}{2}k_x\right)\cos\left(\frac{a}{2}k_z\right) \right]
\end{aligned} \tag{4.206}$$

显然这个能带的最小值在 $k_x = k_y = k_z = 0$ 处（能带底，布里渊区中心），即

$$E_{\mathrm{s\,min}} = E_{\mathrm{s}}^{\mathrm{at}} - J_0 - 12J_1 \tag{4.207}$$

能带中能量的最大值在 $\left(\pm\frac{2\pi}{a},0,0\right)$，$\left(0,\pm\frac{2\pi}{a},0\right)$，$\left(0,0,\pm\frac{2\pi}{a}\right)$ 处（能带顶，对应图 1.9 面心立方晶格的约化布里渊区六个四边形中心）即

$$E_{\mathrm{s\,max}} = E_{\mathrm{s}}^{\mathrm{at}} - J_0 + 4J_1 \tag{4.208}$$

因此，面心立方晶体 s 能带的宽度为

$$\Delta E_{\mathrm{s}} = E_{\mathrm{s\,max}} - E_{\mathrm{s\,min}} = 16J_1 \tag{4.209}$$

根据上面的几个例子我们可知，当 N 个原子组成晶体时，由于晶体中其他诸原子势场的微扰作用，系统的简并状态消除，s 电子不再有相同的能量，而是变成由 N 个不同波矢 $\boldsymbol{k}$ 标志的不同的能量状态，这些状态的电子能量组成一个能带。能带宽度由两个因素决定：即配位数（最近邻原子数）和交换积分 J。交换积分 J 的数值同波函数的重叠程度有关，重叠程度越大，J 值也越大，能带越宽。简单立方晶格 s 能级分裂成能带的示意图如图 4.16 所示。

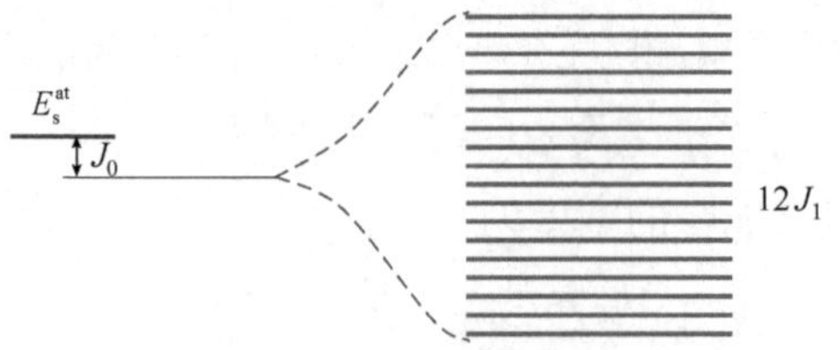

图 4.16　简单立方晶格 s 能级分裂成能带的示意图

应该指出的是，以上讨论的只适用于原子的 s 态电子，一个能级 ε_s^{at} 只有一个波函数 $\psi_s^{at}(\boldsymbol{r})$ 的情形，而且假定波函数之间重叠很少，即只宜用于讨论内层的 s 态电子。

图 4.17 示意出了原子的不同能级和形成固体时产生的一系列能带相对应的关系。图中特别表示出，能级越低的能带越窄，能级越高的能带越宽。因为对于内层电子，电子轨道很小，波函数在不同原子间重叠程度小，J 值也小，能带比较窄。能量较高的外层电子轨道，在不同的原子间将有较多的重叠，从而形成较宽的带。

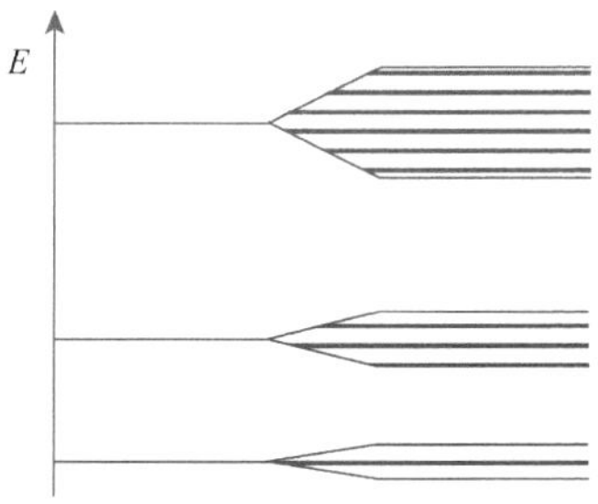

图 4.17　原子能级与能带的对应

4.5.3　紧束缚近似计算的其他例子

在实际晶体中，原子还有其他状态的电子，如 p 电子、d 电子等，这些状态是简并的（例如 p 态是三重简并的），对应的各简并能带是相互交叠的。这时，每个能带中的能级数与原胞数或原子数相等的说法就应该做相应修改。

这里不妨再以简单立方晶格为例讨论由原子 p 态电子形成的能带。我们知道原子 p 态是三重简并的，三个 p 轨道波函数 $\varphi_{p_x},\varphi_{p_y},\varphi_{p_z}$ 各自形成一个能带，按照紧束缚近似，其晶体电子波函数为各自原子轨道的线性叠加

$$\psi_{\boldsymbol{k}}^{p_x}=\frac{1}{\sqrt{N}}\sum_n \mathrm{e}^{\mathrm{i}\boldsymbol{k}\cdot\boldsymbol{R}_n}\varphi_{p_x}(\boldsymbol{r}-\boldsymbol{R}_n) \tag{4.210a}$$

$$\psi_{\boldsymbol{k}}^{p_y}=\frac{1}{\sqrt{N}}\sum_n \mathrm{e}^{\mathrm{i}\boldsymbol{k}\cdot\boldsymbol{R}_n}\varphi_{p_y}(\boldsymbol{r}-\boldsymbol{R}_n) \tag{4.210b}$$

$$\psi_{\boldsymbol{k}}^{p_z}=\frac{1}{\sqrt{N}}\sum_n \mathrm{e}^{\mathrm{i}\boldsymbol{k}\cdot\boldsymbol{R}_n}\varphi_{p_z}(\boldsymbol{r}-\boldsymbol{R}_n) \tag{4.210c}$$

各自能带的能量本征值仍可以用式（4.197）表示，只是近邻交换积分 J_p 不再完全相同了。以 ψ^{p_x} 为例，如图 4.18 所示，电子云主要集中在 x 轴方向，六个近邻的交换积分中，沿 x 轴的两个近邻$(a, 0, 0)$与$(-a, 0, 0)$交换积分大，用 J_1 表示；其他沿 y、z 轴的四个近邻交换积分小（它们彼此相等），用 J_2 表示。

注意到原子 p 态电子波函数是奇宇称，$\varphi_{p_x}(-x)=-\varphi_{p_x}(x)$。图 4.18 中也示意画出了简单立方晶格近邻原子 φ_{p_x} 轨道波函数的正值和负值区域，可以看到，沿 x 轴的方向，两原子核之间异号波函数减弱或抵消，这意味着核间区域电子云密度降低，原子核间相互作用库仑势为斥力，能量增加，不利于结合，因此沿 x 轴的交换积分 $J_1<0$；沿 z 轴（y 轴）的方向，两原子之间同号波函数加强，无论正负，绝对值平方后都是正值，代表电子出现的概率密度增大，表示电子出现在两核间区域机会较多，两原子核通过与核间负电子区域有相互吸引作用，能量降低，即利于结合，因此沿 y 轴、z 轴的交换积分 $J_2>0$。于是有

$$E_{\boldsymbol{k}}^{p_x}=\varepsilon_p-J_0-2J_1\cos(k_x a)-2J_2\left[\cos(k_y a)+\cos(k_z a)\right] \tag{4.211a}$$

同理可以得到

$$E_{\boldsymbol{k}}^{\mathrm{p}_y} = \varepsilon_{\mathrm{p}} - J_0 - 2J_1\cos(k_y a) - 2J_2\left[\cos(k_x a) + \cos(k_z a)\right] \tag{4.211b}$$

$$E_{\boldsymbol{k}}^{\mathrm{p}_z} = \varepsilon_{\mathrm{p}} - J_0 - 2J_1\cos(k_z a) - 2J_2\left[\cos(k_x a) + \cos(k_y a)\right] \tag{4.211c}$$

根据式（4.211a）、式（4.211b）和式（4.211c），在点 $\Gamma(0, 0, 0)$， $E_{\boldsymbol{k}}^{\mathrm{p}_x} = E_{\boldsymbol{k}}^{\mathrm{p}_y} = E_{\boldsymbol{k}}^{\mathrm{p}_z} = \varepsilon_{\mathrm{p}} - J_0 - 2J_1 - 4J_2$；在点 $X(\pi/a, 0, 0)$， $E_{\boldsymbol{k}}^{\mathrm{p}_x} = \varepsilon_{\mathrm{p}} - J_0 + 2J_1 - 4J_2$， $E_{\boldsymbol{k}}^{\mathrm{p}_y} = E_{k}^{\mathrm{p}_z} = \varepsilon_{\mathrm{p}} - J_0 - 2J_1$。

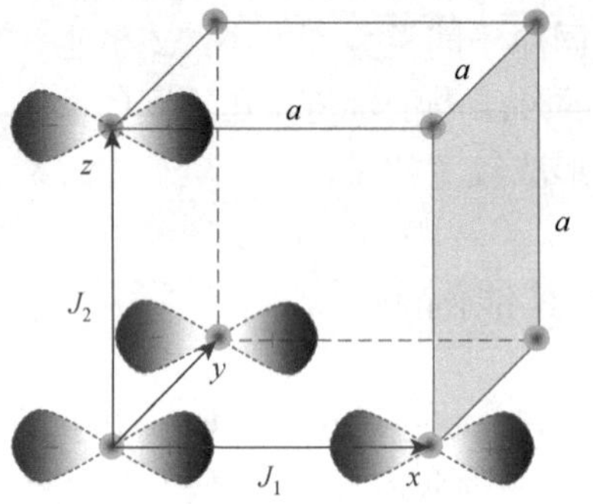

图 4.18　简单立方晶格近邻原子 φ_{p_x} 交换积分情况

图 4.19 中画出了这些能带沿 Δ 轴（k_x 方向）$E(\boldsymbol{k})$函数的变化。中间的一条是 p_x 态形成的能带；上面一条是 p_y 态和 p_z 态形成的能带，沿 Δ 轴（k_x 方向）这两个能带是简并的。图中最下面的曲线是按式（4.198）画出的 s 态形成的能带。

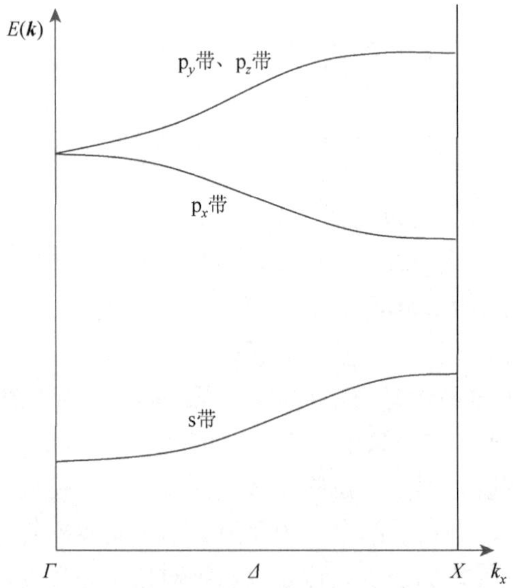

图 4.19　简单立方晶格 s 能带、p 能带沿 Δ 轴 $E(\boldsymbol{k})$函数变化

在前面的讨论中，我们只考虑了不同原子、相同原子态之间的相互作用，没有考虑不同原子态之间的相互作用，这是一种近似。近似成立的条件是要求微扰作用远小于原

子能级之间的能量差。通常可用能带宽度反映微扰作用的大小，对于内层电子，能带宽度较小，能级与能带之间有简单的一一对应；然而对于外层电子，在形成晶体过程中，其实不同原子态之间是有可能相互混合的，从而导致能级与能带之间不存在上述简单的对应关系。这时可以认为能带主要是指在外界微扰下，由几个能级相近的原子态相互作用形成的杂化轨道，能量相差较多的原子态的影响可以略去。例如，只计入同一主量子数中的 s 态与 p 态之间的相互作用，而略去其他主量子数原子态的影响。一般的处理方法是，先把各原子束缚态波函数组成布洛赫和，即

$$\psi_{\boldsymbol{k}}^{\mathrm{s}} = \frac{1}{\sqrt{N}} \sum_n \mathrm{e}^{\mathrm{i}\boldsymbol{k}\cdot\boldsymbol{R}_n} \varphi_{\mathrm{s}}\left(\boldsymbol{r} - \boldsymbol{R}_n\right) \tag{4.212a}$$

$$\psi_{\boldsymbol{k}}^{\mathrm{p}_x} = \frac{1}{\sqrt{N}} \sum_n \mathrm{e}^{\mathrm{i}\boldsymbol{k}\cdot\boldsymbol{R}_n} \varphi_{\mathrm{p}_x}\left(\boldsymbol{r} - \boldsymbol{R}_n\right) \tag{4.212b}$$

$$\psi_{\boldsymbol{k}}^{\mathrm{p}_y} = \frac{1}{\sqrt{N}} \sum_n \mathrm{e}^{\mathrm{i}\boldsymbol{k}\cdot\boldsymbol{R}_n} \varphi_{\mathrm{p}_y}\left(\boldsymbol{r} - \boldsymbol{R}_n\right) \tag{4.212c}$$

$$\psi_{\boldsymbol{k}}^{\mathrm{p}_z} = \frac{1}{\sqrt{N}} \sum_n \mathrm{e}^{\mathrm{i}\boldsymbol{k}\cdot\boldsymbol{R}_n} \varphi_{\mathrm{p}_z}\left(\boldsymbol{r} - \boldsymbol{R}_n\right) \tag{4.212d}$$

然后取能带中的电子态为这 4 个布洛赫和的线性组合

$$\psi_{\boldsymbol{k}} = \lambda_{1\boldsymbol{k}}\psi_{\boldsymbol{k}}^{\mathrm{s}} + \lambda_{2\boldsymbol{k}}\psi_{\boldsymbol{k}}^{\mathrm{p}_x} + \lambda_{3\boldsymbol{k}}\psi_{\boldsymbol{k}}^{\mathrm{p}_y} + \lambda_{4\boldsymbol{k}}\psi_{\boldsymbol{k}}^{\mathrm{p}_z} \tag{4.213}$$

代入薛定谔方程，解出线性组合系数和能量本征值。

如果是复式格子（如硅 $3s^2 3p^2$、锗 $4s^2 4p^2$ 晶体等），第一种可以采用上述方法，也可以认为原胞中各原子之间先形成分子轨道，再以分子轨道为基组成布洛赫和，从而认为能带与分子轨道之间有相互对应的关系。

现以金刚石结构的 Si 为例分析其能带结构。金刚石结构是由两个面心立方晶格沿晶胞[111]方向平移 $\tau = \frac{1}{4}(a,a,a)$ 嵌套而成的复式格子，硅晶体中每个原胞有 2 个原子 A 位和 B 位，它们的相对位移为 $\tau = \frac{1}{4}(a,a,a)$。若把坐标原点选在 A 格子的格点上，则

$$\boldsymbol{r}_A = 0, \quad \boldsymbol{r}_B = \tau \tag{4.214}$$

形成晶体时，如果按照上述第一种方法，N 个 A 位原子的 3s 轨道和 3p 轨道分别形成类似于式（4.212a）～式（4.212d）4 个布洛赫和 $\psi_{\boldsymbol{k}}^{A\mathrm{s}}(\boldsymbol{r})$、$\psi_{\boldsymbol{k}}^{A\mathrm{p}_x}(\boldsymbol{r})$、$\psi_{\boldsymbol{k}}^{A\mathrm{p}_y}(\boldsymbol{r})$、$\psi_{\boldsymbol{k}}^{A\mathrm{p}_z}(\boldsymbol{r})$，$N$ 个 B 位原子的 3s 和 3p 轨道同样也分别形成类似的 4 个布洛赫和 $\psi_{\boldsymbol{k}}^{B\mathrm{s}}(\boldsymbol{r})$、$\psi_{\boldsymbol{k}}^{B\mathrm{p}_x}(\boldsymbol{r})$、$\psi_{\boldsymbol{k}}^{B\mathrm{p}_y}(\boldsymbol{r})$、$\psi_{\boldsymbol{k}}^{B\mathrm{p}_z}(\boldsymbol{r})$，即

$$\psi_{\boldsymbol{k}}^{A\mathrm{s}}(\boldsymbol{r}) = \frac{1}{\sqrt{N}} \sum_n \mathrm{e}^{\mathrm{i}\boldsymbol{k}\cdot\boldsymbol{R}_n} \varphi_{\mathrm{s}}\left(\boldsymbol{r} - \boldsymbol{R}_n\right) \tag{4.215a}$$

$$\psi_{\boldsymbol{k}}^{A\mathrm{p}_x}(\boldsymbol{r}) = \frac{1}{\sqrt{N}} \sum_n \mathrm{e}^{\mathrm{i}\boldsymbol{k}\cdot\boldsymbol{R}_n} \varphi_{\mathrm{p}_x}\left(\boldsymbol{r} - \boldsymbol{R}_n\right) \tag{4.215b}$$

$$\psi_{\boldsymbol{k}}^{A\mathrm{p}_y}(\boldsymbol{r}) = \frac{1}{\sqrt{N}} \sum_n \mathrm{e}^{\mathrm{i}\boldsymbol{k}\cdot\boldsymbol{R}_n} \varphi_{\mathrm{p}_y}\left(\boldsymbol{r} - \boldsymbol{R}_n\right) \tag{4.215c}$$

$$\psi_{\boldsymbol{k}}^{A\mathrm{p}_z}(\boldsymbol{r})=\frac{1}{\sqrt{N}}\sum_n \mathrm{e}^{\mathrm{i}\boldsymbol{k}\cdot\boldsymbol{R}_n}\varphi_{\mathrm{p}_z}(\boldsymbol{r}-\boldsymbol{R}_n) \tag{4.215d}$$

$$\psi_{\boldsymbol{k}}^{B\mathrm{s}}(\boldsymbol{r})=\frac{1}{\sqrt{N}}\sum_n \mathrm{e}^{\mathrm{i}\boldsymbol{k}\cdot\boldsymbol{R}_n}\varphi_{\mathrm{s}}(\boldsymbol{r}-\boldsymbol{R}_n-\boldsymbol{\tau}) \tag{4.215e}$$

$$\psi_{\boldsymbol{k}}^{B\mathrm{p}_x}(\boldsymbol{r})=\frac{1}{\sqrt{N}}\sum_n \mathrm{e}^{\mathrm{i}\boldsymbol{k}\cdot\boldsymbol{R}_n}\varphi_{\mathrm{p}_x}(\boldsymbol{r}-\boldsymbol{R}_n-\boldsymbol{\tau}) \tag{4.215f}$$

$$\psi_{\boldsymbol{k}}^{B\mathrm{p}_y}(\boldsymbol{r})=\frac{1}{\sqrt{N}}\sum_n \mathrm{e}^{\mathrm{i}\boldsymbol{k}\cdot\boldsymbol{R}_n}\varphi_{\mathrm{p}_y}(\boldsymbol{r}-\boldsymbol{R}_n-\boldsymbol{\tau}) \tag{4.215g}$$

$$\psi_{\boldsymbol{k}}^{B\mathrm{p}_z}(\boldsymbol{r})=\frac{1}{\sqrt{N}}\sum_n \mathrm{e}^{\mathrm{i}\boldsymbol{k}\cdot\boldsymbol{R}_n}\varphi_{\mathrm{p}_z}(\boldsymbol{r}-\boldsymbol{R}_n-\boldsymbol{\tau}) \tag{4.215h}$$

按照原子轨道线性组合方法，Si 的价带和导带可以看成上述 8 个布洛赫和的线性组合。

也可以采用另外一种方法，就是先考虑金刚石结构每个 Si 原子的 s 态和 p 态电子分别形成 4 个等性杂化 sp^3 分子轨道。等性杂化就是指原子轨道均等地分配到 4 个杂化轨道中去。由于杂化轨道是归一化的，用 α 表示杂化轨道中 s 轨道百分数，$1-\alpha$ 则表示杂化轨道中 p 轨道百分数。注意：各轨道所占百分数并不等于杂化轨道式中各轨道线性组合系数，而是等于线性组合系数的平方。令 ψ_i 与 ψ_j 为两个 sp^3 杂化轨道，则有

$$\psi_i=\sqrt{\alpha_i}\varphi_{\mathrm{s}}+\sqrt{1-\alpha_i}\varphi_{\mathrm{p}i},\quad \psi_j=\sqrt{\alpha_j}\varphi_{\mathrm{s}}+\sqrt{1-\alpha_j}\varphi_{\mathrm{p}j} \tag{4.216}$$

式中，$\varphi_{\mathrm{p}i}$ 和 $\varphi_{\mathrm{p}j}$ 是 φ_{p_x}，φ_{p_y}，φ_{p_z} 的组合，即

$$\varphi_{\mathrm{p}i}=x_i\varphi_{\mathrm{p}_x}+y_i\varphi_{\mathrm{p}_y}+z_i\varphi_{\mathrm{p}_z},\quad \varphi_{\mathrm{p}j}=x_j\varphi_{\mathrm{p}_x}+y_j\varphi_{\mathrm{p}_y}+z_j\varphi_{\mathrm{p}_z} \tag{4.217}$$

由于 $\varphi_{\mathrm{p}i}$ 和 $\varphi_{\mathrm{p}j}$ 两个矢量的夹角也是杂化轨道 ψ_i 与 ψ_j 之间的夹角 θ，又

$$\int\varphi_{\mathrm{p}i}\varphi_{\mathrm{p}j}\mathrm{d}\tau=x_ix_j\int\varphi_{\mathrm{p}_x}^2\mathrm{d}x+y_iy_j\int\varphi_{\mathrm{p}_y}^2\mathrm{d}y+z_iz_j\int\varphi_{\mathrm{p}_z}^2\mathrm{d}z=\cos\theta \tag{4.218}$$

于是，根据杂化轨道 ψ_i 与 ψ_j 正交可得

$$\begin{aligned}\int\psi_i\psi_j\mathrm{d}\tau&=\sqrt{\alpha_i}\sqrt{\alpha_j}\int\varphi_{\mathrm{s}}^2\mathrm{d}\tau+\sqrt{1-\alpha_i}\sqrt{1-\alpha_j}\int\varphi_{\mathrm{p}i}\varphi_{\mathrm{p}j}\mathrm{d}\tau\\&=\sqrt{\alpha_i}\sqrt{\alpha_j}+\sqrt{1-\alpha_i}\sqrt{1-\alpha_j}\cos\theta=0\end{aligned} \tag{4.219}$$

因为讨论 Si 原子的等性杂化，$\alpha_i=\alpha_j=\alpha$，所以

$$\cos\theta=-\frac{\alpha}{1-\alpha} \tag{4.220}$$

Si 原子 sp^3 杂化中，$\alpha=1/4$，$1-\alpha=3/4$，则 $\cos\theta=-1/3$，$\theta=109°28'$。由图 4.20 可知，$109°28'$为杂化轨道之间的夹角，$109°28'/2$ 为杂化轨道与 φ_{p_x}，φ_{p_y}，φ_{p_z} 之间的夹角，因此，杂化轨道波函数形式为

$$\begin{aligned}\psi_1&=\frac{1}{2}\varphi_{\mathrm{s}}+\frac{\sqrt{3}}{2}\left[\cos\left(\frac{109°28'}{2}\varphi_{\mathrm{p}_x}\right)+\cos\left(\frac{109°28'}{2}\varphi_{\mathrm{p}_y}\right)+\cos\left(\frac{109°28'}{2}\varphi_{\mathrm{p}_z}\right)\right]\\&=\frac{1}{2}\left(\varphi_{\mathrm{s}}+\varphi_{\mathrm{p}_x}+\varphi_{\mathrm{p}_y}+\varphi_{\mathrm{p}_z}\right)\end{aligned} \tag{4.221a}$$

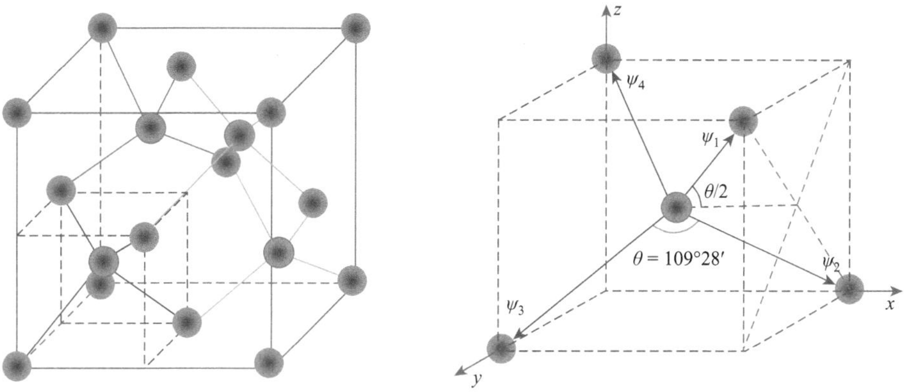

(a) Si的类金刚石结构　　(b) Si的杂化轨道

图 4.20　Si 的类金刚石结构及杂化轨道

另外三个杂化轨道，系数与 ψ_1 相同，只是方向不同而已。

$$\psi_2 = \frac{1}{2}\left(\varphi_{\mathrm{s}} + \varphi_{\mathrm{p}_x} - \varphi_{\mathrm{p}_y} - \varphi_{\mathrm{p}_z}\right) \tag{4.221b}$$

$$\psi_3 = \frac{1}{2}\left(\varphi_{\mathrm{s}} - \varphi_{\mathrm{p}_x} + \varphi_{\mathrm{p}_y} - \varphi_{\mathrm{p}_z}\right) \tag{4.221c}$$

$$\psi_4 = \frac{1}{2}\left(\varphi_{\mathrm{s}} - \varphi_{\mathrm{p}_x} - \varphi_{\mathrm{p}_y} + \varphi_{\mathrm{p}_z}\right) \tag{4.221d}$$

应该注意的是，以上的解并不是唯一的，随着坐标选择的不同，可以有不同的正交归一的杂化轨道波函数。然后，近邻原子 A、原子 B 的杂化轨道之间形成成键态（bonding state）和反键态（antibonding state），利用式（4.128）和式（4.130），得

$$\text{成键态：}\quad \varphi^{i}_{\text{成键}} = \frac{1}{\sqrt{2\left(1+s_{AB}\right)}}\left[\psi_i\left(\boldsymbol{r}-\boldsymbol{R}_n\right)+\psi_i\left(\boldsymbol{r}-\boldsymbol{R}_n-\boldsymbol{\tau}\right)\right],\quad i=1,2,3,4 \tag{4.222a}$$

$$\text{反键态：}\quad \varphi^{i}_{\text{反键}} = \frac{1}{\sqrt{2\left(1-s_{AB}\right)}}\left[\psi_i\left(\boldsymbol{r}-\boldsymbol{R}_n\right)-\psi_i\left(\boldsymbol{r}-\boldsymbol{R}_n-\boldsymbol{\tau}\right)\right],\quad i=1,2,3,4 \tag{4.222b}$$

式（4.222）利用到双原子分子轨道理论，s_{AB} 为两原子间波函数重叠积分。

根据分子轨道近似，形成晶体时，不考虑成键态和反键态之间的耦合，认为成键态波函数组成布洛赫和形成成键能带，反键态波函数组成布洛赫和形成反键能带。

$$\psi^{i}_{\text{成键}} = \frac{1}{\sqrt{N}}\sum_n \mathrm{e}^{\mathrm{i}\boldsymbol{k}\cdot\boldsymbol{R}_n}\varphi^{i}_{\text{成键}}\left(\boldsymbol{r}-\boldsymbol{R}_n\right),\quad i=1,2,3,4 \tag{4.223a}$$

$$\psi^{i}_{\text{反键}} = \frac{1}{\sqrt{N}}\sum_n \mathrm{e}^{\mathrm{i}\boldsymbol{k}\cdot\boldsymbol{R}_n}\varphi^{i}_{\text{反键}}\left(\boldsymbol{r}-\boldsymbol{R}_n\right),\quad i=1,2,3,4 \tag{4.223b}$$

图 4.21 画出了这种对应关系，成键态对应的 4 个能带是交叠在一起的，这就是 Si 晶体的价带，反键态对应的 4 个能带交叠在一起，构成 Si 晶体的导带。

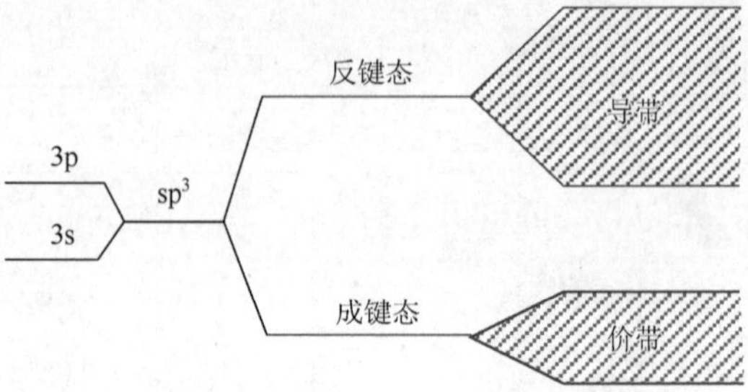

图 4.21　Si 能带中成键态与价带及反键态与导带之间的对应

4.6　能级密度与费米面

在第 2 章，由于求出每一个振动格波的频率不太容易，我们介绍过晶格振动模式密度的概念，实际上就是声子的能级密度，求单位频率（能量）间隔里的模式数。由于波矢十分密集，可以看作准连续的，相应地，频率也可以看作准连续的，这样有些需要对模式求和的问题就可以转化为对频率的积分，大大简化了计算过程。在第 3 章的量子自由电子理论中，我们也介绍了自由电子能级密度和费米面的概念，并且知道只有费米面附近的电子参与热激发和输运过程。下面我们将讨论晶格周期性势场影响下能级密度和费米面的变化。

4.6.1　能级密度

当原子形成固体时，电子的能级是异常密集的，形成准连续分布，此时标明其中每个能级的能量是没有意义的。为了描述这种情形下能级的状况，我们仍可以引入“能级密度”的概念。如果在波矢空间 $\boldsymbol{k}$ 中，在等能面 E 和 $E+\Delta E$ 之间的状态的数目为 ΔZ，则能级密度定义为单位能量间隔内所能容纳的电子数，即

$$N(E)=\lim_{\Delta E\to 0}\frac{\Delta Z}{\Delta E}=\frac{\mathrm{d}Z}{\mathrm{d}E} \tag{4.224}$$

由于状态在 $\boldsymbol{k}$ 空间分布是均匀的、准连续的，其状态密度是 $V/(2\pi)^3$。因此，根据 $E(\boldsymbol{k})$ 的函数关系，可以画出空间的等能面，并计算 E 和 $E+\Delta E$ 之间的状态数。

$$\mathrm{d}Z=\frac{V}{(2\pi)^3}(\text{能量在 } E \text{ 和 } E+\Delta E \text{ 的等能面之间的体积})=\frac{V}{(2\pi)^3}\int \mathrm{d}S\mathrm{d}\boldsymbol{k} \tag{4.225}$$

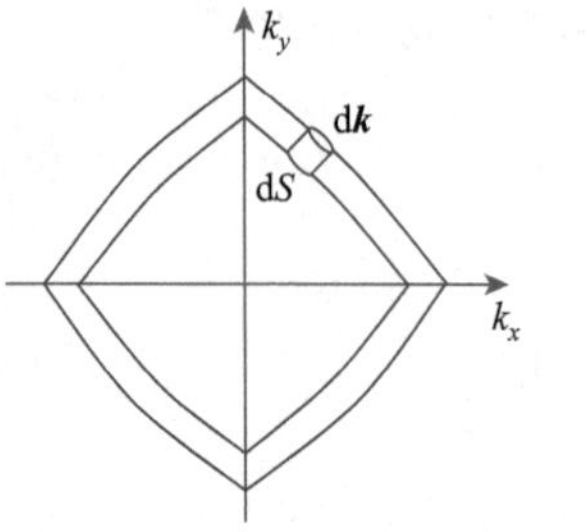

图 4.22　$\boldsymbol{k}$ 空间的等能面示意图

如图 4.22 所示，$\mathrm{d}\boldsymbol{k}$ 为两个等能面间的垂直距离，$\mathrm{d}S$ 为 $E(\boldsymbol{k})$等于常数的等能面上的一个面积元，等能面间的体积可以表示为对体积元 $\mathrm{d}S\mathrm{d}\boldsymbol{k}$ 在面上的积分。对比图 3.9 可知，等能面已不再是自由电子的同心等能球面。

如果用 $|\nabla_{\boldsymbol{k}}E|$ 表示沿等能面法线方向能量的变化率，则有

$$\mathrm{d}\boldsymbol{k}|\nabla_{\boldsymbol{k}}E|=\Delta E \tag{4.226}$$

把式（4.226）代入式（4.225）得到

$$\Delta Z = \left(\frac{V}{(2\pi)^3} \int \frac{dS}{|\nabla_{\boldsymbol{k}} E|} \right) \Delta E \tag{4.227}$$

从而得到能态密度的一般表达式为

$$N(E) = \frac{\Delta Z}{\Delta E} = \frac{V}{(2\pi)^3} \int \frac{dS}{|\nabla_{\boldsymbol{k}} E|} \tag{4.228}$$

这样就可以根据已知固体的能带结构 $E(\boldsymbol{k})$求出能态密度。

如果考虑到每一个 $\boldsymbol{k}$ 值对应两个自旋相反的电子状态，则电子的能态密度为

$$N(E) = 2\frac{V}{(2\pi)^3} \int \frac{dS}{|\nabla_{\boldsymbol{k}} E|} = \frac{V}{4\pi^3} \int \frac{dS}{|\nabla_{\boldsymbol{k}} E|} \tag{4.229}$$

在第 3 章中我们求出自由电子的能级密度 $N(E) = C\sqrt{E}$，如果以 E 为纵坐标、$N(E)$为横坐标，则 E-$N(E)$的关系曲线为抛物线，如图 4.23 所示，与图 3.10 只是纵横坐标互换了而已。对于近自由电子近似模型，根据前面的讨论，我们知道周期场的影响主要表现在布里渊区边界附近，而在布里渊区其他地方只是对电子的能量有较小的修正。因此，当我们只考虑第一布里渊区的等能面时，可以认为从原点向外，等能面应基本上保持为球面，在接近布里渊区边界时，等能面将向边界凸出，如图 4.24 所示。

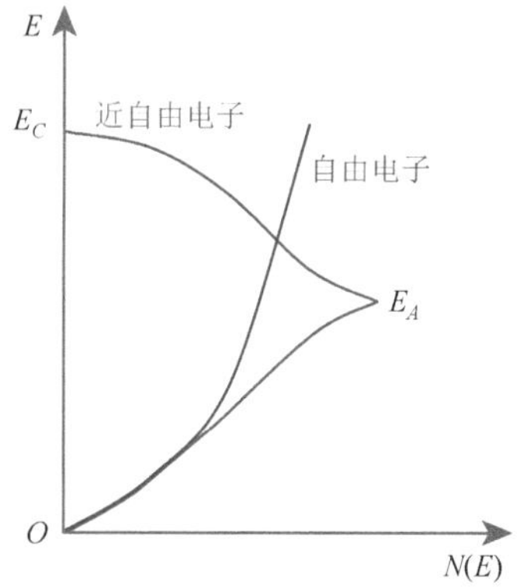

图 4.23　自由电子和近自由电子能态密度

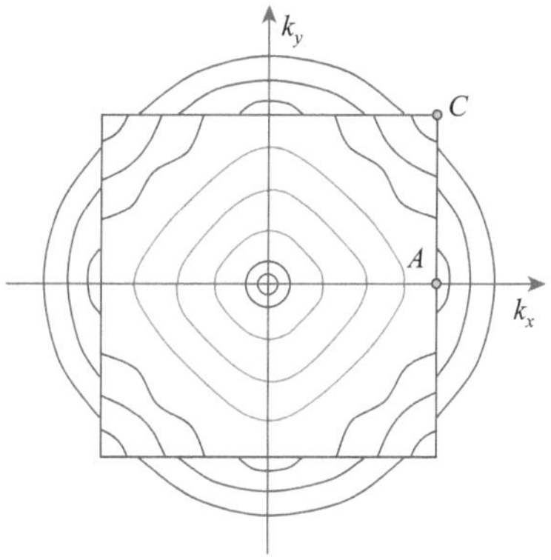

图 4.24　近自由电子等能面示意图

之所以出现等能面凸出，是因为周期场的微扰使能量下降，要达到同样的 E，需要更大的 $\boldsymbol{k}$，也就是说对同样的 $\boldsymbol{k}$，$E(\boldsymbol{k})$减小了。当 E 超过在边界上 A 点的能量 E_A，一直到 E 接近于在顶角 C 点的能量 E_C（即第一能带顶）时，等能面将不再是完整的闭合面，而成为分割在各个顶角附近的曲面。当能量还没有接近 E_A 时，$N(E)$和自由电子的结果相差不多，在 E 接近 E_A 时，随 E 增加，等能面一个比一个更加强烈地向外凸出，因而使它们之间的体积增长得越来越大。相应地，能态密度在接近 E_A 时，应比自由电子显著增大。当 E 超过 E_A 时，由于等能面开始残破，面积不断下降，到达 E_C 时，等能面将缩成几个顶角点。因此，由 E_A 到 E_C，$N(E)$将不断下降直到零。从而，对近自由电子近似情形，得到如图 4.23 所示的 $N(E)$曲线。

以上只考虑了第一布里渊区的状态。显然，当 E 超过第二布里渊区的最低能量 E_B 时，能态密度将从 E_B 开始，由 0 迅速增大。因此，总的能态密度，对于能带交叠($E_C > E_B$)和能带不交叠($E_C < E_B$)的两种情形，应具有如图 4.25（a）和（b）所示两种很不相同的状况。

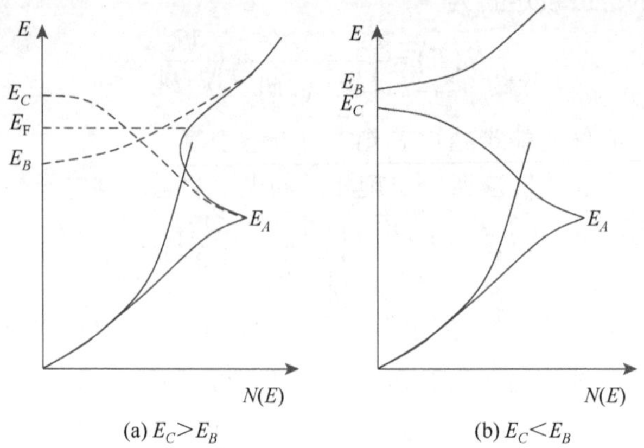

图 4.25　能带交叠和能带不交叠的能态密度

对于紧束缚近似模型，考虑简单立方晶格的 s 能带

$$E_s(k) = \varepsilon_s^{at} - J_0 - 2J\left[\cos(ak_x) + \cos(ak_y) + \cos(ak_z)\right] \tag{4.230}$$

图 4.26 中给出了 $k_z = 0$ 截面的等能面示意图。在 $\boldsymbol{k} = 0$ 能带底附近，等能面为球面。随着 E 增大，与近自由电子等能面图 4.24 相比，等能面与球面的偏离就更加明显了。

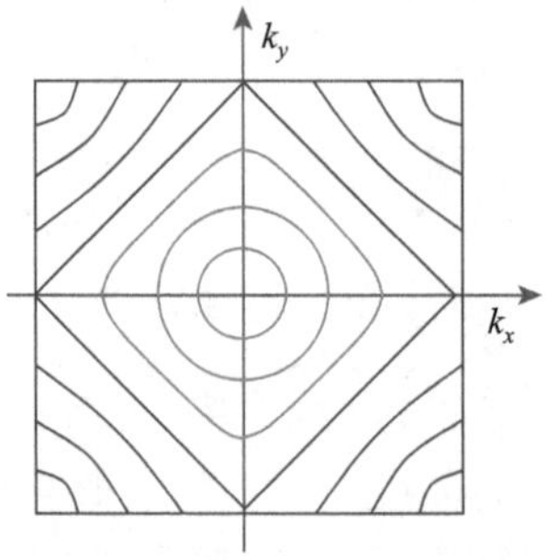

图 4.26　紧束缚近似等能面示意图

从式（4.230）得到

$$\nabla_{\boldsymbol{k}} E(\boldsymbol{k}) = 2aJ_1\left[\boldsymbol{i}\sin(ak_x) + \boldsymbol{j}\sin(ak_y) + \boldsymbol{k}\sin(ak_z)\right] \tag{4.231}$$

$$\left|\nabla_{\boldsymbol{k}} E(\boldsymbol{k})\right| = 2aJ_1\sqrt{\sin^2(ak_x) + \sin^2(ak_y) + \sin^2(ak_z)} \tag{4.232}$$

代入能态密度公式（4.229），有

$$N(E) = \frac{V}{8\pi^3 aJ_1}\int_{\text{等能面}} \frac{\mathrm{d}s}{\sqrt{\sin^2(ak_x) + \sin^2(ak_y) + \sin^2(ak_z)}} \tag{4.233}$$

图 4.27 中给出了式（4.233）的函数曲线。由图可见，$N(E)$函数以能量$E(\boldsymbol{k})=\varepsilon_{\mathrm{s}}^{\mathrm{at}}-J_0$为中心左、右对称。$E_{\mathrm{s}}(k)=\varepsilon_{\mathrm{s}}^{\mathrm{at}}-J_0$为能带的中点，对应图 1.7 简单立方布里渊区中心到顶点的一半处，$\boldsymbol{k}=\left(\pm\dfrac{\pi}{2a},\pm\dfrac{\pi}{2a},\pm\dfrac{\pi}{2a}\right)$，等能面形状如图 4.28 所示。结合式（4.233）和图 4.27 可以看出，在$E_n(\boldsymbol{k})$对$\boldsymbol{k}$的梯度为零的地方，$\nabla_{\boldsymbol{k}}E(\boldsymbol{k})=0$，$N(E)$应显示出某种奇异性，称为范霍夫奇点，也称为临界点。由于$E_n(\boldsymbol{k})$函数在$\boldsymbol{k}$空间中是周期函数，决定了在每个周期性单元中一定存在$\nabla_{\boldsymbol{k}}E(\boldsymbol{k})=0$的点。

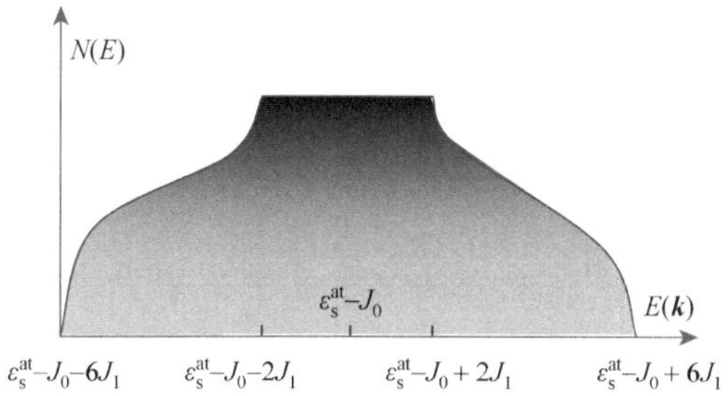

图 4.27　简单立方 s 带紧束缚近似下的能态密度函数

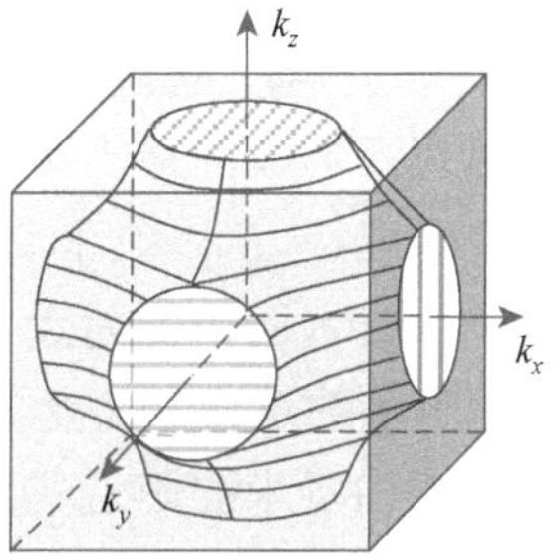

图 4.28　$E_{\mathrm{s}}(k)=\varepsilon_{\mathrm{s}}^{\mathrm{at}}-J_0$等能面

以简单立方晶格为例，紧束缚近似下的 s 带，带底为$E_n(\boldsymbol{k})$函数的极小值，$E=\varepsilon_{\mathrm{s}}^{\mathrm{at}}-J_0-6J_1$，对应图 1.7 布里渊区中心$\Gamma$点，$\boldsymbol{k}=(0,0,0)$；带顶为$E_n(\boldsymbol{k})$函数的极大值，$E=\varepsilon_{\mathrm{s}}^{\mathrm{at}}-J_0+6J_1$，对应图 1.7 布里渊区顶点$R$点，$\boldsymbol{k}=\left(\pm\dfrac{\pi}{a},\pm\dfrac{\pi}{a},\pm\dfrac{\pi}{a}\right)$；图 1.7 布里渊区侧面中心$X$点，$\boldsymbol{k}=\left(\dfrac{\pi}{a},0,0\right)$，能量为$E=\varepsilon_{\mathrm{s}}^{\mathrm{at}}-J_0-2J_1$，它所在的等能面如图 4.29 所示，等能面恰好与布里渊区界面相交。以上提及的这些能量极小值点、极大值点、鞍点等均为范霍夫奇点，由图 4.27 可以看出能态密度在这些能量值处有突变。这些能态密度的临界点恰为布里渊区的高对称点。

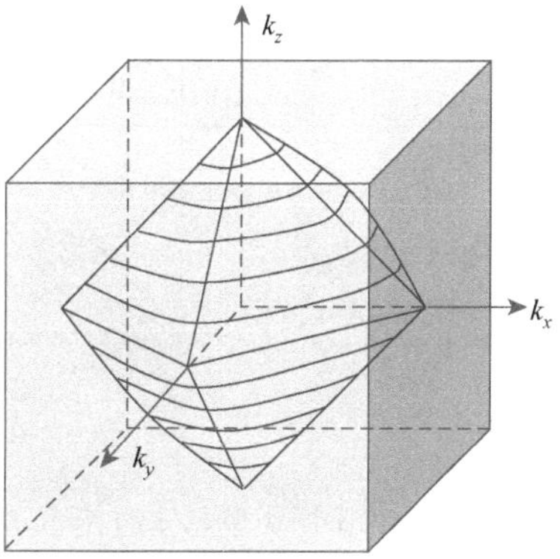

图 4.29　$E=\varepsilon_{\mathrm{s}}^{\mathrm{at}}-J_0-2J_1$等能面

4.6.2　费米面

我们知道能带由允带和禁带组成。能级均不被电子填充的允带称为空带；能级部分地被电子填充的允带称为导带；能级全部被电子填充的允带称为满带；最高的满带称为价带；价带最高能级（价带顶）与导带最低能级（导带底）之间的能量范围称为带隙，即禁带，不允许电子态存在。

由第 3 章我们知道，在金属的自由电子模型中，0K 时，电子的状态是均匀地分布在 $\boldsymbol{k}$ 空间一个半径为 $\boldsymbol{k}_F$ 的费米球内。球面称为费米面，指的是固体中电子按照能量从低到高填充而形成的最大等能面，它是充满电子的态与空态的分界面。费米面对应的能级称为费米能级 E_F，它的数值由电子浓度决定，随温度变化很小。温度升高时，会有少量电子从费米面内侧附近激发到外侧附近，对金属的性质产生重要影响，金属的电子比热容、电子的逸出功、金属电导等现象都主要决定于费米面附近的电子。例如，超导现象就是因为费米面附近的电子配对形成库珀对后相干凝聚而产生的。因此了解和掌握费米面的概念以及其距布里渊区边界多远的问题是对金属中电子的物理特性获得深刻理解的根本。

图 4.30 表示了两种不同类型晶体 E_F 的位置。第一种情形，如图 4.30（a）所示，电子恰好填满最低的一系列能带，高于价带的是空带。这种情形对应于绝缘体和半导体。带隙宽度大的（一般大于 4eV）为绝缘体，带隙宽度小的（一般小于 4eV）为半导体。对于绝缘体和半导体，由于费米能级正好在带隙中，而带隙中没有电子的允许态，所以讨论费米面没有意义。第二种情形，如图 4.30(b)所示，除去完全被电子充满的一系列满带外，还有只是部分地被电子填充的导带。这种情形对应于金属导体。这时电子最高占据的能级为费米能级，它位于一个或几个能带的能量范围之内。所以说费米面的概念主要是针对金属而言的，金属具有明确的费米面。要严格确定金属费米面无论在理论上还是实验上都是非常困难的，下面我们就近自由电子的费米面结构进行讨论。

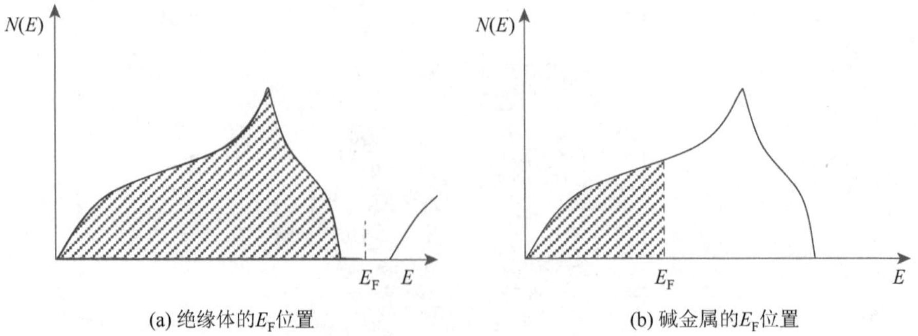

图 4.30　两种不同类型晶体的 E_F 位置

当电子浓度 n 较小时，只有能带底附近的状态被电子占据，费米面为球面；当电子

浓度 n 增大时，“费米球体积”增大，费米面向外扩展并发生畸变，接近布里渊区边界时费米面畸变最厉害，形成向边界突出的凸包，如图 4.24 所示。

为简单起见，仅以二维正方格子晶体为例对金属费米面形状作出估计。设晶格常数为 a，二维晶体的线度为 L，价电子数为 N。则第一布里渊区是边长为 $\frac{2\pi}{a}$、面积为 $\left(\frac{2\pi}{a}\right)^2$ 的正方形。由于布里渊区的形状和大小只取决于晶体结构，自由电子费米面的半径只取决于价电子浓度，对二维情况，有

$$N=\int_0^{k_F}2\cdot\frac{L^2}{(2\pi)^2}2\pi\boldsymbol{k}\mathrm{d}\boldsymbol{k}=\frac{L^2}{2\pi}\boldsymbol{k}^2\Big|_0^{k_F}=\frac{L^2}{2\pi}k_F^2 \tag{4.234}$$

可求得 $k_F=\left(2\pi\frac{N}{L^2}\right)^{\frac{1}{2}}=(2\pi n)^{\frac{1}{2}}$。$n$ 为单位面积的价电子数，即价电子浓度。它可以表示为 $n=\eta/a^2$，η 为晶格每个原胞具有的价电子数。因此，当 η 较小时，如 $\eta=1$ 时，有

$$k_F=\left(2\pi\frac{1}{a^2}\right)^{\frac{1}{2}}=\left(\frac{2}{\pi}\right)^{\frac{1}{2}}\cdot\frac{\pi}{a}=0.798\cdot\frac{\pi}{a} \tag{4.235}$$

当 η 较大时，如 $\eta=2$ 时，有

$$k_F=\left(2\pi\frac{2}{a^2}\right)^{\frac{1}{2}}=\left(\frac{4}{\pi}\right)^{\frac{1}{2}}\cdot\frac{\pi}{a}=1.128\cdot\frac{\pi}{a} \tag{4.236}$$

当 $\eta=3$ 时，有

$$k_F=\left(2\pi\frac{3}{a^2}\right)^{\frac{1}{2}}=\left(\frac{6}{\pi}\right)^{\frac{1}{2}}\cdot\frac{\pi}{a}=1.382\cdot\frac{\pi}{a} \tag{4.237}$$

式中，π/a 为约化区的内切圆半径。

费米半径值小于 $\frac{\pi}{a}$，意味着费米面全部落在第一布里渊区内；若费米半径值都超出 $\frac{\pi}{a}$，意味着费米面穿过第一布里渊区，进入第二、第三布里渊区……

碱金属 Li、Na、K、Rb、Cs 属于一价金属，它们的原子具有体心立方结构，对应的倒格子为面心立方。每个原胞只含一个原子，每个原子只有一个价电子，因而价电子能带是半满的，如图 4.30（b）所示，表现出碱金属的良导体性质。

设晶格常数为 a，那么原胞体积为 $\frac{a^3}{2}$，所以电子浓度为 $n=1/\left(a^3/2\right)=2/a^3$，则其费米波矢为

$$k_F=\left(3\pi^2 n\right)^{1/3}=\left(3\pi^2\frac{2}{a^3}\right)^{1/3}=\left(\frac{6}{\pi}\right)^{1/3}\cdot\frac{\pi}{a}=1.240\cdot\frac{\pi}{a} \tag{4.238}$$

体心立方的第一布里渊区为十二面体（图 1.8），从倒易原点到界面的最短距离可求得为 $1.414\pi/a$，因此费米面完全在第一布里渊区内，且近似球形（图 4.31）。碱金属是所有金属中唯一的费米面完全在一个布里渊区内的金属，价电子非常接近自由电子。

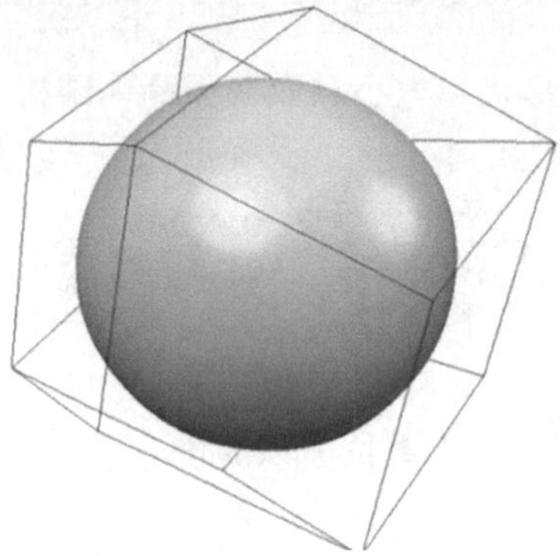

图 4.31　碱金属 K 的费米面

铜族金属 Cu、Ag 和 Au 是面心立方结构，其倒格子为体心立方结构。每个原胞只含一个原子，每个原子只有一个价电子。设晶格常数为 a，那么原胞体积为 $a^3/4$，所以电子浓度为 $n=1/\left(a^3/4\right)=4/a^3$，则其费米波矢为

$$k_{\mathrm{F}}=\left(3\pi^2 n\right)^{1/3}=\left(3\pi^2\frac{4}{a^3}\right)^{1/3}=\left(\frac{12}{\pi}\right)^{1/3}\frac{\pi}{a}=1.56\cdot\frac{\pi}{a} \tag{4.239}$$

面心立方的第一布里渊区为截角八面体（图 1.9），内切球半径可求得为 $1.732\cdot\dfrac{\pi}{a}$，因此费米面也完全在第一布里渊区内。但由于它在 $\langle 111\rangle$ 方向上与八个正六边形的布里渊区界面很接近，所以费米面在这附近发生了畸变，凸向布里渊区界面，出现“瓶颈状”，金属银的费米面如图 4.32 所示。所以铜族金属的费米面不是完整的球体。

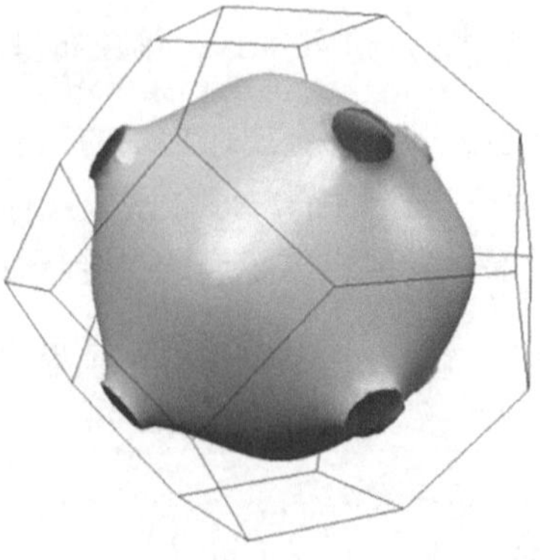

图 4.32　金属 Ag 的费米面

铜族金属原子 s 能级和 d 能级很接近，形成晶体后，s 电子交叠积分大，演变成宽的 s 带，d 电子因交叠积分小，演变成一窄的 d 带，而且两能带完全交叠（图 4.33），图中虚线为对应金属费米能级的位置。费米面在 s 带中，但离 d 带不远，导致球形费米面发生畸变。尽管铜族金属费米面发生畸变，但铜族金属的价电子和碱金属的价电子一样，都很接近自由电子，所以都具有良好的导电性能。然而，铜族金属填满电子的 d 能带使得其与碱金属在其他物理性质上有很大差别。例如，当满壳层的 3d 电子相互靠近时，要产生很大的排斥力，所以铜族金属压缩系数很小，而碱金属的压缩系数比铜族金属的压缩系数大 50～100 倍。再如，铜族金属特有的金属光泽来自于 d 带的光吸收。

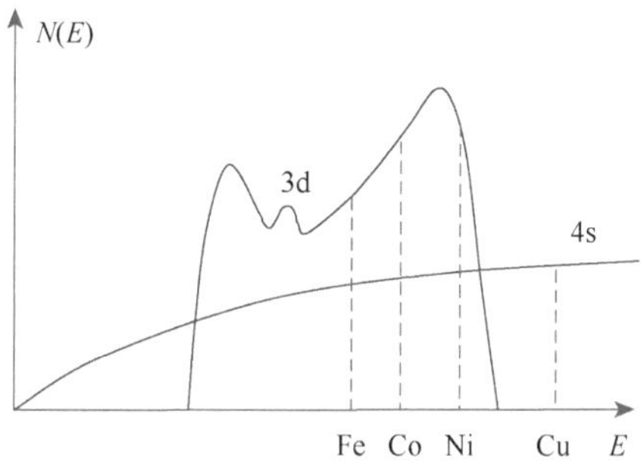

图 4.33　金属 Cu 和过渡金属的 3d 和 4s 带

二价金属 Ca、Sr、Ba 属于体心立方晶体，每个原子有 2 个价电子，价带应该是满的。然而由于价带和上面的能带发生交叠，即 $2N$ 个电子尚未充满相应的能带就已开始填入更高的能带，结果这两个能带都是部分填充的，故仍是导体。如图 4.34 所示，表示的就是图 4.25（a）交叠能带的情况。

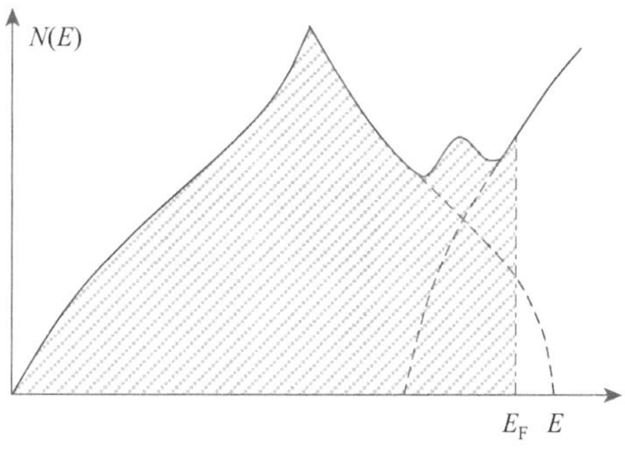

图 4.34　二价金属的 E_F 位置

费米波矢计算可得

$$k_F = \left(3\pi^2 n\right)^{1/3} = \left(3\pi^2 \frac{2}{a^3/2}\right)^{1/3} = \left(\frac{12}{\pi}\right)^{1/3} \frac{\pi}{a} = 1.56 \cdot \frac{\pi}{a} \tag{4.240}$$

由前面分析可知，体心立方的第一布里渊区为十二面体，从倒易原点到第一布里渊区界面的最短距离可求得为$1.414 \cdot \frac{\pi}{a}$，所以费米面穿过第一布里渊区界面，即电子没有全部填满第一布里渊区，就有一些进入了第二布里渊区。所以第一、第二布里渊区都是不满的。金属 Ca 的费米面如图 4.35 所示，“球面”剩下一些小片相连。

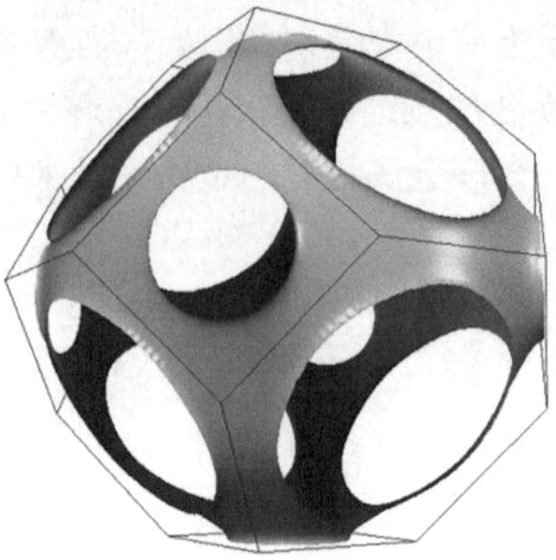

图 4.35　金属 Ca 的费米面

另外一些二价金属 Be、Mg、Zn 具有六方密堆积结构，每个原胞 2 个原子，共有 4 个价电子。按正常情况应填满 2 个能带。但是由于布里渊区边界面处不能够产生带隙，布里渊区边界不是能量不连续面，因而 Be、Mg、Zn 也是导体，但费米面严重偏离球面。金属 Mg 的费米面如图 4.36 所示。

图 4.36　金属 Mg 的费米面

最典型的三价金属是 Al，具有面心立方结构。其第一布里渊区与铜族金属相似，为截角八面体。但由于 Al 有 3 个价电子，故其费米波矢

$$k_{\mathrm{F}} = \left(3\pi^2 n\right)^{1/3} = \left(3\pi^2 \frac{3}{a^3/4}\right)^{1/3} = \left(\frac{36}{\pi}\right)^{1/3} \cdot \frac{\pi}{a} = 2.255 \cdot \frac{\pi}{a} \tag{4.241}$$

其自由电子费米面不完全在第一布里渊区，穿过好几个能带，已不是连续的球面。金属 Al 的费米面如图 4.37 所示。

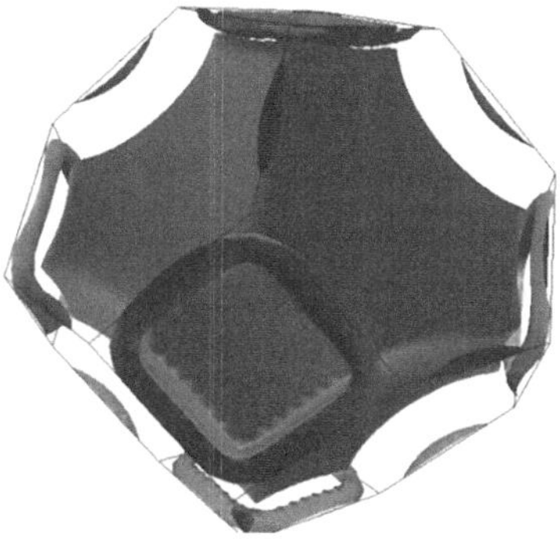

图 4.37　金属 Al 的费米面

五价元素 As、Bi 含有较多价电子，其费米波矢较大。因此其费米面就被布里渊区界面分成许多碎片，其面积大为减小，这样就导致参与导电的费米电子数也大为减少，因而晶体的导电率和电子比热容就比较小，这种类型的晶体我们称之为半金属。

习　题

4.1　一维周期场中电子的波函数$\psi_k(x)$应当满足布洛赫定理。若晶格常数为a，电子的波函数为

（1）$\psi_k(x)=\sin\frac{\pi}{a}x$；

（2）$\psi_k(x)=\mathrm{i}\cos\frac{3\pi}{a}x$；

（3）$\psi_k(x)=\sum\limits_{i=-\infty}^{\infty}f(x-\mathrm{i}a)$（其中$f$为某个确定的函数）。

试求电子在这些状态的波矢。

4.2　什么是布洛赫电子的准动量？为什么称之为“准动量”？

4.3　电子周期势场的势能函数为

$$V(x)=\begin{cases}\frac{1}{2}m\omega^2[b^2-(x-na)^2], & na-b\leqslant x\leqslant na+b\\ 0, & (n-1)a+b\leqslant x\leqslant na-b\end{cases}$$

式中，$a=4b$；ω 为常数。

（1）试画出此势能曲线并求其平均值；

（2）用近自由电子近似模型求出晶体的第一个及第二个带隙的宽度。

4.4　设晶格常数为 a 的一维晶格的周期性势场表达式为

$$V(x)=2V_0\cos\left(\frac{2\pi}{a}x\right)$$

试用自由电子近似的微扰论，近似求出布里渊边界 π/a 处的能隙。

4.5　设有晶格常数为 a 的二维正方格子，其晶格的周期性势场表达式为

$$V(x,y)=-4V_0\cos\left(\frac{2\pi}{a}x\right)\cos\left(\frac{2\pi}{a}y\right)$$

试用自由电子近似的微扰论，近似求出布里渊区顶角（π/a，π/a）处的能隙。

4.6 （1）紧束缚模型中电子的能量是正值还是负值？

（2）紧束缚模型下内层电子的能带与外层电子的能带相比较，哪一个宽？为什么？

4.7 （1）简单立方晶格在第一布里渊区顶角上的自由电子动能比在该区侧面中点大多少？

（2）上面的结果对于二价金属的电导率可能会产生什么影响？

4.8 体心立方晶格，原子总数为 N。

（1）画出第一布里渊区的形状，并计算其体积。

（2）假设电子等能面为球面，试求当费密面正好与第一布里渊区的界面相切时，第一布里渊区中实际填充的电子数。

4.9 一维单原子链，原子间距为 a，总长度为 $L = Na$。

（1）用紧束缚近似求出原子 s 态能级对应的能带 $E(k)$函数。

（2）求出其能态密度函数的表达式。

（3）如果每个原子 s 态只有一个电子，求 $T = 0\text{K}$ 时的费米能级 E_F^0 及 E_F^0 处的能态密度。

4.10 对于二维正方点阵的紧束缚 s 电子能带：

（1）用紧束缚近似写出二维正方点阵最近邻近似下的 s 电子能带的表达式；

（2）在第一布里渊区中，画出能量等值线。

第 5 章　固体电导理论基础

金属电导问题在第 3 章的讨论中，是把金属中的电子作为自由电子处理的，这本身就是一种近似。第 4 章主要讨论了电子在晶体周期性势场中运动的本征态和本征值，求解的是周期势场中的定态薛定谔方程。对本征态和本征值的了解是研究各种有关电子运动问题的基础，如电子的基态性质和激发态性质。例如，只要知道了电子本征态的分布，就可以根据统计物理的基本原理去讨论平衡态时系统中电子按能量分布的问题，如电子热容量问题；也可以根据电子的本征态和本征值，进一步分析各种各样涉及电子的量子跃迁问题，重要的例子是光吸收问题和电子散射问题。

然而实际晶体中的电子大都是在一个外加场的作用下运动的，这个外加场可以是外加的电场、磁场、掺入杂质的势场等。因此，要说明电子的输运性质，只知道固体的能带结构是不够的，还需要研究电子在外场作用下的运动规律。一般而言，外场与晶体的势场相比弱许多。周期场的强度单位为 V/Å，相当于 10^8V/cm，外电场很难达到这个强度。因此很自然地想到，应该以晶体中周期性势场的本征态为基础来进行讨论。

从理论上讲，讨论载流子输运现象的方法主要有两类：第一类是量子理论方法。输运现象的量子理论方法是考虑各种粒子间的相互作用，求解考虑外加势场的含时薛定谔方程。通常情况下，只能得到近似解。第二类就是准经典或半经典方法。在外场较弱且恒定，不考虑电子在不同能带之间的跃迁，不考虑电子的干涉、衍射及碰撞等情况下，对外电场或磁场采用经典方式处理，对晶格周期场采用能带论的量子力学方式处理。这种方法把载流子在布洛赫态中的平均速度作为它们的速度，将载流子看作具有一定速度、有效质量的准经典粒子，通过求解准经典粒子在外场作用下的运动方程获得所需的结果。这种方法的优点是简单明了，缺点是不够精确。

本章将主要介绍准经典粒子近似方法，讨论外加电场作用下晶体中电子的一般输运过程。

5.1　晶体中电子的准经典运动

5.1.1　布洛赫电子运动的速度

经典粒子同时具有确定的坐标和动量；但是在量子力学中，根据测不准原理，要同时确定粒子的坐标和动量是不可能的。

理想晶体中的电子不同于自由电子，电子波不是真正的平面波，而是被周期性势场所调幅的平面波，即布洛赫波。电子的本征态由具有确定波矢 $\boldsymbol{k}$ 和确定能量 $E_n(\boldsymbol{k})$的布洛赫本征态来描述，是与时间无关的定态，它的波矢完全确定，而坐标完全不确定。

而实际晶体中的电子态往往是一些本征态的叠加，这便让我们联想到波包（wave packet）这个概念。波包是一种局域的波动，指一群平面波在空间的某有限区域内的叠加。这些平面波有不同的频率、波数、相位、波幅等，在任意时刻相长干涉于空间的一个小区域，在其他区域会相消干涉。波包示意图如图 5.1 所示，虚线为包络线。

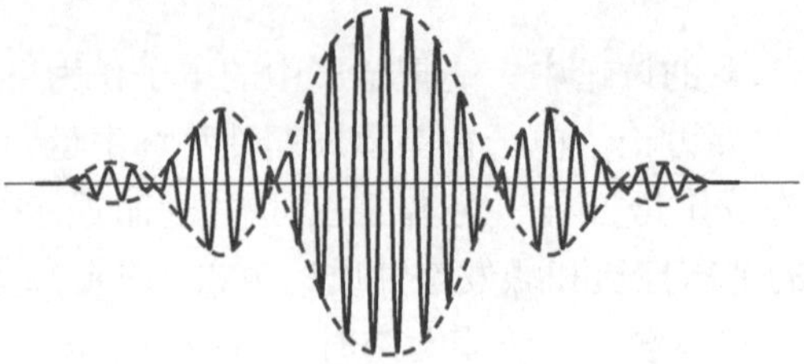

图 5.1　波包示意图

由于电子的准经典描述近似成立，在量子力学中可以借用波包的概念来描述晶体中的电子。设电子波包由以 $\boldsymbol{k}_0$ 为中心，在 $\Delta\boldsymbol{k}$ 范围内变化的各种波矢的布洛赫波函数叠加组成，电子坐标空间分布在 $\boldsymbol{r}_0$ 附近的 $\Delta\boldsymbol{r}$ 范围内，动量取值在 $\hbar\boldsymbol{k}_0$ 附近的 $\hbar\Delta\boldsymbol{k}$ 范围内。波包的坐标和动量都只具有近似值，其精确度由测不准关系所限制：

$$\Delta\boldsymbol{r}\cdot\Delta\boldsymbol{p}\geqslant\frac{\hbar}{2} \tag{5.1}$$

把波包中心 $\boldsymbol{r}_0$ 看作电子位置，动量 $\hbar\boldsymbol{k}_0$ 看作电子的动量。波包越狭窄，则电子位置的不确定性越小，而动量的不确定性越大；反之亦然。虽然波包的波矢不能完全确定，但波包的空间位置有了一定的可知性。换言之，这个状态以牺牲波矢的完全确定来换取坐标的某种确定性 $\Delta\boldsymbol{r}$。

在讨论晶体中电子在外场作用下的运动规律时，晶体中的电子可以用其本征函数布洛赫波组成波包来表示，把波包当作准经典粒子，用牛顿力学来研究它的运动，使问题大大简化，这就是准经典粒子近似。

倘若电子的状态由 $\boldsymbol{k}_0$ 附近 $\Delta\boldsymbol{k}$ 范围内的布洛赫本征态叠加构成，把与 $\boldsymbol{k}_0$ 相邻近的各 $\boldsymbol{k}'$状态叠加起来就可以组成与量子态 $\boldsymbol{k}_0$ 相对应的波包。为了得到较稳定的波包，$\boldsymbol{k}'$必须很接近于 $\boldsymbol{k}_0$，如果把 $\boldsymbol{k}'$写成

$$\boldsymbol{k}'=\boldsymbol{k}_0+\Delta\boldsymbol{k} \tag{5.2}$$

则 $\Delta\boldsymbol{k}$ 必须很小。组成波包时，限制 $\Delta\boldsymbol{k}=\boldsymbol{k}'-\boldsymbol{k}_0$ 在 $-\dfrac{\Delta}{2}\leqslant\begin{Bmatrix}k_x\\k_y\\k_z\end{Bmatrix}\leqslant\dfrac{\Delta}{2}$，$\Delta$ 为小量。

之前电子波函数我们没有写出时间因子，是由于本征态是定态，然而这里由于波包包含能量不同的本征态，必须考虑到时间因子，于是布洛赫波函数可写成

$$\psi_{\boldsymbol{k}'}(\boldsymbol{r},t)=\mathrm{e}^{\mathrm{i}\left[\boldsymbol{k}'\cdot\boldsymbol{r}-\frac{E(\boldsymbol{k}')}{\hbar}\cdot t\right]}u_{\boldsymbol{k}'}(\boldsymbol{r}) \tag{5.3}$$

式中，$u_{\boldsymbol{k}'}(\boldsymbol{r})$ 为周期函数。

将式（5.3）中的 $E(\boldsymbol{k}')$在 $\boldsymbol{k}_0$ 附近按泰勒级数展开，只保留到线性项，即有

$$E(\boldsymbol{k}') \approx E(\boldsymbol{k}_0) + \Delta\boldsymbol{k}\cdot(\nabla_{\boldsymbol{k}}E)_{\boldsymbol{k}_0} \tag{5.4}$$

组成波包时，粒子的运动相当于以 $\boldsymbol{k}_0$ 为中心的波包的运动。这样根据式（5.3）及式（5.4）就可以写出描写波包的函数

$$\begin{aligned}
\psi_{\boldsymbol{k}'}(\boldsymbol{r},t) &= \int_{-\frac{\Delta}{2}}^{\frac{\Delta}{2}}\mathrm{d}k_x\int_{-\frac{\Delta}{2}}^{\frac{\Delta}{2}}\mathrm{d}k_y\int_{-\frac{\Delta}{2}}^{\frac{\Delta}{2}}\mathrm{d}k_z\psi_{\boldsymbol{k}_0+\Delta\boldsymbol{k}}(\boldsymbol{r},t)\\
&= \int_{-\frac{\Delta}{2}}^{\frac{\Delta}{2}}\mathrm{d}k_x\int_{-\frac{\Delta}{2}}^{\frac{\Delta}{2}}\mathrm{d}k_y\int_{-\frac{\Delta}{2}}^{\frac{\Delta}{2}}\mathrm{d}k_z u_{\boldsymbol{k}_0+\Delta\boldsymbol{k}}(\boldsymbol{r})\mathrm{e}^{\mathrm{i}\left[(\boldsymbol{k}_0+\Delta\boldsymbol{k})\cdot\boldsymbol{r}-\frac{E(\boldsymbol{k}_0)+\Delta\boldsymbol{k}\cdot(\nabla_{\boldsymbol{k}}E)_{\boldsymbol{k}_0}}{\hbar}t\right]}\\
&\approx u_{\boldsymbol{k}_0}(\boldsymbol{r})\mathrm{e}^{\mathrm{i}\left[\boldsymbol{k}_0\cdot\boldsymbol{r}-\frac{E(\boldsymbol{k}_0)}{\hbar}t\right]}\int_{-\frac{\Delta}{2}}^{\frac{\Delta}{2}}\mathrm{d}k_x\int_{-\frac{\Delta}{2}}^{\frac{\Delta}{2}}\mathrm{d}k_y\int_{-\frac{\Delta}{2}}^{\frac{\Delta}{2}}\mathrm{d}k_z\mathrm{e}^{\mathrm{i}\Delta\boldsymbol{k}\cdot\left[\boldsymbol{r}-\frac{(\nabla_{\boldsymbol{k}}E)_{\boldsymbol{k}_0}}{\hbar}t\right]}\\
&= \psi_{\boldsymbol{k}_0}(\boldsymbol{r},t)\int_{-\frac{\Delta}{2}}^{\frac{\Delta}{2}}\mathrm{d}k_x\int_{-\frac{\Delta}{2}}^{\frac{\Delta}{2}}\mathrm{d}k_y\int_{-\frac{\Delta}{2}}^{\frac{\Delta}{2}}\mathrm{d}k_z\mathrm{e}^{\mathrm{i}\Delta\boldsymbol{k}\cdot\left[\boldsymbol{r}-\frac{(\nabla_{\boldsymbol{k}}E)_{\boldsymbol{k}_0}}{\hbar}t\right]}
\end{aligned} \tag{5.5}$$

式（5.5）中，求和可以写成积分是由于波矢 $\boldsymbol{k}_0$ 的准连续性。式中，$\psi_{\boldsymbol{k}_0}(\boldsymbol{r},t)=u_{\boldsymbol{k}_0}(\boldsymbol{r})\mathrm{e}^{\mathrm{i}\left[\boldsymbol{k}_0\cdot\boldsymbol{r}-\frac{E(\boldsymbol{k}_0)}{\hbar}t\right]}$，表示的是 $\boldsymbol{k}_0$ 态的布洛赫波；积分 $\int_{-\frac{\Delta}{2}}^{\frac{\Delta}{2}}\mathrm{d}k_x\int_{-\frac{\Delta}{2}}^{\frac{\Delta}{2}}\mathrm{d}k_y\int_{-\frac{\Delta}{2}}^{\frac{\Delta}{2}}\mathrm{d}k_z\mathrm{e}^{\mathrm{i}\Delta\boldsymbol{k}\cdot\left[\boldsymbol{r}-\frac{(\nabla_{\boldsymbol{k}}E)_{\boldsymbol{k}_0}}{\hbar}t\right]}$ 是这个波的调制振幅，也就是波包的包络。此外还须注意，在式（5.5）中，$\Delta\boldsymbol{k}$ 很小，在 $\Delta\boldsymbol{k}$ 范围内可以认为 $u_{\boldsymbol{k}'}(\boldsymbol{r})\approx u_{\boldsymbol{k}_0}(\boldsymbol{r})$，所以忽略了 $u_{\boldsymbol{k}}(\boldsymbol{r})$ 随 $\boldsymbol{k}$ 的变化。

波包是表示电子的概率波，在任意位置、时间的波幅的绝对值的平方就是找到电子在那个位置、时间的概率密度。在这方面，它的功能类似波函数。则电子的概率密度分布函数为

$$\left|\psi_{\boldsymbol{k}'}(\boldsymbol{r},t)\right|^2 = \left|u_{\boldsymbol{k}_0}(\boldsymbol{r},t)\right|^2\left|\int_{-\frac{\Delta}{2}}^{\frac{\Delta}{2}}\mathrm{d}k_x\int_{-\frac{\Delta}{2}}^{\frac{\Delta}{2}}\mathrm{d}k_y\int_{-\frac{\Delta}{2}}^{\frac{\Delta}{2}}\mathrm{d}k_z\mathrm{e}^{\mathrm{i}\Delta\boldsymbol{k}\cdot\left[\boldsymbol{r}-\frac{(\nabla_{\boldsymbol{k}}E)_{\boldsymbol{k}_0}}{\hbar}t\right]}\right|^2 \tag{5.6}$$

$$\mathrm{i}\Delta\boldsymbol{k}\cdot\left[\boldsymbol{r}-\frac{(\nabla_{\boldsymbol{k}}E)_{\boldsymbol{k}_0}}{\hbar}t\right] = \mathrm{i}k_x\cdot\left[x-\frac{1}{\hbar}\left(\frac{\partial E}{\partial k_x}\right)_{\boldsymbol{k}_0}t\right]+\mathrm{i}k_y\cdot\left[y-\frac{1}{\hbar}\left(\frac{\partial E}{\partial k_y}\right)_{\boldsymbol{k}_0}t\right]+\mathrm{i}k_z\cdot\left[z-\frac{1}{\hbar}\left(\frac{\partial E}{\partial k_z}\right)_{\boldsymbol{k}_0}t\right] \tag{5.7}$$

令

$$\begin{cases}
u = x-\dfrac{1}{\hbar}\left(\dfrac{\partial E}{\partial k_x}\right)_{\boldsymbol{k}_0}t\\[2ex]
v = y-\dfrac{1}{\hbar}\left(\dfrac{\partial E}{\partial k_y}\right)_{\boldsymbol{k}_0}t\\[2ex]
w = z-\dfrac{1}{\hbar}\left(\dfrac{\partial E}{\partial k_z}\right)_{\boldsymbol{k}_0}t
\end{cases} \tag{5.8}$$

则式（5.6）可化为

$$\left|\psi_{k'}(\boldsymbol{r},t)\right|^2=\left|u_{k_0}(\boldsymbol{r},t)\right|^2\left|\int_{-\frac{\Delta}{2}}^{\frac{\Delta}{2}}\mathrm{e}^{\mathrm{i}k_x u}\mathrm{d}k_x\int_{-\frac{\Delta}{2}}^{\frac{\Delta}{2}}\mathrm{e}^{\mathrm{i}k_y v}\mathrm{d}k_y\int_{-\frac{\Delta}{2}}^{\frac{\Delta}{2}}\mathrm{e}^{\mathrm{i}k_z w}\mathrm{d}k_z\right|^2$$

$$=\left|u_{k_0}(\boldsymbol{r},t)\right|^2\left|\frac{\sin(\Delta u/2)}{\Delta u/2}\right|^2\left|\frac{\sin(\Delta v/2)}{\Delta v/2}\right|^2\left|\frac{\sin(\Delta w/2)}{\Delta w/2}\right|^2\Delta^6 \tag{5.9}$$

由式（5.9）可见，某时刻，在坐标空间找到电子的概率不仅与以原胞为周期的函数 $u_{k_0}(\boldsymbol{r},t)$ 有关，还与 u, v, w 有关。当 $\Delta=0$ 时，波包退化为一个布洛赫波。在图 5.2 中，我们画出了 $\left|\frac{\sin(\Delta u/2)}{\Delta u/2}\right|$-$u$ 曲线，波函数集中在尺度为 $2\pi/\Delta$ 的范围内。当 $u, v, w=0$ 时，附加的因子 $\left|\frac{\sin(\Delta u/2)}{\Delta u/2}\right|$、$\left|\frac{\sin(\Delta v/2)}{\Delta v/2}\right|$、$\left|\frac{\sin(\Delta w/2)}{\Delta w/2}\right|$ 最大值均为 1，波包振幅最大。当 u, v, w 很大时，波包的振幅趋于 0。

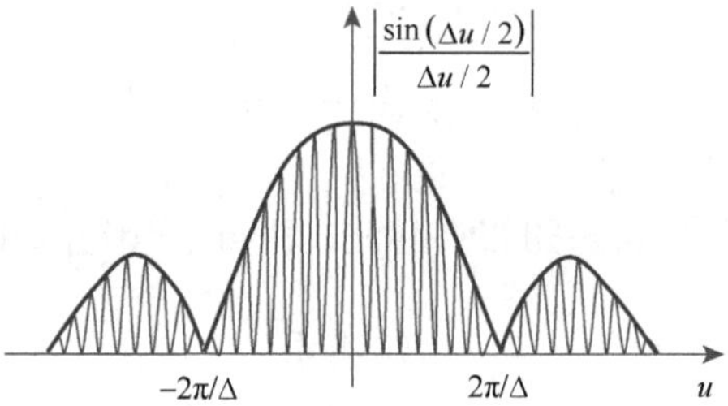

图 5.2　$\left|\frac{\sin(\Delta u/2)}{\Delta u/2}\right|$-$u$ 曲线

显然，波包要保持稳定，波函数将主要集中在 $u, v, w=0$ 附近，即波包的中心位置为

$$\begin{cases} x=\dfrac{1}{\hbar}\left(\dfrac{\partial E}{\partial k_x}\right)_{k_0}t \\ y=\dfrac{1}{\hbar}\left(\dfrac{\partial E}{\partial k_y}\right)_{k_0}t \\ z=\dfrac{1}{\hbar}\left(\dfrac{\partial E}{\partial k_z}\right)_{k_0}t \end{cases} \tag{5.10}$$

把波包中心位置认定为电子的坐标：

$$\boldsymbol{r}_0=\frac{1}{\hbar}(\nabla_{\boldsymbol{k}}E)_{k_0}t \tag{5.11}$$

波包中心的速度 v_{k_0} 认定为电子波包速度，也就是电子的平均速度 $v_{\boldsymbol{k}}$：

$$v_{\boldsymbol{k}}=v_{k_0}=\left(\frac{\mathrm{d}\boldsymbol{r}}{\mathrm{d}t}\right)_{k_0}=\frac{1}{\hbar}(\nabla_{\boldsymbol{k}}E)_{k_0} \tag{5.12}$$

式（5.12）表明，晶体中布洛赫电子的速度大小与能谱曲线的斜率成正比，方向沿着能量梯度的方向，于是电子在 $\boldsymbol{k}$ 空间任意点的速度垂直于经过该点的等能面。因此电子的运动方向取决于等能面的形状。一般说来，等能面并非球面，所以速度不一定和波矢 $\boldsymbol{k}$ 平行，如图 5.3（a）所示。不过，在自由电子的情形下，联立式（3.48）和式（5.12）可以得到 $\boldsymbol{v}=\hbar\boldsymbol{k}/m$，此时电子运动的速度正比且平行于波矢 $\boldsymbol{k}$，如图 5.3（b）所示。

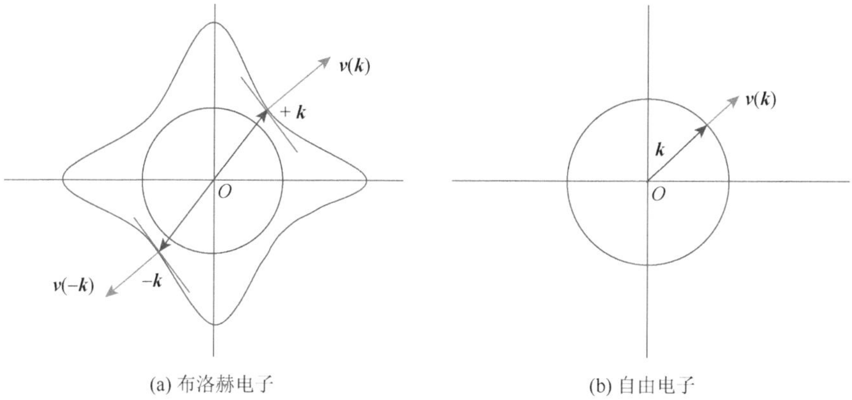

图 5.3　布洛赫电子与自由电子的速度矢量

需要指出的是，这里的电子波包速度是指群速度，相对于讨论晶格振动时格波的传播速度相速度是不同的。通俗地说，群速度是关于一族频率相近的波的传播速度，而相速度是波上相位固定的一点在传播方向的传播速度。

由式（5.12）及图 5.3 可以得出一个非常重要的结论，那就是晶体中电子的平均速度只与能量和波矢有关，对时间和空间而言，它是常数，因此平均速度将永远保持不变而不会衰减。这意味着电子不会被静止的原子所散射，严格周期性的晶体电阻率为零。这一点和自由电子论中离子是作为散射中心对电子产生散射而影响电子的平均漂移速度的概念完全不同。

必须指出的是，$\Delta\boldsymbol{k}$ 很小，是相对于布里渊区的线度而言的，布里渊区宽度为 $2\pi/a$，所以一般必须要求

$$\Delta \ll \frac{2\pi}{a} \text{ 或 } \frac{2\pi}{\Delta} \gg a \tag{5.13}$$

即波包必须远大于原胞的尺度。因此在实际问题中，只有在这个尺度内才可以把电子看作准经典粒子。例如，在电子输运过程中，只有在电子平均自由程远远大于原胞的情形下，才可以把电子看作准经典粒子。

5.1.2　晶体电子的加速度及有效质量

如果有外力 $\boldsymbol{F}$ 作用在电子上 $\mathrm{d}t$ 时间，外力对晶体电子做功会引起电子能量的变化，由于电子能量 $E(\boldsymbol{k})$取决于波矢 $\boldsymbol{k}$，这就是说晶体电子在外力作用下波矢 $\boldsymbol{k}$ 必须发生变化 $\mathrm{d}\boldsymbol{k}$。那么，根据功能原理，外力对电子所做的功为

$$\mathrm{d}E = \boldsymbol{F}_{外}\cdot\boldsymbol{v}_k\mathrm{d}t = \mathrm{d}\boldsymbol{k}\cdot\nabla_k E \tag{5.14}$$

将式（5.12）代入式（5.14）得到

$$\boldsymbol{F}_{外} \cdot \boldsymbol{v}_{\boldsymbol{k}} \mathrm{d}t = \mathrm{d}\boldsymbol{k} \cdot \hbar \boldsymbol{v}_{\boldsymbol{k}} \tag{5.15}$$

整理得

$$\left(\boldsymbol{F}_{外} - \hbar \frac{\mathrm{d}\boldsymbol{k}}{\mathrm{d}t}\right) \cdot \boldsymbol{v}_{\boldsymbol{k}} = 0 \tag{5.16}$$

由此可以看出，在平行于 $\boldsymbol{v}_{\boldsymbol{k}}$ 的方向上，$\hbar \frac{\mathrm{d}\boldsymbol{k}}{\mathrm{d}t}$ 与 $\boldsymbol{F}_{外}$ 的分量是相等的。当 $\boldsymbol{F}$ 与速度垂直时，不能用功能原理来讨论电子能量状态的变化，但是仍可以证明，在垂直于速度的方向上，$\hbar \frac{\mathrm{d}\boldsymbol{k}}{\mathrm{d}t}$ 和 $\boldsymbol{F}_{外}$ 的分量也相等，因而得到

$$\hbar \frac{\mathrm{d}\boldsymbol{k}}{\mathrm{d}t} = \boldsymbol{F}_{外} \tag{5.17}$$

式（5.17）为有外力作用时电子波包运动状态变化的基本公式，表明在恒定外场作用下，电子在 $\boldsymbol{k}$ 空间做匀速运动（$\mathrm{d}\boldsymbol{k}/\mathrm{d}t$ 不变）。式（5.17）和牛顿定律具有相似的形式，其中 $\hbar\boldsymbol{k}$ 取代了牛顿力学中的动量。由第 4 章我们知道，$\hbar\boldsymbol{k}$ 并不是晶体中电子的真实动量，但是它具有动量的量纲，所以被称为是布洛赫电子的准动量。因为严格意义上的动量对时间的变化率等于作用在电子上的所有的力的和，而准动量的变化率只是外场力作用的结果，这里没有包括晶格势场作用力。

式（5.12）和式（5.17）为晶体中电子准经典运动的两个基本关系式。下面从这两个基本关系式出发求晶体电子在外力作用下的加速度。

为了简单起见，先讨论一维简单晶格的情形，根据式（5.12）可得电子的加速度

$$a = \frac{\mathrm{d}v_k}{\mathrm{d}t} = \frac{\mathrm{d}}{\mathrm{d}t}\left(\frac{1}{\hbar}\frac{\mathrm{d}E}{\mathrm{d}k}\right) = \frac{1}{\hbar}\frac{\mathrm{d}^2 E}{\mathrm{d}k\mathrm{d}t} = \frac{1}{\hbar}\frac{\mathrm{d}^2 E}{\mathrm{d}k^2}\frac{\mathrm{d}k}{\mathrm{d}t} \tag{5.18}$$

将式（5.17）代入式（5.18）得到

$$a = \frac{1}{\hbar^2}\frac{\mathrm{d}^2 E}{\mathrm{d}k^2}\left(\hbar\frac{\mathrm{d}k}{\mathrm{d}t}\right) = \frac{1}{\hbar^2}\frac{\mathrm{d}^2 E}{\mathrm{d}k^2} \cdot F_{外} \tag{5.19}$$

或写成

$$F_{外} = \left(\frac{1}{\hbar^2}\frac{\mathrm{d}^2 E}{\mathrm{d}k^2}\right)^{-1} a = m^* a \tag{5.20}$$

式中，m^* 为有效质量，即

$$m^* = \left(\frac{1}{\hbar^2}\frac{\mathrm{d}^2 E}{\mathrm{d}k^2}\right)^{-1} \tag{5.21}$$

对于三维晶格的情形，晶体电子的加速度可表为

$$a = \frac{\mathrm{d}v}{\mathrm{d}t} = \left[\frac{1}{\hbar^2}\nabla_{\boldsymbol{k}}^2 E(\boldsymbol{k})\right] \cdot \boldsymbol{F}_{外} \tag{5.22}$$

用矩阵表示为

$$\begin{pmatrix} a_x \\ a_y \\ a_z \end{pmatrix} = \frac{1}{\hbar^2} \begin{pmatrix} \dfrac{\partial^2 E}{\partial k_x^2} & \dfrac{\partial^2 E}{\partial k_x \partial k_y} & \dfrac{\partial^2 E}{\partial k_x \partial k_z} \\ \dfrac{\partial^2 E}{\partial k_y \partial k_x} & \dfrac{\partial^2 E}{\partial k_y^2} & \dfrac{\partial^2 E}{\partial k_y \partial k_z} \\ \dfrac{\partial^2 E}{\partial k_z \partial k_x} & \dfrac{\partial^2 E}{\partial k_z \partial k_y} & \dfrac{\partial^2 E}{\partial k_z^2} \end{pmatrix} \begin{pmatrix} F_x \\ F_y \\ F_z \end{pmatrix} \tag{5.23}$$

此时，有效质量 m^* 也可表示为

$$m^* = \left(\frac{1}{\hbar^2} \nabla_{\boldsymbol{k}}^2 E(\boldsymbol{k}) \right)^{-1} \tag{5.24}$$

在一般情形下，有效质量是一个二阶张量，即

$$\boldsymbol{m}^* = \begin{pmatrix} m_{xx}^* & m_{xy}^* & m_{xz}^* \\ m_{yx}^* & m_{yy}^* & m_{yz}^* \\ m_{zx}^* & m_{zy}^* & m_{zz}^* \end{pmatrix} \tag{5.25}$$

由于微商可以交换顺序，有效质量张量是一个对称张量，若选 k_x, k_y, k_z 方向沿张量主轴方向，则有效质量张量就变为对角化的，即

$$m_{ij}^* = 0, \quad i \neq j \tag{5.26}$$

则

$$\begin{pmatrix} m_{xx}^* & 0 & 0 \\ 0 & m_{yy}^* & 0 \\ 0 & 0 & m_{zz}^* \end{pmatrix} = \begin{pmatrix} \dfrac{\hbar^2}{\dfrac{\partial^2 E}{\partial k_x^2}} & 0 & 0 \\ 0 & \dfrac{\hbar^2}{\dfrac{\partial^2 E}{\partial k_y^2}} & 0 \\ 0 & 0 & \dfrac{\hbar^2}{\dfrac{\partial^2 E}{\partial k_z^2}} \end{pmatrix} \tag{5.27}$$

式（5.23）可以简化为

$$\left. \begin{aligned} m_{xx}^* a_x &= F_x \\ m_{yy}^* a_y &= F_y \\ m_{zz}^* a_z &= F_z \end{aligned} \right\} \tag{5.28}$$

式（5.28）更明显地表示出和牛顿定律的相似性，电子在外力 $\boldsymbol{F}$ 下的运动就如同具有有效质量 $\boldsymbol{m}^*$ 的经典粒子。由于有效质量是一个张量，一般说来，m_{xx}^*，m_{yy}^*，m_{zz}^* 不一定相等，此时加速度和外力的方向可以是不同的。只有当 m^* 的三个分量相等时，有效质量成为标量，如自由电子的情形，等能面为球面，m^* 的三个分量相等，加速度和外力的方向一致。有效质量是一个很重要的概念，它把晶体中电子准经典运动的加速度与外力直接联系起来了，为处理晶体中电子的输运问题带来很大方便。电子的有效质量常用电子

比热容数据根据式（3.147）计算得到，也可以通过回旋共振实验直接测量。

下面以简单立方晶格、紧束缚近似下的 s 能带为例，讨论有效质量的特点。

根据式（4.198）$E_s(\boldsymbol{k})=\varepsilon_s^{at}-J_0-2J_1\left[\cos(ak_x)+\cos(ak_y)+\cos(ak_z)\right]$，可以验证：

$$\frac{\partial^2 E}{\partial k_i \partial k_j}=\begin{cases}=0, & i\neq j\\ \neq 0, & i=j\end{cases} \tag{5.29}$$

这说明 $\boldsymbol{k}$ 空间 k_x, k_y, k_z 轴为有效质量张量的主轴方向，因而有效质量为

$$\left.\begin{aligned} m_{xx}^* &= \frac{\hbar^2}{2a^2 J_1 \cos(ak_x)} \\ m_{yy}^* &= \frac{\hbar^2}{2a^2 J_1 \cos(ak_y)} \\ m_{zz}^* &= \frac{\hbar^2}{2a^2 J_1 \cos(ak_z)} \end{aligned}\right\} \tag{5.30}$$

由式（5.30）可以看出：①有效质量和交换积分 J_1 成反比。由于交换积分与晶格周期势有关，所以实际上这是将周期性势场力的作用归并到晶体中电子的有效质量中。由有效质量 m^* 的表达式（5.27）可知，有效质量 m^* 反比于 $E(\boldsymbol{k})$曲线斜率的变化率$\partial^2E/\partial k^2$，直接反映了能带的曲率，也就是说能带的宽窄与有效质量有直接的关系。一般地讲，对于宽的能带，能量随波矢 $\boldsymbol{k}$ 的变化较剧烈，有效质量小，而对于窄的能带，应有大一些的有效质量。从紧束缚近似的角度，近邻原子外层电子波函数重叠较多，交换积分大，能带较宽，有效质量小，电子巡游性要强一些；而窄的能带相当于近邻原子内层电子波函数重叠甚少，交换积分小，有效质量大，电子定域性要更强一些。②有效质量是波矢 $\boldsymbol{k}$ 的函数，如在 $\boldsymbol{k}=(0,0,0)$点，即带底，有

$$m_{xx}^*=m_{yy}^*=m_{zz}^*=\frac{\hbar^2}{2a^2J_1} \tag{5.31}$$

这时有效质量张量可退化为一个标量，为

$$\begin{pmatrix} m_{xx}^* & 0 & 0 \\ 0 & m_{yy}^* & 0 \\ 0 & 0 & m_{zz}^* \end{pmatrix}=\frac{\hbar^2}{2a^2J_1}\begin{pmatrix} 1 & 0 & 0 \\ 0 & 1 & 0 \\ 0 & 0 & 1 \end{pmatrix} \tag{5.32}$$

简写成

$$m^*=\frac{\hbar^2}{2a^2J_1} \tag{5.33}$$

如在 $\boldsymbol{k}=\left(\pm\frac{\pi}{a},\pm\frac{\pi}{a},\pm\frac{\pi}{a}\right)$点，即带顶，有

$$m^*=m_{xx}^*=m_{yy}^*=m_{zz}^*=-\frac{\hbar^2}{2a^2J_1}<0 \tag{5.34}$$

有效质量也退化为一个标量。

再如，在 $\boldsymbol{k}=\left(\dfrac{\pi}{a},0,0\right)$ 点，即布里渊区侧面中心的 X 点，有

$$m_{xx}^{*}=-\frac{\hbar^{2}}{2a^{2}J_{1}} \tag{5.35a}$$

$$m_{yy}^{*}=m_{zz}^{*}=\frac{\hbar^{2}}{2a^{2}J_{1}} \tag{5.35b}$$

写成张量形式，则为

$$\begin{pmatrix} m_{xx}^{*} & 0 & 0 \\ 0 & m_{yy}^{*} & 0 \\ 0 & 0 & m_{zz}^{*} \end{pmatrix}=\frac{\hbar^{2}}{2a^{2}J_{1}}\begin{pmatrix} -1 & 0 & 0 \\ 0 & 1 & 0 \\ 0 & 0 & 1 \end{pmatrix} \tag{5.36}$$

综上所述，有效质量 m^{*}与电子质量 m_{e}之间有很大差别，它并不是一个常数，而是 $\boldsymbol{k}$ 的函数。在能带底部附近，电子的有效质量总是正的，能带顶附近电子的有效质量总是负的。特殊情形有效质量可能退化为标量，例如，由式（5.32）和式（5.34）可见，在能带底和能带顶的有效质量都是各向同性的，退化为一个标量，这是立方对称的结果。一般情形下，有效质量是一个张量，不仅可以取正值，还可以取负值，如式（5.36）所示，这是因为有效质量中实际包含了周期场的作用。

我们也可以这样来理解有效质量：电子的运动应该同时受到晶格力 F_{1}和外场力 F，即

$$\frac{\mathrm{d}v_{k}}{\mathrm{d}t}=\frac{1}{m_{0}}\left(F_{外}+F_{1}\right) \tag{5.37}$$

但在实际中，F_{1}是难以表达清楚的，因此可将公式改写为

$$\frac{\mathrm{d}v_{k}}{\mathrm{d}t}=\frac{1}{m^{*}}F_{外} \tag{5.38}$$

则

$$\frac{F_{外}\mathrm{d}t}{m^{*}}=\frac{F_{外}\mathrm{d}t}{m_{0}}+\frac{F_{1}\mathrm{d}t}{m_{0}} \tag{5.39}$$

显而易见，当电子从外场获得的动量大于传递给晶格的动量时，有效质量 $m^{*}>0$；反之，当电子从外场获得的动量小于传递给晶格的动量时，有效质量 $m^{*}<0$；当电子从外场获得的动量全部传递给晶格时，$m^{*}\to\infty$，此时电子的平均加速度为 0。从式（5.39）还可以看出，电子加速度的方向为外场力和晶格力的合力方向，并不一定和外力方向一致。

由式（5.39），有效质量也可写作：

$$m^{*}=m_{0}\frac{F_{外}}{F_{外}+F_{1}} \tag{5.40}$$

由于存在晶格力的缘故，$m^{*}\neq m_{0}$。通过引入有效质量 m^{*}取代真实质量 m_{0}，而将未知的晶格力的作用考虑进来。采用有效质量后，就可以仍采用我们已经非常熟悉的牛顿定律来描述晶体电子在外场中的行为。

5.2　电场作用下电子的运动

5.2.1　恒定电场作用下电子的运动

本节我们将以一维紧束缚近似 s 能带为例，研究在恒定电场作用下，能带中电子的能量 E、速度 v、有效质量 m^* 随波矢 $\boldsymbol{k}$ 的变化关系以及电子对能带的填充情况所发生的变化。

一维紧束缚近似下，$E(\boldsymbol{k})$为

$$E_s(\boldsymbol{k}) = \varepsilon_s^{at} - J_0 - 2J_1\cos(ak) \tag{5.41}$$

由式（5.41）可以得到电子速度 $v(k)$和有效质量 $m^*(k)$分别为

$$v(k) = \frac{1}{\hbar}\frac{dE}{dk} = \frac{2aJ_1\sin(ak)}{\hbar} \tag{5.42}$$

$$m^*(k) = \hbar^2\left(\frac{d^2E}{dk^2}\right)^{-1} = \frac{\hbar^2}{2a^2J_1\cos(ak)} \tag{5.43}$$

$E(k)$-k、$v(k)$-k、$m^*(k)$-k 关系曲线如图 5.4 所示。图中只画出一个能带的第一布里渊区。

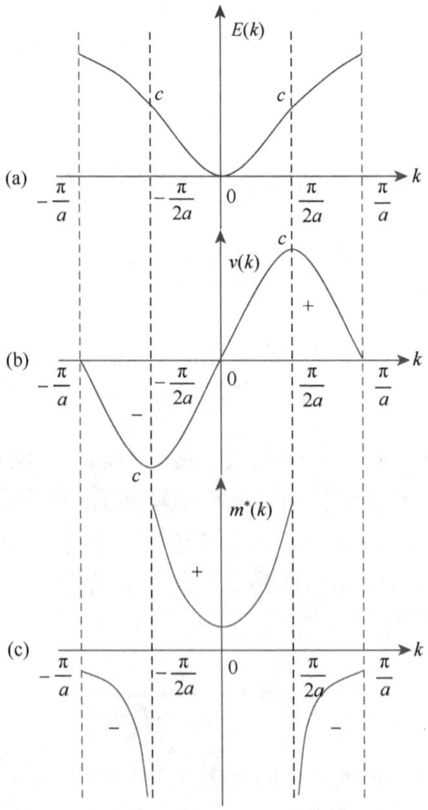

图 5.4　$E(k)$-k、$v(k)$-k、$m^*(k)$-k 关系曲线

现设电场强度为$\mathscr{E}$，沿 x 轴的负方向，假定 $\boldsymbol{k}$ 方向和实空间 x 轴方向相同，则电场力为 $F=e\mathscr{E}$，沿 x 轴的正方向。在准经典运动中，电子保持在同一个能带之内。由式(5.17) $\hbar\dfrac{\mathrm{d}\boldsymbol{k}}{\mathrm{d}t}=\boldsymbol{F}_{外}$ 可知，电子的状态在 $\boldsymbol{k}$ 空间随时间匀速改变，意味着电子的本征能量沿 $E(\boldsymbol{k})$函数曲线周期性变化，即电子在 $\boldsymbol{k}$ 空间中永无休止地做循环运动。图 5.5 画出了用延展布里渊区表示的 $E(\boldsymbol{k})$函数曲线。当电子运动到布里渊区边界 $k=\pi/a$ 时，由于 $k=-\pi/a$ 与 $k=\pi/a$ 两个状态相差倒格矢 $2\pi/a$，实际上是代表同一个状态，所以电子等于从状态 $k=\pi/a$ 移出去又从状态 $k=-\pi/a$ 移进来，即电子在 $\boldsymbol{k}$ 空间做循环的运动。

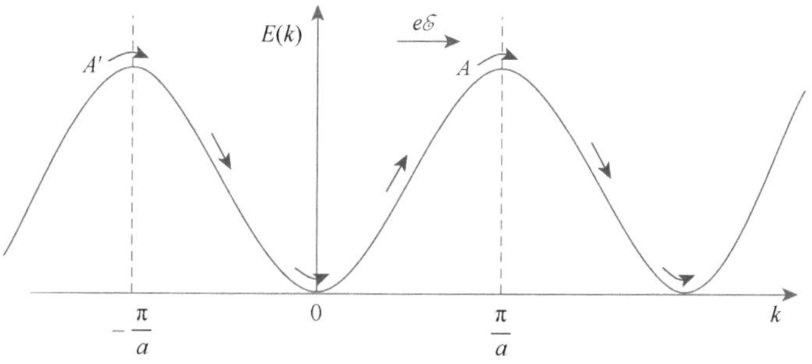

图 5.5　电子在恒定电场作用下的运动

电子在 $\boldsymbol{k}$ 空间的循环运动，表现在电子速度上是 $v(\boldsymbol{k})$随时间的振荡变化。由图 5.4 可见，在同一能带里，电子速度呈正弦函数分布。假设 $t=0$ 时，电子处于能带底 $k=0$ 处，外力作用使电子加速，$\partial E/\partial k$ 随 k 增加而增加，即 $v(k)$增大，也就是说，电子从外力场 $\boldsymbol{F}$ 获得的动量大于电子传递给晶格的动量，使得有效质量保持为正的值，$m^*>0$；当达到 $k=\pi/(2a)$ 时，在 $E(k)$曲线的拐点 c 点处，$\partial E/\partial k$ 极大，所以电子速度 $v(k)$最大，$\partial^2E/\partial k^2=0$，$m^*\to\infty$，相当于外力 $\boldsymbol{F}$ 对晶体电子不产生任何效应；当 k 超过 $\pi/2a$ 时，在能带的上半部，由于$\partial E/\partial k$ 随 k 增加而减小，$v(\boldsymbol{k})$开始减小，加速度变为负值，在外力 $\boldsymbol{F}$ 方向保持不变的情况下，这个结果等效于有效质量的符号从正号变为负号，也就是说，电子从外力场 $\boldsymbol{F}$ 获得的动量小于电子传递给晶格的动量，使得 $m^*<0$，直至 $k=\pi/a$ 时，速度为 0，这时电子处于带顶。由于电子在 $\boldsymbol{k}$ 空间做循环运动，从状态 $k=\pi/a$ 移出去的同时又从状态 $k=-\pi/a$ 移进来，当 k 由 $-\pi/a$ 运动至 $-\pi/(2a)$ 时，速度的绝对值不断增大，$m^*<0$，在 $k=-\pi/(2a)$ 时，速度达到极小值（绝对值达到极大）；当 k 超过 $-\pi/(2a)$，$m^*>0$，电子做加速运动，其效果是使速度的绝对值减小，直至 $k=0$ 时，$v(\boldsymbol{k})=0$，这就是晶体电子在恒定外场作用下的速度振荡，又称布洛赫振荡（Bloch oscillation）。这一点是完全不同于自由电子的，自由电子速度 $\boldsymbol{v}=\hbar\boldsymbol{k}/m$ 是随 k 增大而单调增大的。

电子速度的振荡意味着电子在实空间（坐标空间）的振荡。我们知道 $E(k)$表示的是电子在晶体周期场中的能量本征值，当有外电场时，附加了一个静电位能。由于电场沿 x 轴的负方向，电场对电子做正功，所以静电位能沿 x 轴下降。所以电子的总能量将随 x 变化，实空间能带发生倾斜，如图 5.6 所示。

图 5.7 画出了实空间中含有两个能带的情况。设 $t=0$ 时，电子处在较低的能带底的

A 点，随着 t 增大，电子经过 B 到达 C，对应于 $\boldsymbol{k}$ 空间电子从 $k = 0$ 到 $k = \pi/a$ 的运动，在 C 点，电子遇到了带隙，相当于存在一个势垒。在准经典运动近似中，电子局限在同一能带中运动，电子在遇到势垒以后将全部被反射回来（对应于 $\boldsymbol{k}$ 空间由 $+\pi/a$ 到$-\pi/a$，实际上是代表同一个状态）。电子由 C 经过 B 返回 A，对应于 $\boldsymbol{k}$ 空间电子从 $k = -\pi/a$ 到 $k = 0$ 的运动，这就是电子在实空间的一次振荡过程。

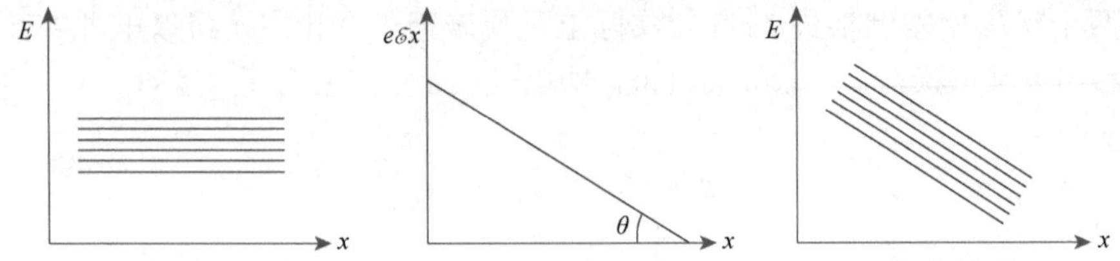

(a) 未加电场的能带　　(b) 电子的静电位能　　(c) 能带的倾斜

图 5.6　电场作用下实空间能带的倾斜

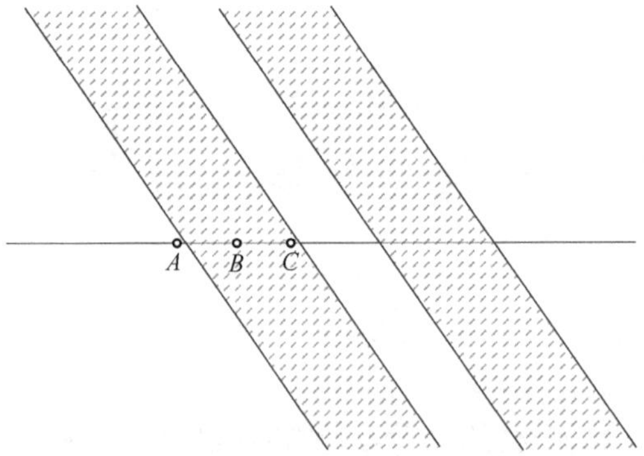

图 5.7　电场作用下电子在实空间的运动

但是需要强调指出的是，上述振荡现象实际上是很难观察得到的，其原因是除非填满能带，电子在运动中将要不断受到声子、杂质和缺陷的散射。如果相邻两次散射之间的平均时间间隔，即电子的平均自由运动时间 τ 很小，电子来不及完成振荡运动就被散射破坏掉了。由于电子振荡的周期 T 约为约化区的宽度除以电子状态随时间变化速度 $\mathrm{d}\boldsymbol{k}/\mathrm{d}t$，即

$$T = \frac{\text{约化区的宽度}}{\text{电子状态随时间变化速度}} = \frac{2\pi/a}{e\mathscr{E}/\hbar} = \frac{2\pi\hbar}{e\mathscr{E}a} \tag{5.44}$$

要观察到振荡现象，应满足 $\tau \approx T$，我们来估算一下能够观察到振荡现象所需的条件。如果取 $a = 3\text{Å}$，$\tau \approx 10^{-13}\text{s}$，需要电场强度 $\mathscr{E}$ 大于 10^6V/cm，这样高的场强在金属材料中是无法实现的，而对绝缘材料则早已被击穿了。所以一般在电场作用下，电子在 $\boldsymbol{k}$ 空间只有一个小位移，而不能实现振荡。直到 1990 年左右，科学家在半导体超晶格中才观测到电子的布洛赫振荡。

此外，按照准经典运动的理论模型，当电子运动遇到带隙时，将被全部反射回来；而按照量子理论，电子遇到势垒时，将有部分被反射回来，有部分穿透势垒，穿透势垒的概率取决于势垒的高度（能隙 E_g）和宽度 a（由外场决定）。根据图 5.6 可知，能带倾斜的斜

率为 $\tan\theta = \dfrac{e\mathscr{E}x}{x} = e\mathscr{E}$。因此，在图 5.8 中，若势垒高度为能隙 E_g，势垒宽度 a 则为

$$a = \frac{E_g}{\tan\theta} = \frac{E_g}{e\mathscr{E}} \tag{5.45}$$

根据近似的分析可以得到

$$\text{穿透概率} \approx \mathscr{E}\exp\left[-\frac{\pi^2}{\hbar}\left(2mE_g\right)^{\frac{1}{2}}\left(\frac{E_g}{e\mathscr{E}}\right)\right] \tag{5.46}$$

可以看出，电场增强及势垒宽度变窄都能导致穿透概率急剧增加。如果下面能带是被电子填满的（或接近于填满），电子在电场作用下很容易达到带顶；如果上面能带中没有电子（或基本上是空的），可以接纳电子，则当电场足够强时，下面能带中的电子有一定概率穿透带隙而达到导带，这种现象称为隧道效应。在上面的准经典运动分析中，略去了这种隧道效应。但隧道效应在材料显微分析及很多半导体器件物理中有着重要的作用①。

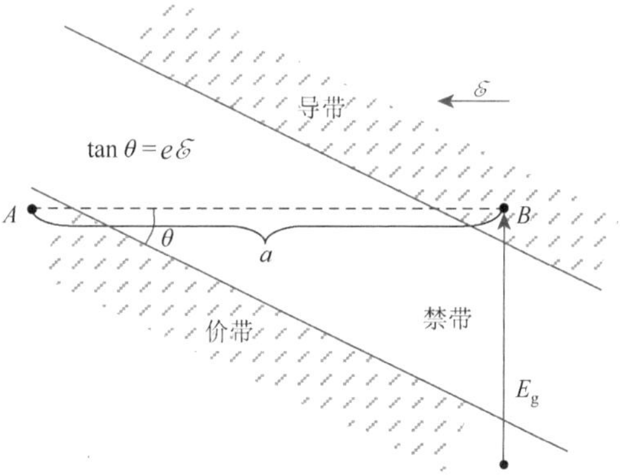

图 5.8　隧道穿透中的势垒宽度

5.2.2　导体、绝缘体与半导体

虽然所有固体都包含大量的电子，但这些电子对导电性的贡献各异，按照导电性将固体分为导体、半导体和绝缘体。在 4.6 节中我们从费米面的形状或费米能级的位置角度讨论了金属的导电性质，下面我们从能带的结构来说明为什么有些晶体是导体，而有些晶体却是绝缘体或半导体。在现代电子技术中，半导体材料制成的晶体管及集成电路是量子力学及能带理论最重要的应用之一。晶体管及集成电路的工作原理正是基于量子力

①格尔德·宾尼希（Gerd Binnig，1947 年 7 月 20 日—），德国物理学家，扫描隧道显微镜和原子力显微镜的发明者之一，1986 年获得诺贝尔物理学奖。

海因里希·罗雷尔（Heinrich Rohrer，1933 年 6 月 6 日—2013 年 5 月 16 日），瑞士物理学家，1981 年与宾尼希共同发明了扫描隧道显微镜，因此与宾尼希、恩斯特·鲁斯卡（电子显微镜的发明者）一起获得 1986 年诺贝尔物理学奖。

恩斯特·奥古斯特·弗里德里希·鲁斯卡（Ernst August Friedrich Ruska，1906 年 12 月 25 日—1988 年 5 月 27 日），德国物理学家，电子显微镜的发明者，1986 年获诺贝尔物理学奖。

人物链接：
推动量子隧穿及扫描隧道电子显微镜的问世——宾尼希、罗雷尔、鲁斯卡

学中的能带理论，使得数以亿计的晶体管可以集成到一个微小的芯片上，形成我们今天所熟知的 CPU 和其他电子设备的核心①②。

1. 能带的填充情况与导电性

晶体中电子的能量本征值分裂成一系列能带，每个能带均由 N 个准连续能级组成（N 为晶体原胞数），所以，每个能带可容纳 $2N$ 个电子。晶体电子从最低能级开始填充，被电子填满的能带称作满带，被电子部分填充的能带称为不满带，没有电子填充的能带称为空带。由于不同材料中电子在能带中的填充情况不同，对电场的响应也不同，所以导电能力也各不相同。前面我们曾讨论了固体能带中电子的能量 E 是波矢 $\boldsymbol{k}$ 的函数，具有时间反演对称性，即 $\boldsymbol{k}$ 和 $-\boldsymbol{k}$ 态具有相同的能量

$$E(\boldsymbol{k}) = E(-\boldsymbol{k}) \tag{5.47}$$

由式（5.47）可以看出，在同一能带中 $\boldsymbol{k}$ 和 $-\boldsymbol{k}$ 态处，函数 $E(\boldsymbol{k})$ 具有大小相等、方向相反的斜率，因此电子在这两个态将具有大小相等、方向相反的速度，即

$$v(\boldsymbol{k}) = \frac{1}{\hbar}\nabla_{\boldsymbol{k}} E(\boldsymbol{k}) = -\frac{1}{\hbar}\nabla_{-\boldsymbol{k}} E(-\boldsymbol{k}) = -v(-\boldsymbol{k}) \tag{5.48}$$

若有外电场 $\mathscr{E}$ 作用，则电子受到的作用力为 $\boldsymbol{F} = -e\mathscr{E}$，所有电子所处的状态都以相同的速度沿着电场反方向运动，即

$$\frac{\mathrm{d}\boldsymbol{k}}{\mathrm{d}t} = \frac{\boldsymbol{F}}{\hbar} = -\frac{e\mathscr{E}}{\hbar} \tag{5.49}$$

对于完全被电子填满的能带，如图 5.9（a）所示。在没有外电场作用下，即 $\mathscr{E} = 0$ 的情形，由于 $E(\boldsymbol{k})$ 是 $\boldsymbol{k}$ 的偶函数，因此 $\boldsymbol{k}$ 状态的电子电流 ev 和 $-\boldsymbol{k}$ 状态的电子电流 $-ev$ 互相抵消，晶体中总的电流为零；在外场作用下，即 $\mathscr{E} = \mathscr{E}_0$ 的情形。由于 A 点的状态和在 A' 点的状态完全相同，而且电子的状态在 $\boldsymbol{k}$ 空间（或布里渊区内）都以完全相同的速度匀速移动，从 A 点移动出去的电子实际上同时就从 A' 点移动进来，即电子的运动并不改变布里渊区内电子均匀填满的分布状况。所以即使有外加电场，晶体中也没有电流，即电子没有导电的作用。

---

①赫伯特·克勒默（Herbert Kroemer，1928 年 8 月 25 日—2024 年 3 月 8 日），美籍德国物理学家，因发展了用于高速电子学和光电子学的半导体异质结构，与阿尔费罗夫和基尔比一起获得 2000 年诺贝尔物理学奖。

若列斯·伊万诺维奇·阿尔费罗夫（Zhores Ivanovich Alferov，1930 年 3 月 15 日—2019 年 3 月 1 日），俄罗斯半导体物理学家，因发展了用于高速电子学和光电子学的半导体异质结构，与克勒默和基尔比一起获得 2000 年诺贝尔物理学奖。

杰克·基尔比（Jack Kilby，1923 年 11 月 8 日—2005 年 6 月 20 日），美国物理学家，因在发明集成电路中所做的贡献，与克勒默和阿尔费罗夫比一起获得 2000 年诺贝尔物理学奖。

人物链接：
现代信息技术的奠基人
——克勒默、阿尔费罗夫、基尔比

②约翰·巴丁（John Bardeen，1908 年 5 月 23 日—1991 年 1 月 30 日），美国物理学家，因对半导体的研究和发现晶体管效应与威廉·肖克利（William Shockley）和沃尔特·布拉顿（Walter Brattain）分享了 1956 年诺贝尔物理学奖，因创立了超导微观理论，即 BCS 理论与他的学生利昂·库珀（Leon Cooper）和约翰·罗伯特·施里弗（John Robert Schrieffer）一起获得 1972 年诺贝尔物理学奖。

人物链接：
两获诺贝尔物理奖
——约翰·巴丁

而对于部分填满的能带，如图 5.9（b）所示。未加电场时（即 $\mathscr{E}=0$ 的情形），电子在布里渊区中的分布是对称的，与满带情况相似，$\boldsymbol{k}$ 状态的电子电流 ev 和 $-\boldsymbol{k}$ 状态的电子电流 $-ev$ 互相抵消，晶体中总的电流为零，不导电。外加电场作用后（即 $\mathscr{E}=\mathscr{E}_0$ 的情形），电子在布里渊区中的分布不再对称。此时，电子在外加电场力的作用下，向右边运动的电子比向左边运动的电子多，整个电子分布将向一方移动，破坏了原来的对称分布而产生一个小的偏移，这时电子电流将只是部分抵消，因此总的电流不为零。也就是说，对于不满带，在外电场作用下，由于电子的运动，可以产生电流。

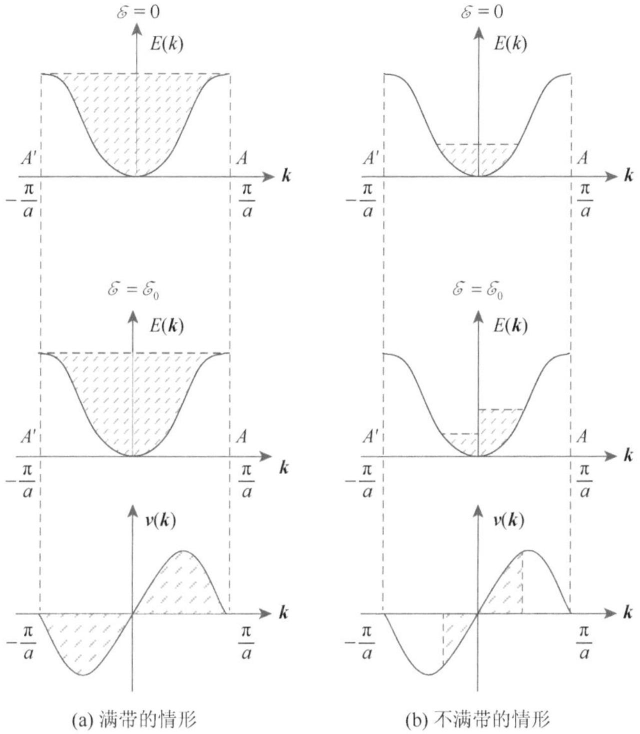

图 5.9　有无外电场时，晶体电子的能量 $E(\boldsymbol{k})$ 和速度 $v(\boldsymbol{k})$

综上得到能带论解释固体导电的基本观点，满带电子不导电，不满带中的电子对导电有贡献。

2. 导体、半导体和绝缘体的能带模型

对于导体，价电子形成的能带未被充满，为导带。一价的碱金属（如 I A 族的锂、钠、钾等）和铜族金属（如 I B 族的铜、银、金），元素的原子除去内部的各满壳层，最外面 ns^1 态有一个价电子。由于每个能带能容纳正、反自旋的电子为 $2N$ 个，这样原来填充原子内部满壳层的电子正好充满相应的能带。然而，与外面 ns^1 态对应的能带也同样可以容纳 $2N$ 个电子，但 N 个原子的 N 个价电子只能填充能带的一半，因此能带半满，导电性强。同时 s 能带扩展很宽，和 p 能带有相当宽的重叠区，如图 5.10（a）所示。因此在电场的作用下，电子不仅能在自己的价带中有充分的活动余地，而且很容易跃迁到 p 带中去，即电子能被加速的程度大，故一价金属具有很好的导电性。

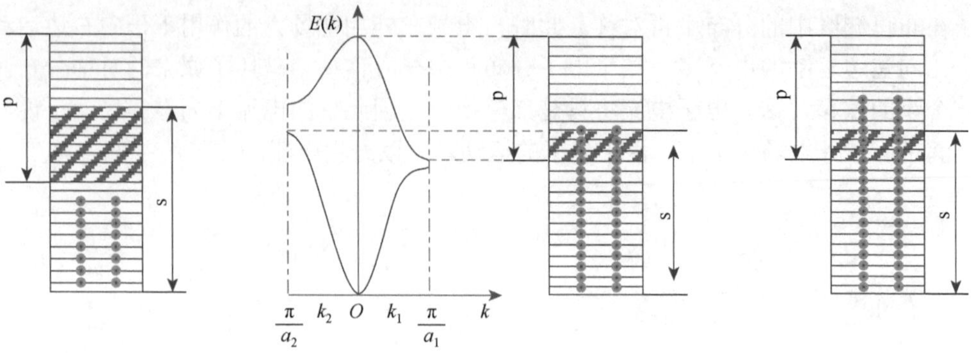

(a) 一价碱金属的价带与导带重叠　(b) 二价碱土金属的能带重叠与电子填充　(c) 三价金属的能带重叠与电子填充

图 5.10　金属导体的能带结构示意图

二价碱土金属价带上的 $2N$ 个电子正好填满了 s 能带，这似乎和绝缘体的情况类似。然而实际上，晶体是三维的，例如，晶体沿某一个方向的周期为 a_1，沿另一个方向的周期为 a_2，在 $\boldsymbol{k}$ 空间相应的波矢为 k_1, k_2，它们分别在 $\pm\pi/a_1$ 和 $\pm\pi/a_2$ 处出现禁带。可是禁带所在的能量值以及宽度不一样，可能发生交叠，如图 5.10（b）所示。从整个晶体看，某一个方向上周期场产生的禁带被另一个方向上许可的能带覆盖，晶体的禁带就消失。因此 s 价带与 p 导带有重叠区，价电子并未填满它的能带，就有一部分电子占有了能量较高的能带，因此两个带均为不满的带。但毕竟因进入 p 带的电子数较少，因此其导电性比一价金属要差。碱土金属能带的交叠可以由 X 射线发射谱实验所获知的能态密度信息中得到证明。

ⅢA 族的铝等，三价金属外电子层有 $3N$ 个价电子，其中 $2N$ 个价电子属于 s 带，并填满了 s 带，而另外 N 个价电子属于 p 带，p 带有 $3N$ 个能级，故电子只填充了 p 带的一部分。同时其 s 带与 p 带也有重叠，如图 5.10（c）所示。可以认为，三价金属 p 能带中的电子数要比二价金属 p 能带中的电子数多，故其导电性比二价金属好。

第 4 章我们曾从紧束缚近似出发，说明了碳、硅等ⅣA 族元素所形成的金刚石结构晶体的能带情况。近邻原子的杂化轨道之间形成成键态和反键态，在键轨道近似下，与成键态对应的、交叠在一起的 4 个能带能量低，位于下面，上面是与反键态对应的、交叠在一起的 4 个能带。在 N 个原胞的晶体中，每个原胞有两个原子，每个原子具有 4 个价电子，在 N 个原胞的晶体中共有 $8N$ 个价电子。由于每个能带可以容纳 $2N$ 个正、负自旋电子，$8N$ 个价电子正好填满下面的成键态 4 个能带，上面反键态对应的 4 个能带是完全空的，在空带和满带之间隔有带隙。金刚石的禁带宽度大约 5.5eV，是典型的绝缘体，硅和锗是典型的半导体，它们的禁带分别为 1.17eV 和 0.74eV。

因此，对于绝缘体，电子恰好填满最低的一系列能带（价带），再高的各带全部都是空的（空带）。同时价带和空带不发生交叠，且价带和空带之间有比较宽的禁带（如 $E_g \geqslant 5\text{eV}$），如图 5.11 所示。这是由于满带不产生电流，所以尽管存在很多电子，但并不导电。除非施加极大的电场，才有可能使一些处于价带顶部的电子跃过禁带而进入空带中去，这就是“击穿现象”。绝缘体的电阻率为 $10^{10}\Omega\cdot cm$ 以上。惰性气体原子的电子壳层是闭合的，电子数是偶数，所以总是将最低能带填满，而较高的能带空着。这些元素形成的固体是绝缘体的典型例子。

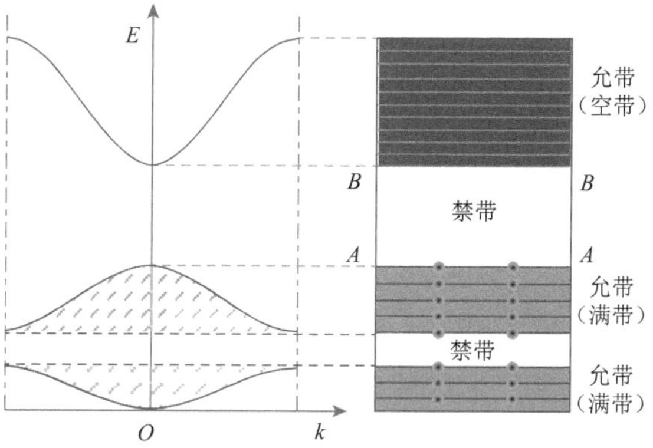

图 5.11　绝缘体的能带结构示意图

对于半导体，其能带结构基本上与绝缘体相似，只是禁带较窄，它们的禁带宽度在 2eV 以下。在温度高于 0K 时，满带中有少量电子受热激活能跃迁到导带中去，使最高的满带及最低的空带都变成部分填充电子的不满带，因此在电场作用下呈现一定的导电性。但毕竟导带中的电子浓度很小，故半导体电导率小于金属电导率。这种半导体称为本征半导体，如高纯度的硅和锗都属于这种类型，其能带结构如图 5.12（a）所示。

另一种是掺有杂质的半导体，称为非本征半导体，其杂质元素的价电子能级处于基体元素的禁带中，其导电性可依靠杂质元素的作用。非本征半导体有 p 型和 n 型两类。p 型半导体是在硅或锗中掺入微量低价的铝、硼、镓等元素，这些杂质元素的价电子能级（受主能级）处在禁带中紧靠满带的一侧。这些三价元素与四价硅或锗组成固溶体时，其价电子能级有空余能级存在，容易吸收满带中少量的电子，而使满带中留下空穴，导致电子有活动余地，因而呈现半导体的性质。所以 p 型半导体也称空穴型半导体，能带结构如图 5.12（b）所示。

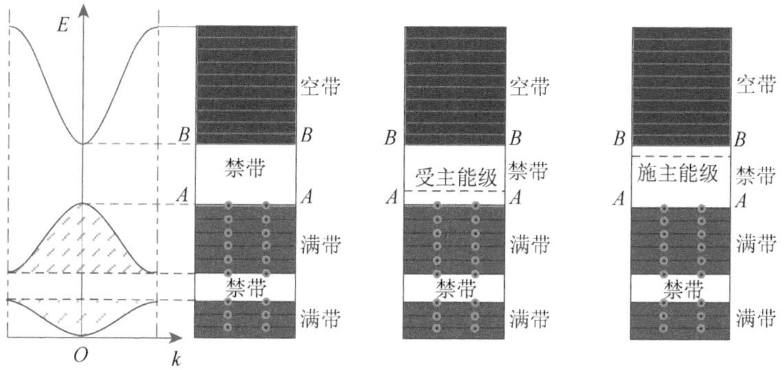

(a) 本征半导体　(b) p型非本征半导体　(c) n型非本征半导体

图 5.12　半导体的能带结构示意图

n 型半导体是在硅或锗中掺入微量的高价磷、砷、锑等杂质元素，这些杂质元素的价电子能级（施主能级）处在禁带中靠近导带的一侧。由于这些五价元素与四价硅或锗组成固溶体时，有束缚较弱的多余电子存在，这些电子容易跃迁到导带中去，因而也呈现出半导体的性质。所以 n 型半导体也称电子型半导体，能带结构如图 5.12（c）所示。

在金属和半导体之间还存在一种中间情形，即导带底和价带顶或发生交叠，或具有相同的能量（有时称为具有负带隙宽度或零带隙宽度）。在这种情形下，通常同时在导带中存在一定数量的电子，在价带中存在一定数量的空状态。其导带电子的浓度比普通金属少了几个数量级，这种情形称为半金属。V 族元素铋、铅、砷是半金属，它们都具有三角晶格结构，每个原胞中包含有 2 个原子。因为每个原胞含有偶数个价电子，似乎应是绝缘体。然而由于能带之间的交叠，它们具有了金属的导电性，又由于能带交叠比较小，对导电有贡献的载流子数远小于普通的金属，如金属铋中载流子浓度约为 $3\times10^{17}\text{cm}^{-3}$，相当于典型金属的载流子浓度的 10^{-5}，故铋的电阻率比大多数金属高 10～100 倍。同样的道理，用费米面形状解释导电性时曾指出，这种情况下费米面被布里渊区边界面分成许多碎片，导致参与导电的费米电子数大为减少。

此外，过渡金属具有特殊的能带结构。这些元素组成晶体时，其 s 能带与 d 能带发生了重叠（如图 4.33 中过渡金属的 3d 和 4s 带），使一部分 s 层电子填入 d 层中，降低了 s 层电子的密度，故其导电性较差。

由前面讨论 p 型半导体可知，满带中一旦缺少了少数电子就会产生一定的导电性。设想在满带中有某一个状态 $\boldsymbol{k}$ 未被电子占据，此时能带是不满的，在外加电场作用下，应有电流产生，用 $\boldsymbol{I}_{\boldsymbol{k}}$ 表示。如果引入一个电子填补这个空的状态，这个电子的电流等于 $-e\boldsymbol{v}(\boldsymbol{k})$。引入这个电子后，能带又被电子填满，总的电流应为零。所以

$$\boldsymbol{I}_{\boldsymbol{k}}+\left[-e\boldsymbol{v}\left(\boldsymbol{k}\right)\right]=0 \tag{5.50}$$

即

$$\boldsymbol{I}_{\boldsymbol{k}}=e\boldsymbol{v}\left(\boldsymbol{k}\right) \tag{5.51}$$

上述说明，当 $\boldsymbol{k}$ 是空的状态时，能带（近满带）中的电流就如同一个带正电荷 e 的粒子所产生的，它的运动速度等于空状态 $\boldsymbol{k}$ 的电子运动速度 $\boldsymbol{v}(\boldsymbol{k})$，这种带正电荷 e 的粒子或空的状态称为空穴。显然利用空穴这一概念可以大大简化基本上被电子填满的能带的导电性。这样，当满带中一个电子被热激发至导带中时，就产生了一对载流子——导带中的电子和价带中的空穴。在三维情形，价带中波矢为 $\boldsymbol{k}$、速度为 $\boldsymbol{v}(\boldsymbol{k})$的电子被激发至导带后在价带中即产生速度为 $\boldsymbol{v}(\boldsymbol{k})$的空穴。值得注意的是，空穴的波矢也是 $\boldsymbol{k}$，在外电场的作用下，其波矢的变化同样满足式（5.17）$\hbar\dfrac{\mathrm{d}\boldsymbol{k}}{\mathrm{d}t}=\boldsymbol{F}$。但必须注意，其中 $\boldsymbol{F}$ 仍为电子所受的作用力 $-e\mathscr{E}$。同样，空穴的加速度也应为同一能带中波矢相同的电子的加速度。在三维情形，对价带顶附近为各向同性的能带，电子的加速度为

$$a_{\mathrm{e}}=\frac{\mathrm{d}\boldsymbol{v}_{\mathrm{e}}}{\mathrm{d}t}=\frac{1}{m_{\mathrm{e}}^{*}}\left(-e\mathscr{E}\right) \tag{5.52}$$

式中，下标 e 表示电子。

如将空穴速度表示为 $\boldsymbol{v}_{\mathrm{h}}$，则由于 $\boldsymbol{v}_{\mathrm{h}}(\boldsymbol{k})=\boldsymbol{v}_{\mathrm{e}}(\boldsymbol{k})$，所以有

$$\frac{\mathrm{d}\boldsymbol{v}_{\mathrm{h}}}{\mathrm{d}t}=\frac{1}{m_{\mathrm{e}}^{*}}(-e\mathscr{E}) \tag{5.53}$$

在价带顶附近，由于 $m_{\mathrm{e}}^{*}<0$，如引入空穴有效质量 m_{h}^{*}，则

$$m_{\mathrm{h}}^{*}=-m_{\mathrm{e}}^{*}>0 \tag{5.54}$$

所以

$$\frac{\mathrm{d}\boldsymbol{v}_{\mathrm{h}}}{\mathrm{d}t}=\frac{e\mathscr{E}}{m_{\mathrm{h}}^{*}} \tag{5.55}$$

由此可将空穴的性质总结如下：当满带顶附近有空状态 $\boldsymbol{k}$ 时，整个能带中的电流以及电流在外电场作用下的变化，完全如同存在一个带正电荷 e 和具有正质量 m_{h}^{*}、速度 $\boldsymbol{v}(\boldsymbol{k})$ 的粒子的情形一样，这样一个假想的粒子称为空穴。空穴的概念使得满带顶附近缺少一些电子的问题和导带底有少数电子的问题十分相似，这两种情形下产生的导电性分别称为空穴导电性和电子导电性。必须注意的是，对某一固定能带，如认为电流为空穴所携带，则应把电子的占据态看作空穴的未占据态，电子没有贡献；如认为电流来源于占据态上的电子，则空穴没有贡献。但对不同的能带，可以对某些能带用电子的图像解释，另外一些用空穴的图像解释，究竟用哪一种图像取决于哪一种更方便于解释。

习　　题

5.1　试述晶体中的电子做准经典运动的条件和准经典运动的基本公式。

5.2　（1）试说明有效质量的物理意义。

（2）为什么有效质量会出现负值？

（3）什么是空穴？为什么在外加电场下，电子与空穴有相反的漂移速度？

5.3　晶格常数为 2.5Å 的一维晶格，当外加 10^2V/m 和 10^7V/m 电场时，试分别估算电子自能带底运动到能带顶所需要的时间。

5.4　一维单原子链，原子间距为 a，总长度为 $L=Na$，接习题 4.9。

（1）指出带底和带顶的位置，并求出能带宽度。

（2）试求带底、带顶电子的有效质量。

（3）若带顶出现空穴，求其有效质量及运动速度。

（4）为什么说空穴总出现在能带顶附近？

5.5　设有一维晶体的电子能带可以写成

$$E(k)=\frac{\hbar^2}{ma^2}\left[\frac{7}{8}-\cos(ka)+\frac{1}{8}\cos(2ka)\right]$$

式中，a 为晶格常数。试求：

（1）能带的宽度。

（2）电子在波矢 k 状态的速度。

（3）能带底部和顶部的有效质量。

5.6 设晶格常数为 a 的一维晶格，导带极小值附近能量 $E_C(k)$和价带极大值附近能量 $E_V(k)$分别为

$$E_C(k)=\frac{\hbar^2k^2}{3m_0}+\frac{\hbar^2(k-k_1)^2}{m_0},\quad E_V(k)=\frac{\hbar^2k_1^2}{6m_0}-\frac{3\hbar^2k^2}{m_0}$$

m_0为电子静止质量，$k_1=\pi/a$，$a=0.314\text{nm}$。试求

（1）禁带宽度；

（2）导带底电子有效质量；

（3）价带顶电子有效质量；

（4）价带顶电子跃迁到导带底时准动量的变化。

5.7 题图 5.7 为二维正三角形晶格，相邻原子间距为 a，只计入最近邻相互作用，试用紧束缚模型近似计算

（1）其 s 电子能带 $E(\boldsymbol{k})$；

（2）能带中电子运动速度 $\boldsymbol{v}(\boldsymbol{k})$；

（3）能带极值附近的有效质量 m^*。

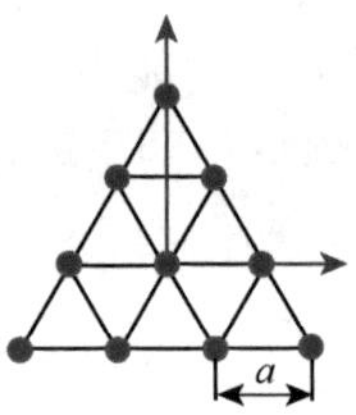

题图 5.7

5.8 晶格常数为 a 的简单立方晶体。

（1）以紧束缚近似求非简并 s 态电子的能带；

（2）求出能带宽度；

（3）当电子波矢为 $k_{[110]}=\frac{\pi}{a}\boldsymbol{i}+\frac{\pi}{a}\boldsymbol{j}$ 时，求导致电子产生布拉格反射的晶面族的晶面指数。

5.9 （1）试述导体、半导体和绝缘体能带构造的基本特点。

（2）本征半导体的能带与绝缘体的能带有何异同？

5.10 布洛赫振荡产生的条件是什么？

主要参考书目

蔡伯壎. 1990. 固体物理基础. 北京：高等教育出版社.
程开甲.1959. 固体物理学. 北京：高等教育出版社.
方俊鑫，陆栋. 1980. 固体物理学（上册）. 上海：上海科学技术出版社.
方俊鑫，陆栋. 1981. 固体物理学（下册）. 上海：上海科学技术出版社.
芶清泉. 1978. 固体物理学简明教程. 北京：人民教育出版社.
顾秉林，王喜坤. 1989. 固体物理学. 北京：清华大学出版社.
黄昆. 1966. 固体物理学. 北京：人民教育出版社.
黄昆，韩汝琦. 1988. 固体物理学. 北京：高等教育出版社.
蒋平，徐至中. 2007. 固体物理简明教程. 2 版. 上海：复旦大学出版社.
陆栋，蒋平. 2011. 固体物理学. 北京：高等教育出版社.
陆栋，蒋平，徐至中. 2010. 固体物理学. 2 版. 上海：上海科学技术出版社.
吕世骥，范印哲. 1990. 固体物理教程. 北京：北京大学出版社.
沈以赴. 2005. 固体物理学基础教程. 北京：化学工业出版社.
王矜奉. 2013. 固体物理教程. 8 版. 济南：山东大学出版社.
吴代鸣. 1986. 固体物理学. 长春：吉林大学出版社.
谢希德，方俊鑫. 1961. 固体物理学（上册）. 上海：上海科学技术出版社.
谢希德，方俊鑫. 1962. 固体物理学（下册）. 上海：上海科学技术出版社.
熊欣. 1993. 固体物理学基本模型与应用. 沈阳：辽宁大学出版社.
阎守胜. 2000. 固体物理基础. 北京：北京大学出版社.
杨宗绵. 1993. 固体导论. 上海：上海交通大学出版社.
Busch G，Schade H. 1987. 固体物理学讲义. 郭威孚，史敬孚，译. 北京：高等教育出版社.
Hall H E. 1983. 固体物理学. 刘志远，张增顺，译. 北京：高等教育出版社.
Ashcroft N W，Mermin N D. 1976. Solid State Physics. New York：Saunders College Publishing.
Kittel C. 2004. Introduction to Solid State Physics. 8th ed. New York：John Wiley & Sons，Inc.
Seitz F. 1940. The Modern Theory of Solids. New York：McGraw-Hill.

固体物理学题解书目

白一鸣，谭占鳌，吴高，等. 2017. 固体物理学习指导及习题集. 北京：中国水利水电出版社.

陈金富. 1986. 固体物理学学习参考书. 北京：高等教育出版社.

段辰，苗明川. 2011. 固体物理学全程导学及习题全解. 北京：中国时代经济出版社.

黄波，聂承昌. 1988. 固体物理学问题和习题. 北京：国防工业出版社.

黄昆，李延龄，吕华平. 2012. 固体物理学习题解答. 北京：高等教育出版社.

刘友之，聂向富，蒋生蕊. 1988. 固体物理学习题指导. 北京：高等教育出版社.

王矜奉，范希会，张承琚. 2014. 固体物理概念题和习题指导. 5 版. 济南：山东大学出版社.

韦丹. 2007. 固体物理学习辅导与习题解答. 2 版. 北京：清华大学出版社.

吴代鸣，等. 1983. 固体物理习题详解. 长春：吉林人民出版社.

徐至中. 1989. 固体物理学习题解答. 上海：上海科学技术文献出版社.

中国科学技术大学物理辅导班. 1989. 美国物理试题与解答：第七卷 相对论、固体物理及其它. 合肥：中国科学技术大学出版社.

推荐进一步阅读的书目

玻恩，黄昆. 1989. 晶格动力学理论. 葛惟锟，贾惟义，译. 北京：北京大学出版社.
陈纲，廖理几. 1992. 晶体物理学基础. 北京：科学出版社.
陈敬中. 1996. 准晶结构及对称新理论. 武汉：华中理工大学出版社.
丛秋滋. 1997. 多晶二维 X 射线衍射. 北京：科学出版社.
戴道生，韩汝琪，等. 1989. 非晶态物理. 北京：电子工业出版社.
丁大同. 2001. 固体理论讲义. 天津：南开大学出版社.
方容川. 2001. 固体光谱学. 合肥：中国科学技术大学出版社.
冯端，金国钧. 1992. 凝聚态物理学新论. 上海：上海科学技术出版社.
冯端，金国钧. 2014. 凝聚态物理学（上册）. 北京：高等教育出版社.
冯端，金国钧. 2014. 凝聚态物理学（下册）. 北京：高等教育出版社.
黄祖洽，丁鄂江. 1987. 输运理论. 北京：科学出版社.
李正中. 2002. 固体理论. 2 版. 北京：高等教育出版社.
梁栋材. 1991. X 射线晶体学基础. 北京：科学出版社.
林鸿生，章世玲，王冠中，等. 2018. 固体物理及物理量测量. 2 版. 北京：科学出版社.
齐卫宏. 2020. 固体物理与计算材料导论. 长沙：中南大学出版社.
沈为民，唐莹，孙一翎. 2016. 固体电子学导论. 2 版. 北京：清华大学出版社.
王华馥，吴自勤. 1990. 固体物理实验方法. 北京：高等教育出版社.
王仁卉，郭可信. 1990. 晶体学中的对称群. 北京：科学出版社.
王煜明. 1988. 非晶体及晶体缺陷的 X 射线衍射. 北京：科学出版社.
卫崇德，章立源，刘福绥. 1992. 固体物理中的格林函数方法. 北京：高等教育出版社.
肖序刚. 1993. 晶体结构几何理论. 2 版. 北京：高等教育出版社.
谢希德，陆栋. 1998. 固体能带理论. 上海：复旦大学出版社.
徐婉棠，喀兴林. 2016. 群论及其在固体物理中的应用. 2 版. 北京：高等教育出版社.
泽仑 R. 1988. 非晶态固体物理学. 黄畇，等译. 北京：北京大学出版社.
张光寅，蓝国祥. 1991. 晶格振动光谱学. 北京：高等教育出版社.
张克从. 1987a. 近代晶体学基础（上册）. 北京：科学出版社.
张克从. 1987b. 近代晶体学基础（下册）. 北京：科学出版社.
周公度，郭可信. 1999. 晶体和准晶体的衍射. 北京：北京大学出版社.
邹宪武，金准智. 1993. 计算固体物理学. 武汉：武汉大学出版社.
Coles B R，Caplin A D. 1985. 固体的电子结构. 张增顺，译. 北京：高等教育出版社.

基本物理常数

物理量	符号	数值（SI 制）
真空中的光速	c	$2.997\,924\,58\times10^{8}$ m/s
电子电荷(绝对值)	e	$1.602\,176\,634\times10^{-19}$ C
电子(静止)质量	m	$9.109\,383\,713\,9\times10^{-31}$ kg
普朗克常量	h	$6.626\,070\,15\times10^{-34}$ J·s
	$\hbar$	$1.054\,571\,817\ldots\times10^{-34}$ J·s
阿伏伽德罗常量	N_{A}	$6.022\,140\,76\times10^{23}$ mol^{-1}
玻尔兹曼常量	k_{B}	$1.380\,649\times10^{-23}$ J/K
摩尔气体常数	R	$8.314\,462\,618\ldots$ J/(mol·K)
玻尔半径	a_0	$5.291\,772\,105\,44\times10^{-11}$ m
玻尔磁子	μ_{B}	$9.274\,010\,065\,7\times10^{-24}$ J/T
真空介电常量	ε_0	$8.854\,187\,818\,8\times10^{-12}$ F/m
真空磁导率	μ_0	$1.256\,637\,061\,27\times10^{-6}$ H/m